辽宁省优秀自然科学著作

奶牛精准化养殖与最新繁育技术

刘全　主编

辽宁科学技术出版社
·沈阳·

图书在版编目（CIP）数据

奶牛精准化养殖与最新繁育技术 / 刘全主编. —沈阳：辽宁科学技术出版社，2022.1
（辽宁省优秀自然科学著作）
ISBN 978-7-5591-2447-0

Ⅰ.①奶… Ⅱ.①刘… Ⅲ.①乳牛—饲养管理 ②乳牛—良种繁育 Ⅳ.①S823.9

中国版本图书馆 CIP 数据核字（2022）第036620号

出版发行：辽宁科学技术出版社
　　　　（地址：沈阳市和平区十一纬路25号　邮编：110003）
印　刷　者：辽宁鼎籍数码科技有限公司
经　销　者：各地新华书店
幅面尺寸：185mm×260mm
印　　张：20
字　　数：420千字
出版时间：2022年1月第1版
印刷时间：2022年1月第1次印刷
责任编辑：陈广鹏
封面设计：颖　溢
责任校对：李淑敏

书　　号：ISBN 978-7-5591-2447-0
定　　价：98.00元

联系电话：024-23280036
邮购热线：024-23284502
http：www.lnkj.com.cn

本书编委会

主　编　刘　全

副主编　张　鹏　杨　建　成自强　林广宇
　　　　　周成利

参编人员（以姓氏笔画为序）

　　　　　王　格　王化青　王宝东　王玲玲

　　　　　王春荣　帅志强　刘长文　庄洪廷

　　　　　李　宁　李　波　李丽萍　李傲楠

　　　　　李博平　杨日桓　金双勇　周国权

　　　　　钱汉超　高　磊　崔志明　阎雪松

　　　　　舒　斐

前　言

为贯彻落实《国务院办公厅关于推进奶业振兴保障乳品质量安全的意见》（国办发〔2018〕43号）、《农业农村部、发展改革委、科技部、工业和信息化部、财政部、商务部、卫生健康委、市场监管总局、银保监会关于进一步促进奶业振兴的若干意见》（农牧发〔2018〕18号）、《农业部关于促进现代畜禽种业发展的意见》（农牧发〔2016〕10号）、《关于推进奶业振兴保障乳品质量安全的实施意见》（辽政办发〔2018〕42号）等文件要求，加快奶牛遗传改良工作进程，推广精准化奶牛养殖技术，解决奶牛养殖污染问题。2019年以来，辽宁省农业发展服务中心组织省内专家学者，按照科学性、先进性、实用性、系统性的原则，精心编写《奶牛精准化养殖与最新繁育技术》一书。

近年来，受进口乳制品冲击，国内奶牛产业发展也面临一些困难和挑战。一是环保压力加大，种养结合难题有待破解。奶牛养殖规模和养殖模式同饲草料种植基地建设、粪污处理能力发展不协调，需进一步优化。怎样实现为养而种、以地定养的发展难题尚未有效破解。二是产业链条松散，没有形成合理的利润分配机制和风险共担机制。产业链中种、养、加、销各企业主体多为松散的合作形式，产供销关系不稳，存在一、二、三产业投入和利润分配倒置情况。三是生鲜乳生产成本居高不下，难以应对外来乳品的冲击，面对国外乳制品无竞争优势。四是科技支撑能力不足，奶牛生产水平需提升空间较大。突出表现在DHI测定、牧场信息化管理、良种登记等先进技术未得到全面普及应用，饲料利用率相对较低，繁殖障碍症、乳房炎及肢蹄病等常见病仍未得到有效解决。

为适应当前奶牛养殖生产的新形势，迎接新挑战，满足奶牛养殖从业人员的技术需求，本书主要编写单位组织行业内多年从事奶牛养殖、饲料加工、疫病防控等专家和相关技术人员，对奶业生产中成功经验进行科学归纳总结，突出反映了当前奶牛养殖最新研究成果和发展趋势。本书共分五个章节和一个附录，第一章奶牛繁殖技术，主要介绍奶牛发情鉴定技术、人工授精技术、胚胎移植技术以及繁育管理技术等。重点围绕提高优秀种公牛的利用效率，尤其是对进一步提高牛冷冻精液的受胎率、犊牛的成活率等方面进行详尽阐述。同时，也简要介绍了超数排卵、胚胎移植技术和性别控制技术等先进技术。第二章奶牛营养需求与饲养管理，主要从奶牛生产和生理角度介绍了奶牛对水、碳水化合物、蛋白质、矿物质等营养物质的需求，以及生产管理中注意的要点。将奶牛不同生理时期（犊牛、育成牛、泌乳、围产）进行详细划分和讲解。第三章奶牛生产性能测定技术。介绍该项技术在奶牛生产和育种中的重要意义，以及具体技术措施和应用方法。第四章奶牛疾病防治技术。主要介绍了奶牛生产中常见的七类37种疾病的病原、流行病学、主要症状和病理变化、诊断要点和防治措施等内容。第五章青黄贮调制与饲喂技术。详细介绍了全株玉米、小麦、大麦、燕麦等常见粗饲料青黄贮的收割、加工、贮存和使用等技术。附录部分主要介绍奶牛场牛粪发酵基质和粪水处理液的加工技术操作规程、农田资源化利用评定标准、农田资源化使用规范。

目 录

第一章　奶牛繁殖技术

第一节　品种介绍

世界上的奶牛品种有很多，主要的奶牛品种有荷斯坦牛、娟姗牛、爱尔夏牛、西门塔尔牛、瑞士褐牛、短角牛、丹麦红牛、更赛牛等，其中荷斯坦牛约占90%以上。

一、荷斯坦牛

荷斯坦牛原产于荷兰，该牛属于大型引入乳用品种，其因毛色为黑白花片、产奶量高而得名，其又因原产于荷兰滨海地区的弗里生省，而又被称为荷兰牛或弗里生牛。该牛的选育过程已有2000多年，其历史悠久，早在15世纪就以产奶量高而驰名世界。

荷斯坦奶牛风土驯化能力极强，故其足迹遍布世界各地，经在各国长期的风土驯化（自然选择）和系统选育（人工选择），而演化或进化成了各具新特点、新特性的荷斯坦奶牛，所以各国均以其国名冠以荷斯坦奶牛，以示与原产地荷兰荷斯坦奶牛的区别。我国除了从原产地荷兰引进之外，还从德国、美国、俄罗斯、加拿大和澳大利亚等引进，从而用这些国家的荷斯坦奶牛经过驯化也形成了中国荷斯坦奶牛。

近一个世纪以来，由于各国的选育方向不同，育成了以美国为代表的乳用型及以原产地荷兰为代表的乳肉兼用型两类荷斯坦奶牛。

（一）乳用型荷斯坦奶牛

美国、加拿大及日本等国家的荷斯坦奶牛属于此种类型。

外貌特征：体格高大，结构匀称，皮薄骨细，皮下脂肪少，被毛细短，乳房庞大，

图1-1-1　荷斯坦公牛　　　　　　　　　　图1-1-2　荷斯坦母牛

乳静脉明显，后躯较前躯发达，侧视体躯呈三角形，因而具有典型的乳用型外貌。该牛毛色为明显的黑白花片，腹下、四肢下部及尾帚为白色。

生产性能：乳用型荷斯坦奶牛的产奶量居各乳牛品种之冠，一般母牛年平均产奶量为6500～7500kg。乳用型荷斯坦奶牛由于生产性能高，对饲草、饲料条件要求较高。其耐寒性好，但耐热性差，高温时产奶量明显下降。因此，夏季饲养，尤其是南方饲养要注意防暑降温。

（二）兼用型荷斯坦奶牛

原产地荷兰以及德国、法国、丹麦、瑞典、挪威等大多数欧洲国家的荷斯坦奶牛多属于此种类型。

外貌特征：体格偏小，体躯宽深，乳房发育良好，体格略呈矩形。鬐甲宽厚，胸宽且深，身腰宽平，臀部方正，发育尤好，四肢短而开张，肢势端正。乳房附着良好，前伸后展，发育匀称，呈方圆形，乳头大小适中，乳静脉发达。毛色与乳用型荷斯坦奶牛相同，但花片更加整齐美观。

生产性能：平均产奶量比乳用型荷斯坦奶牛低。年平均产奶量为4500～5500kg，群体高产者可达6600kg，乳脂率3.6%～4.2%，平均为3.9%。兼用型黑白花奶牛的产肉性能颇好，其18月龄体重可达500kg，平均日增重可达900～1200g，屠宰率可达55%～60%。

二、娟姗牛

娟姗牛是英国古老的中、小型乳用品种，原产地为英吉利海峡的娟姗岛。该品种早在18世纪已闻名于世，并被广泛地引入到欧美各国。该品种以乳脂率高、乳房形状好而闻名。19世纪中叶以后便陆续地被引入到我国各大城市郊区。目前，娟姗牛纯种牛及其杂交改良牛在我国为数不多。

外貌特征：毛色以褐色为主，个体间有深有浅，一般在腹下、四肢内侧、眼圈及

图1-1-3　娟姗公牛

图1-1-4　娟姗母牛

口轮有淡色毛，鼻镜、副蹄、尾帚呈黑色。骨骼细致，额部略凹陷，两眼凸出，颈垂发达。体躯各部位结合良好，结构匀称，后躯丰满。乳房形态好，质地柔软，乳头略小，乳静脉发达。

生产性能：每胎产奶量为3000～3600kg，乳脂率5%～7%，乳蛋白率3.7%～4.4%。其乳脂率和乳中干物质含量为各个乳用品种之冠。

该品种性成熟早，耐热性好，我国南方热带及亚热带地区，可以其为父本与当地黄牛进行级进杂交，培育适合于我国南方地区气候条件的奶牛新品种。

三、爱尔夏牛

爱尔夏牛原产于英国苏格兰西南部的爱尔夏岛，为英国古老的乳用品种之一。该品种是由荷兰牛、娟姗牛、更赛牛等同原产地的土种牛杂交选育而成的。

外貌特征：体格中等，结构匀称，乳用特征典型。角形颇特殊，角细长、由基部向外扭转并向上弯曲，角尖向后，角体呈蜡白色，角尖呈黑色。头清秀，颈薄，有皱褶，垂皮小；胸宽深，躯干长，背腰平直，臀部丰满，四肢正直，关节明显；乳房发育匀称，前伸后展，附着良好，乳头长短适中，排列整齐；被毛细短，呈红白花色，以白色居多，红色则由淡红到深红均有，色块多分布在头颈和前躯；眼圈和鼻镜为肉色，尾帚为白色。

图1-1-5　爱尔夏公牛

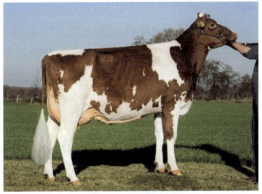

图1-1-6　爱尔夏母牛

生产性能：爱尔夏牛年产奶量可达4000～5000kg，乳脂率为3.8%～4.4%，一些优秀个体，年产奶量可达12688kg。

爱尔夏牛具有适宜于放牧、耐粗放环境、耐粗饲、耐寒冷、体质强健、早熟、产奶量及乳脂率高等优点，但略具神经质，胆小敏感，不便管理。我国曾引进过几次，现其纯种牛及其各代杂交改良牛在全国各地仅有少量饲养。

四、西门塔尔牛

该牛属于大型乳肉兼用品种，原产于瑞士，我国从20世纪初就开始不断地引进，先饲养在内蒙古呼伦贝尔三河地区和滨州铁路沿线，后推广到全国各地。该牛对我国黄牛向乳肉兼用方向的改良曾起到很大作用。

外貌特征：体格高大，额宽，角为左右平出，向前扭转，向上向外挑出，母牛尤为如此。毛色多为黄（红）白色，头尾与四肢为白色。后躯较前躯发达，中躯呈圆筒状。四肢强壮，蹄圆厚。乳房发育中等，乳头粗大，乳静脉发育良好。

图1-1-7　西门塔尔公牛

图1-1-8　西门塔尔母牛

生产性能：成年公牛体重约为1100kg，母牛约为670kg。1岁体重平均可达454kg。公牛育肥后，屠宰率可达65%。该牛的泌乳期平均为285d，乳脂率为3.9%～4.3%，平均为4.1%。

我国从20世纪50年代以来就有计划地从瑞士引进西门塔尔牛，经20多年的繁育对比，在乳、肉生产性能和役用性能方面有良好效果。西门塔尔牛适应性强，耐高寒、耐粗饲，寿命长，因此较受养殖户欢迎。在饲草条件不够充足的地区，用西门培尔牛杂交改良我国当地牛时，杂交代数不宜过高，以3～5代为宜。

五、瑞士褐牛

瑞士褐牛属乳肉兼用品种，原产于瑞士阿尔卑斯山区。

外貌特征：被毛褐色，从浅褐到深褐不等，乳房和四肢内侧毛色较淡，头宽短，额稍凹陷，颈粗短，垂皮不发达。胸深，背线平直，臀宽而平，四肢粗壮结实，乳房匀称。

生产性能：具有较高的乳脂率和乳蛋白率，平均年泌乳量2500～3300kg，乳脂率4.3%，乳蛋白率3.6%。该牛一般18月龄体重可达485kg，屠宰率可达50%～60%，幼牛日增重为850～1150g。美国于1906年将瑞士褐牛育成为乳用品种，1999年美国乳用瑞士褐牛305d平均产奶量达9521kg（成年当量）。

六、短角牛

属于中、小型引入乳肉兼用品种，其原产于英国英格兰东北部梯斯河流域，该流域气候温和，牧草繁茂，放牧条件优越。短角牛是由该地区的土种牛经杂交改良而育成的。现已分布于世界各国，其中，以美国、澳大利亚和新西兰等国居多。

外貌特征：体躯宽大，肌肉丰满，皮下结缔组织发达，体躯呈长方形，肉用体形典型。分有角与无角两种。头短，额宽，颜面窄，角细而短、淡黄色、向两侧下方呈半圆形弯曲。颈短肉多，胸深而宽，鬐甲宽平，背腰平直，臀部丰满，四肢短，肢间距离宽，乳房大小适中。多数为红毛，少数为沙毛。

图1-1-9 短角公牛

图1-1-10 短角母牛

生产性能：成年牛体重，公牛为1000～1200kg，母牛为600～800kg，180d体重约为200kg。屠宰率为65%左右。该牛的泌乳期平均为195d，个体最高纪录，每胎可达7243kg。乳脂率为2.7%～5.1%，平均为3.9%。短角牛输入我国杂交改良蒙古牛后，不仅毛色70%以上变为红色，且产乳、产肉性能有显著提高，很受群众欢迎。

七、丹麦红牛

丹麦红牛原产于丹麦，为大型乳肉兼用品种。

外貌特征：体格高大，胸部宽深，胸骨向前凸出，垂皮大，背长腰宽，臀部发育好，腹部容积大，乳房丰满，发育匀称。被毛为红色或深红色，鼻镜为瓦灰色。但公牛一般毛色较深，头颈部呈黑色或黑红色。

生产性能：在原产地丹麦，年产奶量为6712kg，乳脂率为4.3%，乳蛋白率为3.5%。日增重在哺乳期可达1020g，在12～18月龄可达1010g，在18～30月龄可达640g。屠宰率在55%～62%。

丹麦红牛杂交改良我国黄牛，杂交一代的体尺、体重、产肉性能和产奶量均有提高。杂交二代的体尺、体重、产肉性能和产奶量继续提高，杂交三代以上的体形外貌和生产性能与丹麦红牛非常相似。杂交改良的各代牛均具有抗寒、耐暑、耐粗、抗病等优点。

八、更赛牛

更赛牛原产于英国更赛岛，亦是英国古老的奶牛品种之一，与娟姗牛称为姐妹品种。更赛牛是由当地牛与法国的布列塔尼牛、诺曼底牛杂交选育而成的。

外貌特征：更赛牛的外形酷似娟姗牛，但体格略大。头小额窄，角较长，向内上方弯曲。颈细长，胸宽深，多数背平直，少数背凹陷。后躯丰满，四肢正直。乳房发育良好，但不如娟姗牛匀称美观。被毛多数为浅黄色或金黄色，个别为浅褐色。额、腹、四肢下部及尾部多为白色。鼻镜为深黄色或浅红色，角、蹄为蜡黄色，角尖呈黑色。

生产性能：更赛牛以所产的奶浓稠，脂肪球大，干物质和蛋白质含量丰富而著名。成年公牛平均体重为800kg；成年母牛平均体重为550kg。年产奶量为4000～5000kg，乳脂率为4.4%～5.0%。

更赛牛性情温驯，容易管理，性成熟早，产犊间隔短，能适应炎热气候条件，但体质欠结实，抗病能力较差。

第二节　发情鉴定

一、生殖功能发展阶段概括

初情期的母牛虽然开始正常发情排卵，但是还没有达到性成熟，更没有达到体成熟，因此，初情期的母牛还不适宜配种（表1-2-1）。

表1-2-1　母牛生殖发展阶段概括

发育阶段	性状表现	年龄
初情期	初次表现发情并发生排卵的时期，开始具备繁殖能力，但生殖器官尚未发育完全	6～12月龄
性成熟	生殖器官已发育完全，生殖机能已成熟，具备正常的繁殖机能，但身体发育尚未完成	12～14月龄
繁殖适龄期	已达性成熟，能正常配种繁殖的时期	14～18月龄
体成熟期	身体发育完全并具有成年牛固有的体形和外貌	18～30月龄
繁殖机能停止期	繁殖能力消失或停止的时期	13～15周岁

目前，国内有些牛场青年奶牛开配年龄提早到13月龄，但要求青年牛的体高达到127cm。体重达到375kg以上（成年母牛体重的75%左右）。

二、发情周期

（一）发情周期划分

初情期后或产后未妊娠母牛卵巢上卵泡和黄体呈周期性变化，这样的一个变化周期即为发情周期，母牛发情周期为18~24d，平均为21d。可分为发情期（卵泡期）和间情期（黄体期）。发情期又可分为发情前期、发情期和发情后期。不同时期的划分及其时间（天数）和卵巢黄体及卵泡变化见图1-2-1所示。

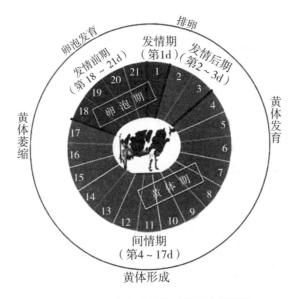

图1-2-1 奶牛发情周期时间划分示意图

（二）母牛发情周期各阶段生理变化（表1-2-2）

表1-2-2 母牛发情周期各阶段生理变化

周期阶段	卵巢变化	生殖道变化	子宫腺体变化
发情前期	上个周期的黄体退化、萎缩，新的卵泡开始发育	生殖道上皮开始增生，外阴轻度充血肿胀，子宫颈松弛	腺体分泌开始加强，稀薄黏液逐渐增多
发情期	卵泡迅速发育，体积不断增大	生殖道充血，外阴充血肿胀，子宫颈口开张，子宫输卵管蠕动加强	腺体活动进一步增强，阴道流出透明黏液，可成棒状悬挂
发情后期	成熟卵泡破裂排卵，新黄体开始形成	阴道充血状态消退，黏膜上皮脱落，外阴肿胀消失，子宫颈逐渐收缩	腺体活动减弱，分泌量少而黏稠的黏液，子宫腺体肥大增生

续表

周期阶段	卵巢变化	生殖道变化	子宫腺体变化
黄体前期	黄体发育完全	子宫内膜增厚，黏膜上皮呈高柱状	子宫腺体高度发育，分泌活动旺盛
黄体后期	未妊娠时，黄体逐渐退化；若妊娠则周期黄体转化为妊娠黄体	增厚的子宫内膜回缩，呈矮柱状	子宫腺体缩小，分泌活动停止

三、母牛发情特点

（一）发情持续时间短

家畜发情持续时间长短与垂体前叶分泌的促性腺激素多少有关，母牛垂体前叶分泌的促卵泡（FSH）素含量低，FSH具有促进卵子发育和发情的作用，而母牛垂体前叶分泌的促黄体素（LH）较高，LH具有促进卵子成熟和排卵的作用。所以母牛发情持续时间短，但排卵快，母牛发情持续时间平均为18h（10～24h）。

（二）排卵在发情结束后

当母牛发情开始时，卵泡中产生少量雌激素，兴奋神经中枢出现发情征兆，当卵泡继续发育接近成熟时，会产生大量的雌激素，性中枢受到抑制，发情表现消失，但卵泡还在继续发育，最后在促黄体素的协同作用下排卵，大多数母牛在性欲结束后6～12h排卵。

（三）发情期子宫颈口开张小

由于母牛子宫颈口肌肉层特别发达，加之子宫颈管道中有2～3圈环形皱褶使得子宫颈管道窄而弯曲，即使在母牛发情中期，子宫颈开张也只有3～5cm，发情后期更窄。给人工授精带来困难。

（四）发情结束后出现排血现象

母牛发情结束后，雌二醇在血液中含量急剧降低，子宫黏膜上皮的微血管出现瘀血，血管壁变脆而破裂，血液流入子宫腔，通过子宫颈、阴道排出体外。母牛生殖道排出血液的时间大多发生在发情结束后2～3d。发情后出现排血现象育成牛占70%～80%，成母牛占30%～40%。

（五）发情判断以接受爬跨为准

据观察，爬跨母牛中，发情牛只占56.7%，有19.9%的爬跨母牛处在妊娠期。而在所有接受爬跨的母牛中，发情母牛高达98.6%。有64.3%的母牛是在夜间开始接受爬跨，其中46.4%是集中在凌晨1点到早晨7点出现。

（六）安静发情出现率高

发情母牛中，特别是舍饲乳牛，有不少母牛卵巢上虽然有成熟卵泡，也能正常排卵受胎，但其外部的发情表现却很微弱，导致观察不当，造成漏配。产生原因是促卵泡素和雌激素分泌不足。在生产中应细心观察。

四、发情特征

随着卵泡发育与成熟，卵泡会分泌大量雌激素，刺激母牛生殖道、行为等发生一系列变化。不同时期母牛外部表现如下。

1. 发情前期

母牛食欲减退，兴奋不安，哞叫，四处走动，舔嗅其他母牛外阴或爬跨其他母牛，但不愿意接受其他母牛爬跨；外阴轻度充血、肿胀、阴道和子宫腺体分泌少量稀薄透明的黏液（图1-2-2）。

图1-2-2　母牛发情前期外部表现示例图

2. 发情期

食欲明显下降，哞叫，常举起尾根，后肢开张，作排尿状，愿意接受其他牛爬跨并站立不动；外阴充血肿胀，可见大量稀薄、透明黏液流出阴道（图1-2-3）。

3. 发情后期

母牛性欲减退，逐渐安静下来，尾根紧贴阴门，虽然仍愿意接近其他母牛，但已不再接受爬跨；外阴肿胀减退，黏液由稀薄变得黏稠，颜色也由透明变为黏稠的乳白色（图1-2-4）。

4. 发情期母牛卵巢变化

母牛发情时卵巢上卵泡的发育变化情况可分为卵泡出现期、卵泡发育期、卵泡成熟期和排卵期。

图1-2-3　母牛发情期外部表现

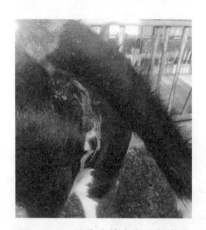

图1-2-4　母牛发情末期外部表现

（1）卵泡出现期

发情前期，母牛卵巢上有多个有腔卵泡在促卵泡素的刺激下开始发育。

（2）卵泡发育期

发情盛期的母牛卵巢上卵泡继续发育，体积不断增大，其中一个卵泡发育成为优势卵泡。

（3）卵泡成熟期

优势卵泡体积继续发育到最大，卵泡液充盈整个卵泡。卵泡成熟期母牛发情行为明显，但有些母牛发情表现可能已开始减弱并进入发情后期。

（4）排卵期

成熟卵泡破裂而排出卵母细胞，卵巢表面排卵的地方塌陷而形成明显的排卵窝。一般来说，排卵期的母牛发情表现相对较弱，发情母牛已拒绝爬跨。

五、奶牛发情鉴定的主要方法

发情鉴定就是通过一定的方法将牛群中发情的母牛找出来。母牛发情鉴定至少应确定两个信息,一是母牛发情的具体时间(接受爬跨开始时间),二是发情行为的表现强度如爬跨、接爬等。母牛发情鉴定方法分为外部观察法、直肠检查法和辅助发情鉴定法。

(一)外部观察法

外部观察法是指通过人为观察发情周期中母牛的外部特征和行为变化,如爬跨、接爬、外阴肿胀及黏液状态来判断母牛是否发情的方法,亦称肉眼观察法。

1. 外部观察法的具体要求

外部观察主要由配种技术人员来完成,饲养员可协助观察。需保证每天至少3次发情观察,每次观察每个牛舍的时间不少于30min。及时记录发情母牛牛号、接爬时间、黏液量等情况。对疑似发情母牛也需记录牛号及表现特征以便后续跟踪观察。

2. 外部观察的优点与缺点

优点:外部观察法简单、实用、易操作、成本低、不需要任何仪器设备,一般人员稍做培训就能承担此工作,是目前我国牛场,尤其是中小规模牛场最常用的发情鉴定方法。

缺点:需要安排专门人员观察发情,耗时耗力,同时发情检出率较低,只有50%~70%。主要原因是因为母牛发情接爬行为主要发生在夜间。不同时间段母牛发情接爬所占比例见表1-2-3。

表1-2-3 不同时间段母牛发情接爬所占比例

时间	所占比例
00:00—06:00	43%
06:00—12:00	22%
12:00—18:00	10%
18:00—24:00	25%

(二)直肠检查法

直肠检查法是根据发情周期中母牛卵巢卵泡和黄体发育规律,通过直肠触诊检查卵巢卵泡发育状态,从而判断母牛是否发情的办法。直肠检查时可触诊两侧卵巢上卵泡发育大小、质地和卵泡液量的多少,确定母牛是否发情以及发情的大概时间段。

优点:直肠检查不需要仪器设备就可以了解卵泡发育阶段和大小。可对发情表现不明显牛只进行二次发情确认,亦可鉴别发情牛是否存在假发情或异常发情等情况。

缺点:直肠检查法要求操作人员有一定的直肠把握经验和对母牛发情阶段卵巢卵泡

发育及其形态学结构有深入的了解。直肠检查大大增加了繁殖技术人员的工作量。如果操作不当，可能造成卵巢、输卵管粘连等问题。

（三）辅助观察法

1. 计步器检测法

计步器检测法是根据奶牛发情时兴奋、追逐和爬跨其他母牛，从而运动量比平时显著增加的特点，通过射频和现代计算机技术检测母牛的活动量，根据活动量判断母牛是否发情。当母牛活动量增加到一定数值时管理软件会自动提示该母牛可能发情。

优点：具有智能化、自动化和信息化的特征，节约劳力，发情检测率高（95%以上）。

缺点：成本较高，不能准确判断母牛发情所处的具体阶段，不能排除假发情现象。

2. 尾根涂抹法

尾根涂抹法是根据发情奶牛接爬或爬跨其他母牛的特点，通过母牛尾根涂抹有色染料被蹭磨情况来检测其是否发情的方法。

优点：操作简便、容易掌握、发情检出率高。

缺点：需要定期涂抹，增加了工作量；无法准确判断母牛的具体发情时间，容易出现假阳性；疑似发情牛需要借助直肠检查法确诊，也会增加工作量。

3. B超检查法

B超检查法就是利用B超仪通过直肠检查卵巢卵泡发育情况，从而判断母牛是否发情的方法。

优点：能非常直观地、准确地检测出卵巢上卵泡和黄体结构及子宫状态；可根据卵泡大小确定适宜输精时间；可检查出假发情现象。

缺点：需要专门的B超仪，成本较高；操作人员需要专门的技术培训和直肠检查基础；费时、费力。

第三节　人工授精

自20世纪50年代牛精液冷冻保存成功后，人工授精技术成为全世界牛、特别是奶牛配种繁殖后代的最主要方法，对牛遗传物质在世界范围内扩散和提高优秀种公牛的利用效率起到了极大的促进作用。

牛人工授精技术，就是利用一定的器械，人工将精液输入到发情母牛生殖道内，从而使母牛妊娠的一种配种方法。

一、牛人工授精技术的优点

（1）极大地提高了优秀种公牛精液使用效率和范围。与自然交配方式相比较，人工授精技术可使公牛配种效率提高几千倍，甚至上万倍，从而极大地提高了优秀种公牛的利用效率。同时，由于冷冻精液的广泛应用，促进了优秀公牛精液在全世界范围流通和使用。

（2）能够克服种公牛生命时间的限制，有利于优良品种资源的保存与有效合理利用。

（3）避免了自然交配时公牛和母牛生殖器官直接接触可能引起的某些疾病感染与传播。

（4）可以通过发情鉴定准确掌握输精时间，可把精液直接输到子宫角内，从而提高情期受胎率。

（5）克服某些母牛生殖道异常不易受孕的困难。

（6）使用分离性别控制精液，人工输精可显著提高繁殖母犊的效率（母犊率90%以上）。

二、输精前准备

（一）输精器械的准备

人工输精器械包括输精枪、输精枪外套管、长臂手套、镊子、剪刀、纸巾、温度计、恒温水浴锅或解冻杯等。

（二）母牛的保定与消毒

发情母牛可保定到食槽颈夹内或保定架内。在清理直肠粪便后需用卫生纸擦拭母牛外阴，如若外阴过脏可用0.01%～0.05%的高锰酸钾水进行清洗消毒。

（三）冷冻精液的解冻

从液氮罐中提起装冻精细管的提桶时尽可能要低，用长柄镊子取出冻精细管并立即将剩余冻精细管放回液氮罐内，整个提取过程用时不应超过5s（图1-3-1）。每次只提取一支细管冻精，取出的细管冻精迅速放入37～38℃温水中解冻10～15s后取出（图1-3-2）。

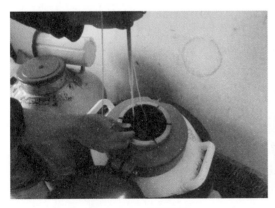

图1-3-1　冻精提取

图1-3-2　冻精解冻

（四）精液细管装枪

解冻后用消毒纸巾擦干细管外壁水分（图1-3-3），然后将精液细管（棉塞端）平行装入预热后的输精枪中（图1-3-4），并用剪刀距细管封口前段1.2～1.5cm处剪去封口（图1-3-5）套上输精枪外套（图1-3-6）。

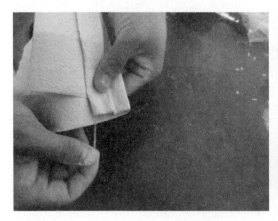

图1-3-3　纸巾擦干细管精液

图1-3-4　精液细管装枪

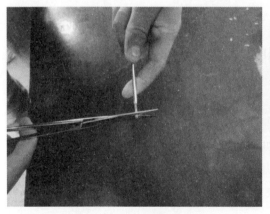

图1-3-5　剪开细管封口

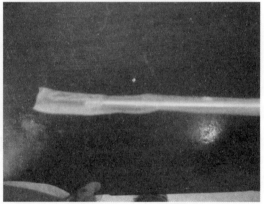

图1-3-6　套上输精枪外套

三、输精操作

（1）输精人员右手拎起母牛尾巴下端将尾根抬起，左手五指并拢成锥形缓缓插入母牛直肠（可事先用水或稀牛粪浸湿手套）（图1-3-7）。

（2）左手四指在直肠里面向后、向上提拉母牛会阴部，同时左手大拇指在外向右分开阴门，右手持输精枪由阴门斜向上约45°缓缓将输精枪插入母牛阴道，进入阴道外口后水平插至子宫颈口。同时左手重新进入直肠内，隔着直肠壁，手心向下侧和右侧握住子宫颈外口，并将输精枪插入子宫颈外口（图1-3-8）。

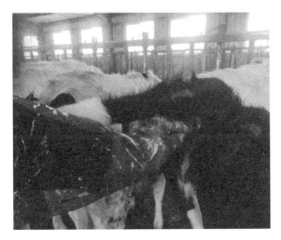

图1-3-7 左手进入肛门

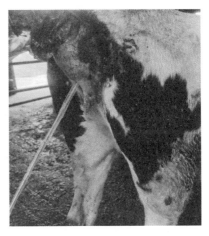

图1-3-8 输精枪通过阴门进入阴道

（3）输精枪到达子宫颈口后，操作人员左右手相互配合，使输精枪通过子宫颈进入子宫体（图1-3-9）。左手手指确认输精枪前端在子宫内的具体位置，当输精枪达到子宫体分叉处时，输精枪稍后退一点，然后缓慢推动枪芯，将精液输入子宫体内（图1-3-10）。

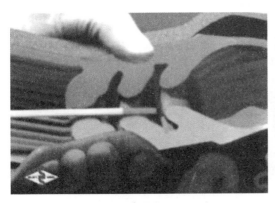

图1-3-9 输精枪通过子宫颈

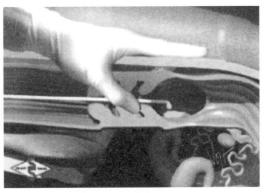

图1-3-10 将精液输入子宫体

（4）输精后抽出输精枪，检查输精枪外套内是否有精液内流，同时检查输精枪外套是否有血迹，是否有异常黏液。

（5）输精完成后应及时、详细记录配种时间、配种人员、精液信息、母牛发情状况等信息。

四、影响人工授精妊娠率的因素

（一）精液活力

牛场在购进冻精时需检查精液解冻活力，解冻活力≥0.35，如果牛场具备实验室条件，也可进行有效精子数、精子顶体完整率、畸形率等检查。在保存和储存精液时应定期添加液氮。为保证输精时精液的质量，技术员应定期（每月检查1次）检查精液成活率。

（二）母牛繁殖性能

母牛繁殖性能是影响人工授精妊娠率最主要的因素。奶牛卵巢上卵泡发育和产后母牛生殖道健康是人工授精的前提，而合理平衡的日粮营养水平、合适的体况和健康状况是母牛具有较好繁殖性能的基础，是人工授精的保障。疾病，特别是繁殖障碍疾病、肢蹄病、乳房炎、代谢病等可严重影响母牛的繁殖性能，从而严重影响奶牛人工授精妊娠率。

（三）输精时间

一般来说，母牛发情持续时间是10～24h，母牛排卵时间在发情结束后的6～12h，最佳的输精时间是发情开始后的12～18h（图1-3-11）。

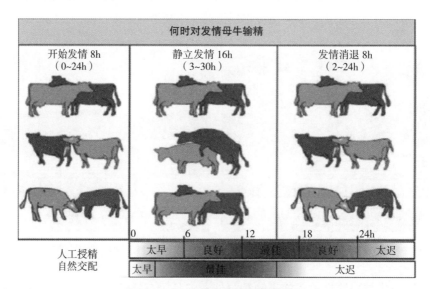

图1-3-11　发情母牛最佳输精时间

在奶牛场实际生产中技术员很难准确判断母牛发情的开始时间，所以在判断最佳的输精时间时是依靠母牛发情结束的时间，一般情况常规冻精输精最佳时间是在母牛发情表现结束后的3h之内。性控冻精输精时间略有不同（见第一章第四节"性控冻精的应用"）。

（四）输精部位

母牛适宜的输精部位是子宫体，因而在使用常规冻精人工授精时可将精液输送到子宫体内，以保证精液可以流入两个子宫角内。如果输精时间较晚（直肠触诊卵泡已经排卵）可以将精液输到排卵卵巢侧的子宫角内。性控冻精输精部位略有不同（详情见第一章第四节"性控冻精的应用"）。

第四节　性控冻精的应用

一、性控冻精的概念

性控冻精是将种公牛的精子通过精子分离仪，使含X、Y染色体的精子得到有效分离，将分离后得到的X精子进行分装冷冻制成冻精细管，进行奶牛的人工授精，从而使母牛怀孕产母犊的技术，其母犊率可以达到90%以上。

二、性控冻精的使用意义

（一）产母犊效益

不断壮大优良奶牛群体，奶牛的繁育将以几何级速度发展，加速牛群改良和替换，迅速达到良种化规模养殖，增加规模效益。

（二）提高优质母牛繁殖利用效率

充分利用现有优质母牛的遗传潜力，母牛一生能产6～7胎，平均可留下3头母牛，采用性控冻精使高产奶牛一生可以产6～7头优质母牛。

（三）提高生产性能

加速低产奶牛的改良步伐，迅速扩大良种奶牛群，产奶性能得到快速提升，产奶效益不断增加。

三、性控冻精生产的理论基础

（1）X精子和Y精子DNA含量差（X>Y）。

（2）X精子和Y精子对荧光染料Hoechst 3334着色差异。

（3）激光照射后荧光信号差异——X精子强于Y精子。

（4）荧光信号通过分离仪信息芯片处理。

（5）含X/Y精子的液滴通过高压磁场处理。

（6）携带不同电荷的液滴在电场作用力的引导下，落入左右两旁的收集容器中，X精子和Y精子得以分离。（图1-4-1）

图1-4-1　性控冻精分离设备

四、性控冻精的特点

性控冻精与常规冻精相比有以下特点：

（1）性控冻精所含X精子解冻后在体外存活的时间较常规冻精短。

（2）解冻后精子的活力高。性控冻精在分离过程中，经过优胜劣汰后保留了活力高、受胎能力强的X精子。

（3）每支性控冻精含有的精子数比常规冻精要少。性控冻精每支X精子含量在230万以上，而常规冻精每支精子数目在2300万以上，性控冻精精子数含量是常规冻精的1/10。

五、性控冻精使用规范

性控冻精的生产过程与常规冻精相比较，它多了一道在不改变精子本身物理性状和遗传物质情况下进行纯物理的体外分离过程。因此，只有清楚地了解性控冻精的分离原理及特点，才能在使用的过程中更加自如一些，其受胎率就能够达到常规冻精的使用效果。因此在应用和推广性控冻精过程中，如何提高情期受胎率是性控冻精使用好坏的关键。

（一）性控冻精的操作要点和注意事项

1. 发情的准确观察

只有准确观察到母牛的发情时间才能为性控冻精的适时配种提供有效的帮助。牛的发情活动具有一定的规律性，70%以上的母牛发情集中在傍晚、夜间和凌晨，为减少漏情的情况发生，必须注重傍晚和凌晨的观察。具体发情观察方法参考第一章第二节"发情鉴定"。

2. 配种时间的准确判断

母牛在发情后，卵泡发育质量的好坏是受胎率的基础，故掌握卵泡的发育程度和最佳输精时间是提高受胎率的关键。在实际配种过程中，往往都是将直肠检查卵泡和外部观测结合起来判断配种时间。一般来说，在使用常规冻精人工授精时最佳的输精时间是发情开始后的12～18h。通过直肠检查卵泡的发育情况，发现如下变化时即可输精：

①卵泡膜变薄且表面光滑。②卵泡波动感明显，有一触即破的感觉。③子宫兴奋性明显降低，已感觉不到发情旺期时子宫受到刺激后的充实感和弹性感。

按照常规冻精输精方法，要求性控冻精输精时间比常规冻精输精推后3～4h。

3. 输精操作要点

输精时一定要做到轻插、慢推、缓出，严禁配种操作中动作粗暴，以防止不必要的子宫内膜损伤。输精部位要求在排卵侧子宫角，采用子宫角深部输精，保证有足够精子到达与卵子受精部位。

4. 跟踪观察和补救措施

配种后8h进行第二次直肠检查，确定是否排卵；对于没有排卵的牛，仔细做直肠检查判断卵泡的性质，在推断排卵时间后要适时输精，并根据具体情况使用外源性激素。

（二）如何提高性控冻精受胎率

性控冻精在制作上经过了分离处理，虽然和常规冻精使用方法大致相同，然而许多细节还是决定着性控冻精的受胎率高低，因此对于母牛配种工作，应该从各个细节抓起以提高受胎率。

1. 按照种公牛系谱筛选性控冻精，制订选配计划

在利用性控冻精时，必须严把质量关，确保快速繁育的后代具有优良遗传品质、无遗传缺陷。为此应按照种公牛的系谱档案，为基础母牛制订严格的选配计划，从而有效地防止由于近交造成的后代质量退化。

2. 提高参配母牛的选择标准

（1）首选育成牛

育成牛要求大于14月龄，体重达到375kg以上，体格健康，营养状况良好且生殖系统发育正常。

（2）经产母牛的标准

对于经产母牛要求身体健康，无生殖疾病、难孕史、胎衣不下病史和其他相关疾病，产后50d以上，发情正常的母牛。

3. 严格做好发情鉴定和母牛配前的卵泡检查，准确的发情鉴定是确定适时输精的重要依据

观察母牛发情，并记录开始发情时间、站立发情时间、发情结束时间，是提高受

胎率的重要手段，发情鉴定应该由人工授精技术员亲自鉴定。母牛的检查在人工授精前的6h左右进行，直肠检查时手法越轻越有利于提高受胎率，不宜牵动卵巢导致损伤卵泡。

4. 最佳输精时间的把握

最适宜的输精时间是发情结束后3～4h，排卵前3h，或比用常规冻精输精时间晚3～4h。

5. 掌握好性控冻精的输精方法和输精部位

利用直肠把握输精，使输精枪沿着子宫颈口、子宫颈、子宫体缓慢推入到有卵泡发育侧的子宫角处前端，稍将枪回退0.5cm（避免枪头顶住子宫黏膜造成精液回流），推完精液后缓慢退出。在输精过程中一定要保证无菌操作，减少因污染而造成的子宫感染。

输精时不宜再次检查卵泡和卵巢，以免影响卵巢排卵。

6. 外源激素的利用

人工授精后可以肌注LHRH–A2、LHRH–A3等有利于促进卵巢排卵的外源性激素，提高受胎率。

7. 加强参配母牛群前、中、后期的饲养管理

在使用性控冻精配种过程中应该重视母牛的饲养和管理，这是提高性控冻精情期受胎率的基础，同时，必须注意微量元素和维生素的供给，保证母牛营养全面均衡。

8. 其他

①注射疫苗后的30d，不宜使用性控冻精进行配种。②严格做好性控冻精的配种记录，及时观察返情状况。③做好牛群的产犊记录和产后子宫治疗处理记录。

第五节　妊娠诊断

一、妊娠诊断概念

妊娠诊断是指通过一定的方法检查配种后一定时间的母牛是否妊娠的过程，简称妊检。理论上讲，母牛发情配种后如果未妊娠，则母牛在下一个发情周期应该继续发情、排卵，然而在实际生产中，由于各种原因，一部分配种后未妊娠的母牛，并未表现发情。因此妊娠检查最主要的目的就是及早发现未妊娠母牛，从而及时处理这些未妊娠母牛并及时再次配种。

通常情况，奶牛妊娠期需要进行3次孕检，第一次是在配种后的40d左右进行早期妊娠诊断；第二次是在配种后第90d进行复检，目的是防止第一次检查失误、胚胎早期死亡和流产等情况。第三次是在干奶前进行孕检，防止未孕干奶造成经济损失。

二、妊娠诊断方法

母牛妊娠的不同时期，母牛机体、行为及胎儿具有不同的变化，实际生产中根据母牛这些变化可以在不同的时间使用不同的妊娠诊断方法进行妊娠诊断，诊断方法包括直肠检查法、B超检查法、孕酮检测法和糖蛋白检测法等。牧场内最常见的检查方法是直肠检查法和B超检查法。

（一）直肠检查法

直肠检查法是妊娠诊断方法里最基本、最可靠、最方便、最经济而且准确率也很高的妊娠诊断方法，整个妊娠期均可采用并能判断妊娠的大致时间、奶牛的假发情、假妊娠以及生殖器官的一些疾病。

妊娠30~45d，两侧子宫角不对称，孕角变粗，质地柔软，子宫壁薄有波动感，用手轻握孕角，从一端滑向另一端，似有胎泡从指间滑过的感觉，若用拇指和食指轻轻捏住子宫壁向上提拉，可感到子宫内胎膜滑落滑开（图1-5-1，图1-5-2）。

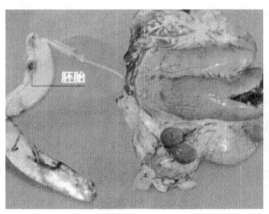

图1-5-1　怀孕30d母牛子宫示例图

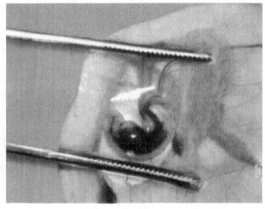

图1-5-2　怀孕30d胎儿示例图

妊娠60d，角间沟已不甚清楚，孕角明显增粗，比空角粗1~2倍，子宫角开始垂入腹腔，角壁变薄且软，波动感较明显，孕角卵巢前移至耻骨前缘，角间沟变平，但仍可摸到整个子宫。

妊娠90d，子宫颈移至耻骨前缘，角间沟消失，孕角大如排球，子宫壁松软，波动感更加明显，有时可感觉虾动样胎动。此时胎儿发育15cm左右，容易触摸到。空角也明显增粗，孕侧子宫动脉基部开始出现微弱的特异搏动（图1-5-3，图1-5-4）。

（二）B超检查法

B超妊娠检查是牛场内妊娠诊断方法中准确率最高的一种检查手段，但技术要求较高，操作B超仪的技术人员首先要经过系统的培训，了解基本的操作流程，同时还要能

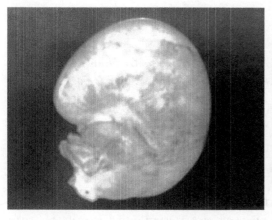

图1-5-3　怀孕90d子宫示例图

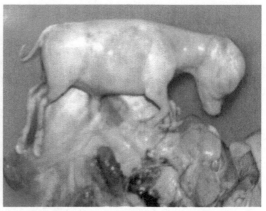

图1-5-4　怀孕90d胎儿示例图

熟练地进行直肠检查。B超检查在母牛配种后的28～30d进行。其操作过程主要是将配种后的母牛保定于牛舍内，清除牛直肠内的粪便后，B超探头进入直肠放在要探测的一侧子宫角小弯或大弯处对子宫、胎儿、胎膜等情况进行扫描得出图像并判定结果。在B超检测中若未检测到胎儿，但检测到尿囊液、胎膜及其附属物，也说明该奶牛已经怀孕。

（三）孕酮检测法

母牛人工授精配种后的下一个发情周期时间（发情前期与发情期），如果母牛配种未妊娠，则周期黄体退化，母牛体内孕酮（P4）水平较低，而配种妊娠的母牛黄体持续存在，母牛体内孕酮水平较高，因此检测母牛体内（血液和牛奶）的孕酮水平就可以对母牛进行早期妊娠诊断（图1-5-5母牛发情周期中孕酮浓度变化）。最佳的检测时间是配

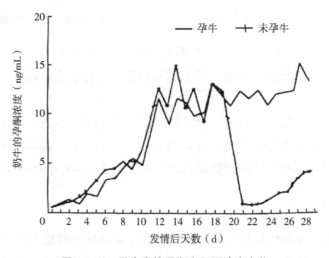

图1-5-5　母牛发情周期中孕酮浓度变化

种后18 ~ 24d。

操作方法：将采集的样品溶液（如乳汁、血清和血浆等）滴加到检测试纸样品垫上，5 ~ 10min后即可判定结果。检测线和控制线均为红色为阳性。控制线为红色，检测线无颜色变化则为阴性。

（四）妊娠相关糖蛋白检测法

妊娠相关蛋白（PAGs）是奶牛配种妊娠后机体合成和分泌的一类糖蛋白。妊娠后奶牛外周循环中PAGs含量开始缓慢上升，妊娠后28 ~ 32d的PAGs含量会达到一个峰值，并在妊娠中后期维持一种高水平状态。（图1-5-6 PAGs含量变化规律）

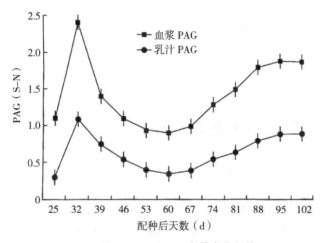

图1-5-6 PAGs含量变化规律

操作方法：采集血液样品后在室温条件下进行3000g离心10min。离心后的样品滴入检测盒内微孔板上，待孵育后进行洗涤，然后加入显色液再次进行孵育，几分钟后再加入终止液即可观察颜色变化。样品检测显示为蓝色则为阳性，无颜色则为阴性。

（五）不同妊娠诊断方法优点与缺点

实际生产中，不同奶牛养殖场可根据自己牛场技术人员、经济实力和设备等实际情况，采用不同的妊娠诊断方法。不同妊检方法优缺点见表1-5-1。

表1-5-1 奶牛不同妊娠诊断方法比较

项目	直肠触诊	B超诊断	孕酮检测	PAGs检测
妊检适宜时间	配种后40 ~ 60d	配种后27 ~ 30d	配种后18 ~ 24d	配种后28 ~ 32d
结果确认时间	当时	当时	1 ~ 2d后	当天
准确率	98%以上	几乎100%	95%以上	98%以上

续表

项目	直肠触诊	B超诊断	孕酮检测	PAGs检测
胎儿周龄	可知（不准确）	可知（准确）	不可知	不可知
胎儿死活	不可知	可知（准确）	不可知	不可知
胎儿性别	不可知	可知	不可知	不可知

第六节　同期排卵——定时输精

现代化规模奶牛养殖中，产后泌乳牛不发情以及发情漏检等是影响奶牛人工授精繁殖效率的重要原因。因此如果想提高产后泌乳奶牛发情率和发情检出率是规模奶牛场繁殖管理必须解决的实际生产问题。同期排卵——定时输精技术通过应用生殖激素调控奶牛发情周期、促进母牛发情和提高母牛参配率，因而在提高奶牛繁殖力和奶牛场繁殖管理中得到广泛应用。

一、常用的同期排卵——定时输精程序

（一）56h同期排卵程序（Ovsynch-56）（图1-6-1）

Ovsynch-56是利用GnRH和PGF2a联合处理。在任意一天给一群母牛注射GnRH（记为第0天），第7天时注射PGF2a，注射PGF2a 56h后（第9天下午）第二次注射GnRH，并在16～18h（第10天）对所有处理母牛进行人工输精。

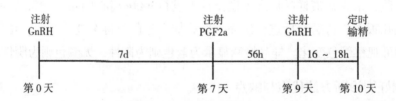

图1-6-1　Ovsynch-56同期排卵程序

（二）孕酮埋植同期排卵——定时输精程序（CIDR-Synch）（图1-6-2）

CIDR-Synch就是利用GnRH、孕酮和前列腺素联合处理，使母牛同期发情、同期排卵并定时输精的方法，即任意一天给一群母牛注射GnRH并埋植阴道栓（记为第0天），第7天注射PGF2a并撤出阴道栓，第9天第二次注射GnRH，16～18h后（第10天）对所有处理母牛进行人工授精。

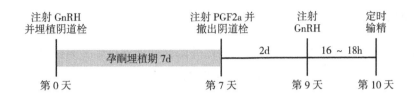

图1-6-2　CIDR-Synch同期排卵程序

（三）预同期处理

预同期处理就是在产后自愿等待期前的一定时间预先应用激素处理母牛，调整产后母牛发情周期，使得牛群在自愿等待期结束后能够及时配种。图1-6-3以自愿等待期60d的预同期程序，包括两次PG处理、G6G、Double-Ovsynch等。

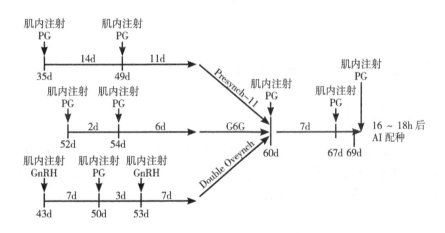

图1-6-3　预同期处理示例图

二、同期排卵——定时输精技术的优点

（一）减少发情观察工作

及时、准确的发情鉴定是奶牛人工授精的基础，然而目前实践生产中，人工观察发情的检出率只有50%～70%。同期排卵——定时输精技术可以做到按照一定程序处理母牛后的一定时间内全部人工授精，减少了奶牛发情观察工作。

（二）提高参配率及妊娠率

生产中由于各种原因，出现很多自愿等待期后没有发情表现或配后未妊娠不返情的母牛，同期排卵——定时输精技术可以及时处理这些牛使其参配，从而增加参配率及妊娠率。

（三）治疗卵巢疾病

在做同期排卵——定时输精程序时会利用外源激素处理母牛，因而可辅助治疗某些奶牛的卵巢疾患，如卵泡囊肿、持久黄体、排卵延迟等。

第七节　奶牛胚胎移植技术

奶牛胚胎移植是指将一头良种母牛的早期胚胎取出，移植到另一头生理状态与其相近的普通母牛体内，使之受孕并产犊的技术。

胚胎移植被誉为家畜遗传改良技术的第二次革命，是奶牛繁殖和育种的重要技术手段之一，胚胎移植技术可以充分发挥优良种畜的遗传潜质，使优秀基因得到快速扩繁，也是保存奶牛优秀种质资源的主要方法，也可代替活畜资源引进。根据胚胎的生产方式可分为体内胚胎生产移植（IVD）与体外胚胎生产与移植（IVP）；根据胚胎的性别可分为常规胚胎移植和性控胚胎移植。

一、奶牛胚胎移植的主要技术环节

（一）供体和受体选择

供体（提供胚胎的牛）要选择有较高生产性能的优良种牛，要求品种特征明显，体形外貌和生产性能良好，遗传性能稳定，系谱清楚。受体（接受移植的牛）母牛一般选择本地黄牛、杂交牛及低产奶牛（图1-7-1）。

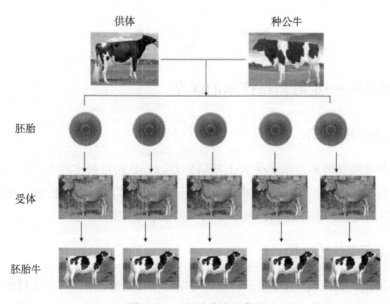

图1-7-1　胚胎移植示意图

（二）超数排卵技术

超数排卵简称超排，就是利用外源激素处理供体母牛，诱导供体母牛卵巢比在自然状态下有更多的卵泡发育并排卵，配种后产生更多可用胚胎的过程，奶牛每次超排平均每次获得6～7枚可用胚胎。奶牛超数排卵常用的激素有促卵泡素（FSH）、前列腺素（PG），超排方法多采用CIDR+FSH+PG（16d）。

（三）胚胎采集技术

牛胚胎采集又称冲卵，利用采卵管从供体牛子宫内采集胚胎的过程，包括供体牛的保定麻醉、卵巢检查、子宫内插入采卵管、冲卵液冲洗子宫角、检卵和胚胎质量鉴定等过程。牛胚胎采集采用"非手术采卵法"，供体母牛发情后第7d，通过直肠把握，将采卵管通过子宫颈放到子宫角一定的位置并通过气囊固定，然后用一定量的冲卵液反复冲洗子宫，从而获取胚胎。

（四）胚胎质量鉴定

牛胚胎质量鉴定主要依据牛胚胎发育阶段形态学特征而鉴定质量。根据卵子分裂与否、卵子的形态色调、分裂球大小、均匀度、细胞的密度、透明带以及变性情况（图1-7-2）。

胚胎一般分为A、B、C、D 4级。

A级——胚胎形态完整，轮廓清晰呈球形，分裂球大小均匀，结构紧凑，色调和透明度适中，无附着的细胞和液泡。B级——轮廓清晰。色调及细胞密度良好，可见到一些附着的细胞和液泡。C级——轮廓不清，色调发暗，结构较松散，游离的细胞或液体较多，变性的细胞达30%～50%。D级——未受精卵、16细胞以下受精卵、有碎片的退化卵及变性细胞超过一半的胚胎。A、B、C级胚胎为可用胚胎，其中A、B级为可冷冻胚胎，C级胚胎只能用于鲜胚移植，D级胚胎为不可用胚胎。

（五）胚胎冷冻

胚胎冷冻保存是指采用一定的方法，将牛胚胎在冷冻保护液中降温到一定温度后投入液氮，解冻后胚胎质量不受显著影响，从而达到长期保存胚胎的目的。目前，胚胎冷冻的方法有常规冷冻方法和玻璃化冷冻方法。

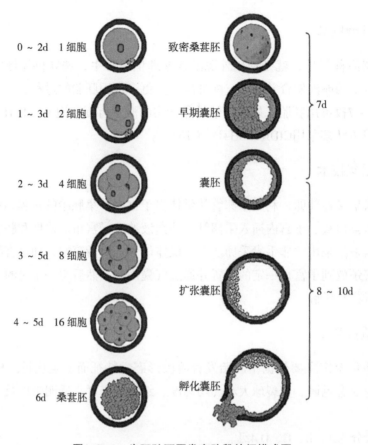

0～2d 1细胞	致密桑葚胚	
1～3d 2细胞	早期囊胚	7d
2～3d 4细胞	囊胚	
3～5d 8细胞	扩张囊胚	8～10d
4～5d 16细胞		
6d 桑葚胚	孵化囊胚	

图1-7-2　牛胚胎不同发育阶段特征模式图

二、胚胎移植

胚胎移植是将胚胎移植至发情第7天的受体母牛黄体侧子宫角前段的过程。包括受体牛的准备与检查、胚胎的准备与解冻、移植胚胎等过程（图1-7-3）。

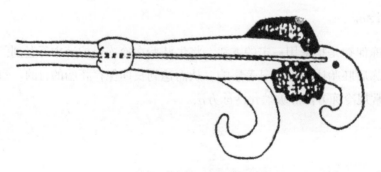

图1-7-3　胚胎移植部位示意图

第八节　繁殖管理

　　繁殖管理是奶牛繁殖的重要工作内容之一，尤其是规模奶牛场，科学的繁殖管理是提高奶牛繁殖性能和经济效益的重要保障。

一、繁殖指标

　　为了便于奶牛繁殖管理，需要制订不同的奶牛繁殖指标以衡量奶牛繁殖性能和配种效果。生产中常用的奶牛繁殖性能指标见表1-8-1奶牛繁殖性能指标。

表1-8-1　奶牛繁殖性能指标

繁殖指标	定义	公式
每日发情率	每日发情母牛数占应参配母牛头数的百分比。	每日发情率=每日发情母牛数÷应参配母牛头数×100%
参配率	一定时间内配种母牛数占应配母牛数的百分比	参配率=配种母牛头数÷同时期内应参配母牛头数×100%
情期受胎率	一定时间内配种妊娠母牛头数占发情配种母牛总数的百分比	情期受胎率=妊娠母牛头数÷发情配种母牛头数×100%
21日妊娠率	21d内配种妊娠母牛数占同期应配母牛头数的百分比	21日妊娠率=21d内配种妊娠母牛数÷同时期内应参配母牛数×100%
总情期受胎率	配种后最终妊娠的母牛数占总配种母牛情期数的百分比	总情期受胎率=妊娠母牛数÷总配种母牛情期数×100%
配种指数	又称受胎指数，指牛群每次妊娠所需的情期数	配种指数=配种情期总数÷本年度内应繁殖母牛数×100%
年总受胎率	年内妊娠母牛头数占配种母牛头数的百分率	年总受胎率=年受胎母牛数÷牛配种母牛数×100%
年繁殖率	本年度内实际繁殖母牛数占应繁殖母牛数的百分率	年繁殖率=本年度内实繁母牛数÷本年度内应繁殖母牛数×100%
年产犊率	本年度内产犊的母牛数占参与配种牛数的百分率	年产犊率=本年度内产犊母牛数÷年度内配种母牛数×100%
产犊间隔	又称产犊指数，平均胎间距，是母牛两次产犊之间相隔的天数	产犊间隔=所有母牛胎间距总计天数÷母牛头数×100%
流产率	妊检怀孕母牛在妊娠220d前终止妊娠而流产的母牛数占妊检怀孕母牛数的百分比	流产率=流产母牛数÷妊娠母牛数×100%
死胎率	产犊时犊牛死亡的母牛头数占分娩母牛总头数的百分比	死胎率=死胎母牛数÷产犊母牛数×100%

二、制订合理的繁殖指标

在奶牛养殖中，因为不同奶牛场的奶牛饲养水平、牛群结构和技术人员水平不尽相同，所以要制订适用于所有牛场的统一的、合理的奶牛繁殖性能指标的目标值是十分困难的。因此在实际生产中，应根据自己奶牛场的情况，制订合理的奶牛繁殖指标的目标值，以便于评价奶牛繁殖性能和技术人员的工作业绩。

在制订自己奶牛场的繁殖指标时可根据以下三点来设定。

①参照牛场前两年的实际繁殖情况。

②参照周边相同水平牛场奶牛达到的繁殖指标。

③参照奶牛繁殖专业书籍中的繁殖性能指标的理想值来进行制订。

青年牛和泌乳牛繁殖性能指标值见表1-8-2青年牛繁殖性能指标值、表1-8-3泌乳牛繁殖性能指标值、表1-8-4奶牛繁殖异常指标值，由于奶牛场实际情况不同，以下内容仅提供奶牛场制订繁殖指标参考范围。其中"目标值"是一般牛场牛群应该达到的，"好"是指该项指标比目标值高；"中"指该项指标比目标值低，但仍然可以接受；"差"指该项指标低于目标值较多，应引起牛场管理人员和技术人员足够重视，并寻找原因和解决办法。

表1-8-2　青年牛繁殖性能指标值

青年牛指标	目标值	好	中	差
初情期月龄	8～12	7	12～13	＞13
初情期后正常发情率（%）	95	95～100	90	≤90
第一次配种月龄	14	14～17	17～18	＞18
第一次产犊月龄	24	24～25	25～26	＞26
普通精液情期受胎率（%）	70	70～75	65	≤60
普通精液配种指数	≤1.4	1.2～1.4	1.4～1.55	≥1.66
性控精液情期受胎率（%）	70	70～75	60	≤55
性控精液配种指数	≤1.4	1.2～1.4	1.5～1.6	≥1.8
因繁殖淘汰青年牛比例（%）	2	≤1	2～3	≥3

表1-8-3　泌乳牛繁殖性能指标值

泌乳牛指标	目标值	好	中	差
平均产犊间隔	≤410	395	420	≥430
产后85d参配率（%）	＞90	95	85	≥80
平均产后首配天数	≤75	65	80	≥85
空怀超过150d牛比例（%）	＜15	10	15～18	＞20

续表

泌乳牛指标	目标值	好	中	差
平均空怀天数	110	100	120～130	＞130
年繁殖率（%）	85	＞85	70～80	＜70
因繁殖淘汰率（%）	＜10	5～8	10～15	＞15
发情鉴定率（%）	≥80	85	70	＜60
产后第一次观察到发情的平均天数	＜40	＜35	40～45	＞50
情期受胎率（%）	≥45	50	40	≤38
21日妊娠率（%）	≥28	≥30	20～25	＜20
常规精液配种指数	≤2.2	2	2.5	＞2.6

表1-8-4　奶牛繁殖异常指标值

繁殖异常指标	目标值	好	中	差
卵巢囊肿病例比例（%）	＜3	＜2	≤5	＞5
产后20～30d子宫内膜炎病例比例（%）	＜20	＜15	≤25	≥25
子宫积脓（积液）病例比例	＜0.5	＜0.3	≤1	＞1
妊娠30～100d早期流产病例比例（%）	＜10	＜6	≤15	＞15
妊娠100d到干奶时流产比例（%）	＜5	＜3	≤8	＞8
因繁殖淘汰牛比例（%）	＜10	＜8	≤15	＞15

三、繁殖技术员岗位职责

　　繁殖工作是奶牛场重要的工作岗位，规模牛场可根据工作实际需要设置奶牛繁殖技术人员。奶牛繁殖技术人员岗位的数量取决于奶牛场饲养规模、饲养方式。一般来说平均每400头奶牛设置配种技术人员1名。

　　规模牛场可根据工作需要，设置奶牛繁殖主管岗位1名。

　　（1）繁殖主管的职责

　　①制订奶牛繁殖计划并组织实施。

　　②制订牛场奶牛繁殖性能指标。

　　③制订配种技术人员考核指标。

　　④制订奶牛繁殖疾病治疗方案。

　　⑤制订奶牛繁殖障碍淘汰指标并组织实施。

　　⑥分析牛场奶牛繁殖结果，查找影响繁殖性能的主要原因。

　　⑦其他繁殖有关工作。

（2）繁殖技术人员的职责

①奶牛发情观察与发情鉴定。

②冷冻精液保存与使用管理。

③检查繁殖疾病奶牛生殖道和卵巢。

④实施同期发情、同期排卵——定时输精和人工授精。

⑤治疗繁殖疾病。有些牛场繁殖疾病治疗也可归到兽医工作范围。

⑥记录和整理繁殖数据。计算机管理奶牛繁殖时，每日将奶牛繁殖记录输入计算机奶牛繁殖管理系统。

⑦协助繁殖主管分析繁殖结果，查找影响繁殖结果的原因。

四、繁殖记录常用表格

奶牛场繁殖技术人员应随时记录奶牛繁殖情况。可根据牛场实际情况，制订发情、配种以及繁殖疾病3种记录本。

五、繁殖数据分析与管理

1. 定期分析繁殖数据

每年年底分析上一年度奶牛的繁殖情况，制订下一年度繁殖指标。

每月分析当月繁殖指标和繁殖计划完成情况，包括产犊情况、繁殖疾病发病和治疗情况，参配牛情况、人工输精情况（参配率、情期受胎率和21日妊娠率）。

每周分析本周母牛发情和配种情况、繁殖周计划完成情况，每天分析当日配种工作完成情况。

2. 定期分析影响繁殖指标的因素

至少要每个月定期分析影响奶牛繁殖性能指标的具体因素。

3. 制订改进繁殖指标的措施

针对牛场繁殖指标和影响繁殖指标的主要因素，制订合理的改进措施并实施。

六、不同繁殖状态母牛管理方法

（一）发情管理

发情是奶牛人工授精的前提，因此奶牛发情观察永远是牛场繁殖技术人员的工作重点。接受爬跨是母牛发情的标志。母牛具体发情观察方法参照"第一章第二节发情鉴定"的相关内容。

（二）配种管理

目前，我国大多数奶牛场奶牛繁殖都是人工授精配种，因此人工授精是配种管理的工作重点，奶牛人工授精方法见"第一章第三节人工授精"相关内容。

（三）妊娠管理

1. 妊娠检查

奶牛配种后应及时进行妊娠检查，妊检的具体操作方法见"第一章第四节妊娠诊断"的相关内容。

2. 预防流产

自然情况下，妊娠后的奶牛发生流产的概率较低，但随着妊娠时间延长，胎儿发育和胎盘与羊水的增加，母牛行动迟缓，如果饲养管理失当，还是可以引起妊娠母牛流产。如果母牛已经出现了流产症状，一般情况下治疗和补救措施可能多无济于事，因此预防妊娠母牛流产至关重要。

3. 避免疫苗注射

有些疫苗可引起妊娠母牛流产，因此妊娠母牛注射免疫疫苗时应特别注意。

（四）分娩管理

1. 分娩预兆

母牛临产前其生理和行为等会发生一系列变化，这些变化有助于管理人员及早发现临近分娩的母牛。分娩前几周或几天乳房开始充盈饱满，在分娩前3~7d子宫栓溶解，开始流出黏稠的白色黏液。随着分娩的启动黏液变得稀薄、透明。母牛采食量下降，喜独处。乳房肿大，尤其是青年牛，可能高度肿大，乳头基部红肿，表面光亮。临产前的母牛焦躁不安，频频举尾或者频频排尿、排粪（图1-8-1），不时地回视自己腹部（图1-8-2）。

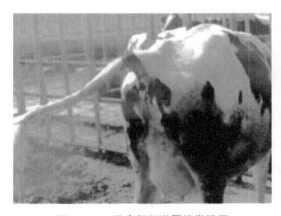

图1-8-1 母牛频频举尾排粪排尿　　　　　图1-8-2 母牛频频回视腹部

2. 分娩过程

分娩过程指子宫开始阵缩到胎衣完全排除为止的连续生理过程，常将其分成宫颈开张期、胎儿产出期（图1-8-3，图1-8-4）及胎衣排除期，分娩过程见表1-8-5。

图1-8-3　部分尿膜排出阴门外

图1-8-4　犊牛头和前肢排出阴门外

表1-8-5　母牛分娩过程

分娩时期	定义	母牛生理表现
宫颈开张期	子宫开始阵缩至子宫颈充分开张为止的时间，这一时期没有努责	母牛轻微不安，常作排尿姿势；阵缩开始时持续时间短，间歇长，后期阵缩频率增高，力量增强，持续时间长。这一阶段持续2~6h
胎儿产出期	胎儿进入子宫颈至胎儿完全排出的时间。这期间阵缩和努责共同作用将胎儿分娩	母牛极度不安，嗳气，弓背努责；子宫收缩力和收缩次数增加且持续时间延长；在胎头进入或通过骨盆腔及其出口时努责强烈，母牛四肢伸直，腹肌强烈收缩。这阶段持续15min至3h
胎衣排除期	胎儿排出后至胎衣完全排出为止的时间。胎儿排出数分钟后子宫再次阵缩但不努责	母牛精神状态恢复。正常母牛胎衣排出时间为2~8h（最长不应超过12h）

3. 人工助产

分娩是奶牛繁殖后代的自然生理过程，因此，一般情况下，母牛都可以自己完成分娩过程而无须人为干预。但是由于胎儿过大，特别是头胎青年母牛胎儿过大，或者胎位、胎势不正，母牛自然分娩有困难时，需要进行人工助产。

（1）助产时机

人工助产时，适当的助产时机是保证母牛顺利分娩和犊牛成活的关键。如果助产太早，母牛的产道（硬产道和软产道）可能还未完全开张，犊牛躯体主要部分还在子宫深部，此时助产强行往外拉犊牛，就可能损伤母牛生殖道（子宫、阴道和阴门），甚至造成子宫脱垂。而过早助产还可能影响产后胎衣脱落。如果助产过晚又可能造成犊牛窒息而死亡。

因此，母牛在分娩过程中出现下列情况的，应及时人工助产。

分娩症状5~6h后仍未娩出犊牛的。

明显努责（阵缩）发生后3~4h的。

尿囊破裂后2~3h，或者羊膜破后1h未娩出犊牛的。犊牛前肢（或后肢）露出阴门外后1h未娩出犊牛的。分娩检查时胎位不正的。

（2）助产方法

助产前需先检查母牛产道开张情况［特别是硬产道（骨盆）的开张情况］和犊牛情况（包括犊牛胎势、胎位和大小等）。如果胎位异常时需进行矫正后再助产。

进行人工助产时，先将产科绳一端固定在犊牛前肢系关节上端部位（倒生则固定到后肢系关节上端），然后将产科绳后端固定到其他粗绳上以供助产人员向外拉犊牛或将绳索固定到助产器上。随着母牛努责顺着母牛产道方向向外拉犊牛，切忌猛然用力。

4. 产后灌服

母牛在分娩过程中消耗较多体能和体液，因此分娩后应及时补充水分和营养物质，以使母牛尽快恢复体能。

母牛分娩后2h内可利用瘤胃灌服器一次性灌服营养液20～40kg。营养液配方表见表1-8-6。该表仅仅是推荐配方，各个牛场可根据自己的实际情况和牛场经验，确定适合自己牛场的灌服配方和灌服量。

表1-8-6 奶牛产后灌服营养液配方

原料	用量	原料	用量
丙二醇	500mL	益康XP	350g
氯化钾	100g	硫酸镁	200g
小苏打	50g	食盐	50g
丙酸钙	450g	阿司匹林	100g
益生酵母	300g	温水（30℃）	20～40kg

（五）繁殖疾病管理

繁殖疾病是影响我国规模奶牛场母牛繁殖性能的重要因素，主要的繁殖疾病包括卵巢囊肿、子宫炎和胎衣不下。

1. 卵巢囊肿

卵巢囊肿可分为卵泡囊肿和黄体囊肿，两者发病比例约为7∶3。

（1）卵泡囊肿：卵泡囊肿就是卵巢上卵泡发育成熟后不排卵，直肠触诊卵泡壁变薄或者部分卵泡细胞黄体化，卵泡内充盈卵泡液，形成较大、表面光滑的卵泡而长时间在卵巢上，直径在2.5cm以上。患病母牛表现持续发情，甚至出现慕雄狂。

卵泡囊肿主要的治疗方法是应用生殖激素促进囊肿卵泡排出，可用肌内注射GnRH1000IU或肌内注射促排A350～100μg，也可通过直肠将囊肿的卵泡捏破。

（2）黄体囊肿：黄体囊肿一般存在于单侧卵巢，囊肿大小可达3～9cm，囊肿黄体壁较厚，内有大量液体。母牛一般不表现发情，体内雌激素浓度低，孕酮浓度高。

治疗黄体囊肿应溶解黄体，因此黄体囊肿主要治疗方法是肌内注射PGF2a。必要时隔7d后再注射1次。

2. 子宫炎

子宫炎是奶牛产后最常发生的生殖道疾病，按照奶牛患病时间，子宫炎分为子宫炎和子宫内膜炎，两者以产后21d为界。子宫炎又分为新产牛子宫炎和临床型子宫炎；子宫内膜炎又分为临床型子宫内膜炎和亚临床型子宫内膜炎。

子宫炎和临床型子宫内膜炎主要通过肉眼观察子宫内容物，辅以常规全身检查进行诊断。外观排出棕色水样分泌物或脓性分泌物，并且产奶量下降，精神沉郁，体温升高。直肠触检子宫增大，没有弹性。亚临床型子宫内膜炎不排脓，无全身症状，子宫分泌物进行细胞学检测有大量中性粒细胞。

子宫炎治疗以恢复子宫张力，改善子宫血液循环，促进子宫收缩使聚积液体排出，抑制和消除子宫感染为原则。治疗药物首选抗生素。具体方法：使用500～1000mL10%温盐水冲洗患牛子宫，然后以5g土霉素溶于250mL盐水中，一次性灌入患牛子宫内。同时肌内注射0.5mg前列腺素。

3. 胎衣不下

胎衣不下是指母牛产后12h内全部或主要部分胎衣没有排出体外的病理异常现象。

造成母牛胎衣不下的原因很多。妊娠后期饲料日粮营养缺乏或者营养不平衡，特别是蛋白质和矿物质、微量元素、维生素缺乏都可能造成母牛产后胎衣不下。而妊娠后期母牛运动量不足或流产、胎儿过大、双胎、难产、接产不当等也可能引发胎衣不下。

胎衣不下治疗原则是抑菌、消炎，促进胎衣排出。可将土霉素3g或金霉素1g溶于250mL生理盐水中，一次性灌入子宫内隔日1次或子宫角一次性灌入10%盐水500～1000mL。胎衣常灌药后5～7d脱落。

第二章　奶牛营养需求与饲养管理

第一节　营养需求

一、水

水是极易被忽视但对牛的生命和生产来说又是极其重要的营养物质。牛体内含有50%～70%的水分，牛奶中含有约87%的水；当体内失水10%时，代谢过程就要受到破坏，失水20%将引起死亡。奶牛的自由饮水量因年龄、体重、采食量、气温、水温、水的质量、饲料含水量、产奶量、增重速度等有很大变化。

干奶母牛每天需饮水35L，日产奶15kg的母牛每天需饮水50L，日产奶40kg左右的高产母牛每天需饮水约100L。生产中最好的方法是给牛提供充足清洁的饮水，让其自由饮用，并对饮水器具定时清洗消毒。夏季应设立水槽保持经常有水，自由饮水。饲料中都含有一定量水分，一般干草、枯草及精料中含水分10%～15%，多汁饲料70%～90%。日粮中水分过高，降低干物质采食量、发生总养分供给不足。饲料加水拌喂时，尽量要少加水，让牛采食后多从饮水中吸取水分。在冬季也要注意供给奶牛充足的水。如给奶牛供水不足会直接导致奶牛产奶量的下降和引发其他功能紊乱。奶牛忌饮冰碴水，冰碴水容易引发消化不良，从而诱发消化道疾病，严重影响其产奶量，在给奶牛饮水时最好将水加热到10～25℃。另外，奶牛需要全天供水，而不应按顿供水。

二、干物质

干物质对奶牛的生长和生产十分重要。采食更多的干物质就意味着更多的营养摄入，奶牛干物质摄入量的多少与日产奶量和牛奶中干物质的含量（特别是乳蛋白率和乳脂率的高低）有关。干物质采食量达不到预期的数量，还会对牛体的健康带来一定的危害。根据经验，泌乳牛每增加1kg干物质摄入量，牛奶产量将增加约2kg，因此千方百计提高奶牛的干物质采食量是养殖者追求的目标之一。

（一）影响奶牛干物质采食量的因素

主要有日粮因素、奶牛的行为、生理因素、管理因素、环境因素、饲喂方式、自身因素等。

1.日粮因素

日粮中水分含量、中性洗涤纤维（NDF）和酸性洗涤纤维（ADF）含量、脂肪含量、精粗比例、日粮的适口性等都影响奶牛的干物质采食量。在一定限度内，干物质采食量随着日粮消化率的上升而增加；采食粗饲料为主时，瘤胃易充满，会限制采食；当日粮主要为青贮料时，干物质采食量会降低；奶牛对豆科牧草的采食量要比禾本科牧草高20%，奶牛以玉米青贮为唯一饲料时，其采食量为其体重的2.2%～2.5%，而以优质豆科干草为日粮时，采食量大于其体重的3%是很常见的；饲料中水分超过50%时，对奶牛干物质摄入量有抑制作用；日粮中的NDF不宜超过35%，也不能太低，否则都会影响奶牛采食，奶牛嘴的宽度约15cm，当饲料粒度超过7cm时，奶牛会严重挑食；日粮精料干物质与日粮总干物质的比例在不超过60%的情况下，奶牛干物质采食量随着精饲料比例的增加而增加；如果精料的比例超过70%就很危险了，将难以保证粗饲料的摄入量并引起奶牛代谢问题；当日粮蛋白质水平超过奶牛需要时，日粮蛋白质对奶牛采食有积极影响，非降解蛋白摄入量对泌乳母牛的采食量、消化率和生产性能有积极影响；当日粮中粗脂肪的含量为5%～6%时，对奶牛的干物质采食量没有明显的影响，但过多添加脂肪尤其是不饱和脂肪酸含量过高时，将抑制干物质的采食量，添加全棉籽、膨化大豆和一定量的过瘤胃脂肪可以减少脂肪添加对采食量的影响。

2. 奶牛行为和管理因素

奶牛的行为包括社群地位、社群竞争等。在群体饲养中，奶牛会有自己的排次，并相互竞争，这将会影响奶牛干物质的采食量。管理上，匀槽次数，投料次数，转舍、转群，比如奶牛从产房转到泌乳房或者从低产牛群转到高产牛群，都会影响牛采食。

3. 生理因素

奶牛在不同生理阶段采食量差异很大，这与能量需要有关，也受体内激素分泌和瘤胃容积变化的影响。泌乳早期母牛食欲降低，尤其在泌乳期头3周奶牛干物质采食量将降低18%。

4. 环境因素

主要有热应激、冷应激、通风等，尤其是夏季，由于高温高湿造成的奶牛热应激，如果不及时通风，会导致牛舍的氨气等有害气体的富集，都会影响干物质采食。环境温度高于25℃或低于5℃时采食量会受影响，影响程度取决于湿度、饲养方式、泌乳阶段和产奶量等。当奶牛处于慢性冷应激时，奶牛的干物质摄入量增加，但在极端低温时，奶牛干物质采食量不会增加，奶牛将处于能量负平衡状态；在奶牛处于热应激时，干物质采食量将下降。

5. 饲喂方式

饲喂全混合日粮（TMR），日粮比例稳定能促进瘤胃发酵，以及提高饲料发酵和利用效率，都有助于提高奶牛采食量。

6. 采食时间

充足的采食时间有助于增加干物质的采食量。

7. 自身因素

有体重、4%乳脂率的标准乳产量、泌乳天数、胎次等，体重大的采食量高。

（二）提高奶牛干物质采食量的方法

1. 给奶牛提供优质的粗饲料

优质的粗饲料可以为奶牛提供足够的有效纤维，保证奶牛的瘤胃健康；可以提供易消化的NDF，提高粗饲料的能量，减少精饲料用量，降低饲料成本，减少瘤胃酸中毒的危险；提供优质的苜蓿干草和青贮饲料，严禁饲喂发霉变质的青贮饲料；饲喂甜菜粕、大豆皮、玉米副产品等高纤维饲料，可以在一定程度上弥补粗饲料质量的不足，均有提高奶牛干物质采食量的作用。

2. 日粮营养要均衡

按照营养标准合理配制日粮，保持营养平衡，是增加干物质采食量的重要方法。当精饲料添加较多时，加入一定量的小苏打（每日每头50～150g）可有效缓解瘤胃pH的下降，预防瘤胃酸中毒和蹄叶炎的发生。运动场中要有矿物质舔砖，饲料中要有必要的微量元素和维生素，尤其是微量元素钴和维生素A、维生素D、维生素E和维生素B_{12}等。NDF应控制在19%～21%，ADF28%～35%，非结构性碳水化合物（NFC）33%～40%，蛋白应控制在17%～18%，可降解蛋白60%～65%，过瘤胃蛋白35%～40%，这样才能维持奶牛健康，减少对干物质采食量的影响。

3. 饲料的调制

粗饲料在奶牛干物质采食量中占有较大比例，因而对粗饲料进行合理的调制能够显著地增加采食量。瘤胃微生物对于饲料的消化方式是由里向外进行的，即饲料到达瘤胃后，微生物通过饲料的气孔或缝隙进入其内部对饲料进行消化分解。对粗饲料进行切短、压扁、浸泡、揉碎以及氨化处理等，可以有效地打开秸秆的外壳，使瘤胃微生物能够顺利进入饲料内部，增加其与饲料的接触面积，促进微生物对饲料的消化。精饲料的调制不要粉碎过细，否则会使瘤胃pH迅速下降，影响纤维素和半纤维素的分解菌。精饲料的加工粒度以0.9～2.5mm为宜，即粉碎机的筛目为8～20目。有条件的奶牛场应采用TMR饲喂方式，但应保证良好的TMR制作质量，TMR日粮水分控制在45%～55%较为合适。

4. 饲料的搭配

精粗料的比例是影响干物质采食量的重要因素。一般来说，在产奶高峰期，精粗料的干物质比例以不超过60：40为宜，TMR中要加入小苏打等缓冲剂，而且要加强观察奶牛的粪便以及精神状况，如果粪便过稀或精神沉郁，则需相应减少精料，增加粗料。饲料原料要多样化，尤其搭配一些糖蜜、玉米青贮以及糟渣等，可以增加适口性，从而增加采食量。

5. 饲喂

在饲料尤其是粗饲料的消化过程中会产生一定的热量，这是奶牛在夏季采食量降低的重要原因。因此，夏季要在凉爽的夜晚或清晨饲喂奶牛，而且喂一些质量较高的粗饲料，一般先粗料后精料或者是混合饲喂，能增加干物质采食量。饲喂清洁、新鲜的饲料，少添多喂，可增加采食量，有效地降低瘤胃酸度，增加营养物质的吸收率。一般奶牛的粗饲料多采取自由采食的方式饲喂，要保持饲槽清洁，并保证始终有不少于5%的饲料剩余量。要提供适口性好的饲料，并减少日粮的变化，保持日粮结构的稳定；禁忌突然更换饲料，增减饲料要逐渐缓慢进行，以利于瘤胃微生物的逐渐适应。

6. 舒适的环境

为奶牛提供良好的运动场环境，夏季注意防暑降温、冬季注意保暖，尽量减少热应激或者冷应激的影响。

7. 充足清洁的饮水

奶牛要能随时喝到清洁饮水。水温要适当，冬季饮温水，夏季饮凉水可增加饮水量，从而增加其干物质的采食量。

8. 合理分群和转群

根据奶牛的不同生理阶段，合理分群可以避免一部分奶牛由于体重小和在牛群中的地位太低而吃不饱的现象，头胎牛最好单独组群；转群时不要单独将一头牛转舍，新产牛不要过早转入泌乳牛大棚。

9. 其他方面

对犊牛去角，有助于减少牛群打斗和损伤；对牛群适时修蹄，可以保证其蹄质良好；给奶牛提供足够的采食空间和时间，每天接触饲料的时间应该在22h左右，不应低于20h；加强围产期奶牛的管理等，也是增加其采食量的有效措施。

（三）生产管理中注意事项

（1）奶牛习惯挤奶之后采食，故挤奶后饲槽内应有新鲜饲料，鼓励奶牛提高采食量。

（2）饲料应清爽且有香甜味，尤其在高温多湿的夏秋季节，不要让饲料在食槽中堆积、发热、变酸。饲喂后应把饲槽及时地打扫干净。

（3）当气温超过24℃时，温度每增加2.2℃，奶牛干物质消耗量将降低3.3%。因此，应注意奶牛只防暑降温，在炎夏夏季，60%的饲料应在晚上饲喂或多喂几次。

（4）如有可能，应把头胎奶牛与其他成年奶牛隔离饲养。因为在此情况下头胎奶牛将比其他成年母奶牛多花10%～15%的时间采食。

（5）日粮干物质含量最好为50%～55%，太湿或太干的日粮将限制采食量。如果饲喂含水量大于50%的饲料很多时，水分每增加1%，预期干物质摄入量将降低其体重的0.02%。在青绿多汁饲料多的夏季或饲喂青贮较多的时候，应注意搭配一些干草，而在青绿多汁饲料相对缺乏的冬春季节，则应尽量使日粮不断青绿多汁饲料。

（6）应当注意饲槽设计，食槽表面应光滑，食槽高度根据奶牛大小确定，当奶牛头向下像放牧一样被强制采食时，它会花费更多的时间采食，并分泌更多的唾液以缓冲瘤胃内环境。

（7）调整饲槽中的粗饲料，鼓励奶牛更多地采食。每天应保证饲槽中20h有饲料，做到每天饲喂3h，剩料重量不应大于3%～5%。

（8）满足奶牛16h 200lx的光照时间。卧床舒适度高，有运动场地让奶牛自由运动，能促进消化，增进食欲。

（9）日挤奶3次的奶牛，应比日挤2次的奶牛群多摄入5%～6%的干物质。

（10）奶牛一般每采食1kg干物质，饮水量需5kg左右，故应注意供给充足的饮水。否则，将会影响干物质的摄入量。

（11）让奶牛群体采食，牛会争先恐后，比单独一头采食可提高采食量10%以上。

（12）精饲料喂量应根据奶牛的膘情及不同泌乳阶段产奶量的多少供给，精料喂的多了，会直接影响干物质的摄入量。

（13）饲料品种不要单一。日粮配置应平衡，确保各种营养成分，这样奶牛会吃得更多，但应保持日粮长期稳定，不宜经常或突然变更。

通过提高干物质采食量的措施实施，帮扶并解决了供方单产低的问题，增加了经济效益，使供方转变饲养理念，降低了饲养成本，增加奶利润。

（四）干物质采食量计算方法

不同精料比例的干物质采食量计算公式：

干物质采食量（kg）$=0.062W^{0.75}+0.40y$（适用于偏精料型日粮，精粗比约为60∶40）
干物质采食量（kg）$=0.062W^{0.75}+0.45y$（适用于偏粗料型日粮，精粗比约为45∶55）式中W表示奶牛体重（kg）；y表示4%标准乳产量（kg）（冯仰廉等，2000）。

生长母牛：干物质采食量（kg/d）$=0.062W^{0.75}+$（$1.5296+0.00371\times$体重）$\times$日增重。

妊娠后期母牛：干物质采食量（kg/d）$=0.062W^{0.75}+$（$0.790+0.005587\times t$）。式中W表示体重（kg），t表示妊娠天数。

乳用种公牛：干物质进食量（kg/d）$=NND\times0.6$

三、能量需要

饲料中的碳水化合物、脂肪和蛋白质都可以为奶牛提供能量。脂肪的能量浓度是碳水化合物的2.25倍，但在饲料中所占比例有限在4%左右，即使专门补饲也不超过10%。蛋白质和氨基酸含有碳架结构，分解后可以提供能量，但正常情况下对奶牛能量的贡献有限，只有在能量严重缺乏的情况下才会利用这一机制满足能量需要，但其代价高昂，而且产生的氨对奶牛有害。因此，应坚持以碳水化合物为主体满足奶牛能量需要的原则，必要的情况下适当补充脂肪。饲料完全燃烧后所产生的热量被称为总能（GE），总能不可能全部为奶牛所利用。经过消化过程，总能中的一部分会以粪能的形式排出体

奶牛精准化养殖与最新繁育技术

外，其余已消化养分所含的能量称为消化能（DE）。消化能的一部分以消化道产气和尿能的形式损失掉，其他能够进入机体利用过程的称为代谢能（ME）。代谢能并不能被机体完全利用，有一部分在代谢过程中以热增耗的形式损失掉，为奶牛各种生命活动所利用的部分能量称为净能（NE）。能量不足会导致泌乳牛体重和产奶量的下降，在严重的情况下，将导致繁殖机能衰退。奶牛能量的需要可以分为维持、生长、繁殖（怀孕）和泌乳几个部分。我国牛的能量需要和饲料的能量价值采用净能体系。将产奶、维持、生长、妊娠所需的能量统一用产奶净能表示。为了在生产实践中应用方便，奶牛饲养标准中采用相当于1kg含脂4%的标准乳能量，即3.138MJ产奶净能作为一个"奶牛能量单位（NND）"。根据奶牛的生产特点，奶牛能量需要分为成年牛维持需要、产奶需要、妊娠需要和生长牛生长需要。

（一）成年母牛的能量需要

1. 维持的能量需要

在中立温度拴系饲养条件下，奶牛的维持能量需要可按$356W^{0.75}$计算。由于第一和第二泌乳期奶牛仍在生长发育，所以应在维持需要的基础上分别再加20%和10%。放牧运动及牛在低温条件下能量消耗明显增加。具体可查看奶牛饲养标准。

2. 产奶的能量需要

牛奶的能量含量就是产奶净能的需要量，可按如下回归公式计算：

每千克奶的能量（MJ）=0.75+0.388×乳脂率（%）+0.164×乳蛋白率（%）+0.055×乳糖率（%）。

3. 产奶牛不同生理阶段的能量需要

（1）产后泌乳初期的能量需要。产后泌乳初期阶段，母牛处于能量负平衡状态下。往往在产后的头15d为剧烈减重阶段，荷斯坦牛的产奶高峰一般出现在产后60d以内。当食欲恢复后，采用引导饲养，给量应稍高于需要。

（2）泌乳后期和怀孕后期的妊娠能量需要。已知泌乳期用于增重的能量利用效率较高，与产奶相似。所以在泌乳后期增加一定体重供下个泌乳期的需要是经济的。按胎儿生长发育的实际情况，从妊娠第6个月开始，胎儿能量沉积已明显增加，牛妊娠的能量利用效率很低，每1.00MJ的妊娠沉积能量约需要4.870MJ产奶净能，所以，妊娠第6~9个月时，应在每天维持基础上增加4.184MJ、7.11MJ、12.55MJ和20.92MJ产奶净能。

（二）生长牛的能量需要

增重净能（NEg）是指生长过程中沉积在组织内的能量。生长牛的能量需要包括维持和增重净能需要两部分。

1. 生长牛的维持能量需要

在中立温度区的维持需要（kJ）=$584.6W^{0.67}$，W为体重（kg）。

42

2. 生长牛增重净能的需要

增重的能量沉积（MJ）={4.184×增重（kg）×[1.5+0.0045×体重（kg）]} / [1−0.3×增重（kg）]。

（三）主要供能物质

1. 碳水化合物

主要用于提供能量，用于奶牛生命活动维持体温、泌乳、妊娠、组织合成及修复等。日粮中主要成分，包括淀粉、糖和粗纤维。含糖和淀粉最高的主要是禾本科籽实，尤以玉米能量最高，马铃薯、胡萝卜等块根类饲料中含量也很高。粗纤维主要存在于干草、秸秆及糠壳中，奶牛瘤胃中微生物能将粗纤维分解为挥发性脂肪酸，为奶牛提供大量的能量。

奶牛能量供给不足时必然动用体组织贮备来满足，形成掉膘，即"能量负平衡"，泌乳奶牛能量不足时引起产奶量下降、乳脂率降低、体重减轻。青年母牛能量不足时，生长缓慢，体形消瘦，发情推迟等。体内能量多余时，转化为脂肪贮存于体内。奶牛日粮中应含有足够的能量，尤其是在围产前后，泌乳初期需较高的能量，并控制体膘下降，达到和维持理想的泌乳高峰。

2. 脂肪

脂肪主要作用是供应奶牛能量，溶解维生素E、维生素D、维生素A、维生素K，从而被奶牛吸收利用。奶牛对饲料脂肪的限度最多可以达到7%，而日粮中含脂肪3%~4%，已能满足需要。如果在某种情况下，用于改善牛乳脂率需要时可添加脂肪。但饲喂过多菜籽饼可降低乳脂率。

对于高产奶牛来说在泌乳初期和中期会出现能量负平衡的现象，能量很难满足奶牛的需求，此时为了提高日粮中的能量水平，同时还不减少日粮中纤维浓度的情况下，可以采用添加脂肪的方式来提高日粮的能量浓度。这是因为脂肪可降低微生物的活性以及纤维素的消化率，所添加过瘤胃保持脂肪或惰性脂肪在瘤胃内不发生水解可直接进入小肠被消化吸收，因此，既可以起到提供能量的作用，也可避免影响其他营养物质的消化吸收。有研究表明，日粮中添加脂肪可以提高产奶量，但是乳蛋白率会降低，而添加植物性脂肪会降低乳脂率，添加惰性脂肪和过瘤胃保护脂肪则会提高乳脂率。

四、蛋白质需要

（一）蛋白质

我国奶牛蛋白质需要采用可消化粗蛋白质和小肠可消化粗蛋白质两种体系描述，增重的蛋白质需要量是根据增重中的蛋白质沉积，以系列氮平衡实验或对比屠宰实验确定。

1. 维持的蛋白质需要

维持的可消化粗蛋白质需要量为$3.0g \times W^{0.75}$，体重200kg以下用$2.3g \times W^{0.75}$。小肠可消化粗蛋白质的需要量为$2.5g \times W^{0.75}$，体重200kg以下用$2.2g \times W^{0.75}$。

2. 产奶的蛋白质需要

产奶的蛋白质需要量取决于奶中的蛋白质含量。国内奶牛氮平衡试验表明，可消化粗蛋白质用于奶蛋白的平均效率为0.6，小肠可消化粗蛋白的效率为0.7，所以：

产奶的可消化蛋白质需要量=牛奶的蛋白质量÷0.6

产奶的小肠可消化粗蛋白质需要量=牛奶的蛋白质量÷0.7

在乳蛋白率没有测定的情况下，也可根据乳脂率进行测算。

乳蛋白率（％）=2.36+0.24×乳脂率（％）

3. 生长牛的蛋白质需要

生长牛的蛋白质需要量取决于体蛋白质的沉积量

增重的蛋白质沉积（g/d）=ΔW（$170.22-0.1731W+0.000178W^2$）×（$1.12-0.1258\Delta W$）

式中，ΔW为日增重（kg），W为体重（kg）。

生长牛日粮可消化粗蛋白质用于体蛋白质沉积的利用效率为55％，但幼龄时效率较高，体重40~60kg可用70％，70~90kg可用65％；生长牛日粮小肠可消化粗蛋白的利用效率为60％。

生长牛可消化粗蛋白质需要量（g）=维持的可消化粗蛋白质需要量+增重的可消化粗蛋白质沉积÷0.55

生长牛小肠可消化粗蛋白质需要量（g）=维持的小肠可消化粗蛋白质需要量+增重的蛋白质沉积÷0.6

4. 妊娠的蛋白质需要

妊娠的蛋白质需要按妊娠各阶段子宫和胎儿所沉积的蛋白质量进行计算。可消化粗蛋白质用于妊娠的效率为65％；小肠可消化粗蛋白质的效率为75％。妊娠的蛋白质需要量在维持的基础上，可消化粗蛋白质给量：妊娠第6、7、8、9个月时分别为50g、84g、132g、194g；小肠可消化粗蛋白质给量分别为43g、73g、115g、169g。

奶牛的产奶量是随着日粮中粗蛋白含量的增加而增加的，高产奶牛对蛋白质的需要量超过了瘤胃蛋白质的合成量。因此，有的养殖场在养殖高产奶牛时，在泌乳早期会提高日粮中粗蛋白质含量至17.5％，这其中过瘤胃蛋白的量占35％~37％。但是奶牛的产奶量也并不是无限增加的，如在使用棉籽作为粗蛋白质的补充物时，随着日粮中粗蛋白含量的增加，产奶量和乳脂率增加，当粗蛋白含量超过17.5％以后，产奶量几乎就不再增加。另外，蛋白质补充物的添加形式不同，产奶量和乳脂率也不同。例如，使用压碎的大豆可提高乳脂率，而使用大豆粕可以提高产奶量，而乳脂率不受影响。奶牛日粮中可降解蛋白和过瘤胃蛋白的量对于产奶量和乳成分有重要的影响作用。一般要求瘤胃可降解蛋白和过瘤胃蛋白应占日粮中总蛋白质的65％，如果过少会降低产奶量和牛奶中营养物质的含量。过瘤胃蛋白的营养作用对于提高奶牛的产奶量和乳成分很重要，但是在添加时要注意所添加的过瘤胃蛋白质所含有的氨基酸是否能与机体所缺的氨基酸匹配，否则即使增加了饲料中过瘤胃蛋白质的量，但是由于机体所需的氨基酸增加量不多，或者根本没有增加，也不会起到提高产奶量和乳成分的作用。

（二）氨基酸

奶牛蛋白质营养的实质和核心是氨基酸营养，由于瘤胃微生物的作用，奶牛日粮中直接添加氨基酸，会在瘤胃中部分或完全降解，最终到达小肠可被吸收利用的氨基酸量减少。因此氨基酸过瘤胃保护非常重要。许多研究表明，在日粮中添加过瘤胃氨基酸（Rumen—ProtectedAminoAcids，RPAA）是为奶牛提供理想小肠氨基酸简便、直接而又有效的调控方法，对提高饲料利用率、减少蛋白质和氨基酸浪费、降低生产成本、提高高产奶牛生产性能具有重要意义。

1.过瘤胃氨基酸应用的必要性

许多研究表明，蛋白质对奶牛的最终生物学价值决定于小肠内出现的供吸收的氨基酸数量和种类。为此，英、法、美、德、瑞士、荷兰、澳大利亚、北欧及我国学者提出了反刍物蛋白质营养新体系，虽然各国新体系所采用的主要参数不完全一致，但其共同特点是以小肠蛋白质，即小肠氨基酸平衡为基础。小肠内可吸收氨基酸主要受制于微生物蛋白质和未降解日粮蛋白质构成的数量和质量。微生物蛋白质有一个优秀的氨基酸组成，但是研究表明，即使瘤胃微生物蛋白质合成达到最大程度，还是没有足够的蛋白质进入小肠，从而不能实现现代高产奶牛潜在的生产量，因此必须增加进入小肠的真蛋白质和氨基酸的数量。过去，营养学家常给奶牛补充瘤胃非降解蛋白质。鱼粉、肉骨粉、羽毛粉、玉米蛋白粉、去毒大豆粉和玉米面筋粉等含有较多的过瘤胃蛋白质，是奶牛饲料常用的非降解蛋白质源。但是，单靠提高过瘤胃蛋白质数量并不一定保证奶牛增产。许多学者提出使用过瘤胃蛋白质存在一定的局限性，如：

（1）使通向小肠的细菌蛋白减少。

（2）过瘤胃蛋白质在小肠内可能不容易消化。

（3）过瘤胃蛋白质的氨基酸组成不易平衡，在满足某些必需氨基酸的同时也会导致其他必需和非必需氨基酸过量，奶牛必须代谢过量的氨基酸和排除过剩的氮素，不但造成环境污染，也会影响奶牛的健康和生产状况。

（4）不同来源的过瘤蛋白质的消化产物相互作用，降低了自身的营养价值。

（5）瘤胃内环境的改变，微生物合成效率的降低，食糜通过率的加快都会影响过瘤胃蛋白质的功效。

（6）不同包被方法处理的过瘤胃蛋白质在小肠内的释放速度也可能有一定差异，因此出现各种氨基酸利用的时间差问题。

瘤胃保护性氨基酸，又称过瘤胃氨基酸或瘤胃旁路氨基酸，是指氨基酸经过物理或化学技术处理后能够耐受瘤胃pH和抵抗瘤胃微生物发酵降解，较好地平衡小肠氨基酸营养，且克服了过瘤胃蛋白质上述缺点，可以作为调控、优化动物蛋白质和氨基酸的理想指标。

2. 过瘤胃氨基酸技术处理

过瘤胃氨基酸，就是通过物理和化学方法处理，将氨基酸以某种方式修饰或保护起来，尽可能减少该氨基酸在瘤胃中被微生物降解，而且这种产品又能在瘤胃的后消化道中被有效地吸收和利用。瘤胃保护性氨基酸大致分为两大类：第一类包括氨基酸类似物、衍生物、合物、金属螯合物等，其中应用较多的是蛋氨酸羟基类似物（MHA），相当于蛋氨酸70%左右（蛋氨酸羟基类似物有游离酸MHA-FA和羟基蛋氨酸钙MHA-Ca两种商品，前者为深褐色黏稠液体，含水12%；后者为浅褐色粉末或颗粒，含量大于97%）。其保护原理是，在瘤胃内分解羟基变为氨基，完成从类似物到氨基酸的转化，从而达到过瘤胃保护的效果；蛋氨酸羟基类似物——游离酸（MHA-FA）在瘤胃内能稳定24～36h，而未被保护的DL-蛋氨酸仅能稳定3～4h。MHA-FA的一个优点就是它随瘤胃液移动，通过瘤胃的速度要快得多，而DL-蛋氨酸在瘤胃内随固相移动。Koeng等发现MHA-FA可在6～9h内通过瘤胃，从而避免被瘤胃微生物降解，其通过率为40%。血液中蛋氨酸浓度和速度比十二指肠中MHA-FA更高、更快，说明MHA-FA的大部分直接通过瘤胃壁或者在小肠中的某一点被吸收，肝脏、肾脏中含有把MHA-FA转化为DL-蛋氨酸的酶。第二类为包被氨基酸，即选择对pH敏感的材料（如脂肪、纤维素及其衍生物或由苯乙烯和2-甲基-5-乙烯基吡啶组成的共聚物）包被氨基酸，在瘤胃内（pH=5）稳定，在真胃（pH=2.4）内被分解，使氨基酸游离出来，从而达到保护的目的。用脂肪包被的氨基酸产品中氨基酸占30%左右。瘤胃保护性氨基酸尤其是包被氨基酸在实际运用中还存在困难。由于制造工艺问题，某些产品在制粒、膨化、混合和其他常用的加工过程中包膜被破坏，氨基酸在瘤胃内就被降解，从而影响其饲用效果。在以青贮料为基础的混合日粮中，青贮玉米的pH过低（低于3.6）也可能使瘤胃保护性氨基酸在瘤胃内就被降解。因此，日粮的pH以及与过瘤胃氨基酸混合的加工调制过程也是值得注意的因素。当然，过瘤胃氨基酸也会出现"过度保护问题"，即其在小肠内完全或部分地不能被消化利用。因此，必须注意氨基酸包被材料及包被方法的选择，同时兼顾氨基酸的生物利用率。采用体外发酵法测定6种过瘤胃氨基酸样品，所得结果有较好的准确性和可靠性，并且简单、稳定，适宜用作大规模筛选氨基酸保护材料的研究方法。

3. 过瘤胃氨基酸的应用效益

（1）提高奶牛产奶量和乳蛋白含量

牛奶蛋白质中平均80%是由酪蛋白组成的，其中赖氨酸和蛋氨酸的含量特别高。在乳蛋白合成中两种氨基酸的需要量，赖氨酸的需要量为7.3%，蛋氨酸为2.5%。如果用占十二指肠消化物中氨基酸总量的百分率来表示，赖氨酸的需要量为15%，蛋氨酸为5%。在饲喂奶牛以不同日粮时，赖氨酸和蛋氨酸是前两个限制性氨基酸，因此奶牛日粮中添加瘤胃保护性氨基酸的试验研究主要集中在这两种氨基酸上，结果表明可提高产奶量、乳蛋白量和乳脂率，而且还可以防止酮病的发生。

（2）减少日粮非降解蛋白质数量

许多研究表明，在高产奶牛日粮中添加过瘤胃氨基酸，不仅可以使其达到最高产量，而且可以降低日粮中粗蛋白质供应量，提高饲料利用率，降低成本，避免蛋白质过剩给奶牛造成的负担。

（3）添加量

过瘤胃氨基酸的添加量不仅由日粮中该种氨基酸缺乏程度和奶牛十二指肠可吸收氨基酸模式中限制性氨基酸的相对限制程度和次序来确定，而且还要兼顾其成本和其他蛋白质资源的可利用性。值得注意的是，高水平的添加会降低饲料适口性，从而影响动物的采食，还会引起氨基酸中毒（尤其是Met），造成氨基酸的浪费。试验表明，在玉米蒸馏酒糟（CDG）日粮中添加20g赖氨酸和6g蛋氨酸，可以满足奶牛对蛋氨酸的需要量，但是奶牛血液中的赖氨酸含量并没有提高，这说明添加的赖氨酸水平不足，如果提高赖氨酸的水平，可能还会提高乳产量。

（4）添加时期

奶牛在不同的生理阶段添加过瘤胃氨基酸，其效果也存在差异。给泌乳初期奶牛添加过瘤胃氨基酸，要比中后期的效果明显。可能是由于泌乳初期奶牛所需氨基酸的缺乏所造成的。

在以植物蛋白为主的奶牛日粮中添加包被赖氨酸，可以提高产奶量、乳总固形物含量和改善乳的品质。奶牛对氨基酸的需要量也受多种因素的影响，在添加过程中综合考虑，在不过量的情况下，通过补充足够的氨基酸，可提高蛋白质的利用效率，减少氮的排放量。

过瘤胃氨基酸的使用可以满足奶牛对限制性氨基酸的需要，增加小肠可利用氨基酸的供给，从而提高奶牛的生产性能和饲料利用率。奶牛日粮中添加过瘤胃氨基酸，可以提高动物的生产能力，提高饲料利用率，降低氮的排放量。在高产奶牛日粮中添加过瘤胃保护氨基酸，不但可以提高其生产性能和经济效益，而且对世界蛋白质饲料资源紧缺的现状和环境保护具有极其重要的意义。但过瘤胃氨基酸在实际应用中还存在一些困难，也是需要尽快解决的问题。首先，需要对氨基酸的过瘤胃方法做进一步的研究，寻找到一种能够大规模应用于生产的方法；其次，要确定过瘤胃氨基酸的添加量、添加时期以及不同氨基酸之间的比例问题，以便达到最佳的使用效果。

五、矿物质需要

牛对矿物质的需要包括钙、磷、氯、钠、钾等常量元素和铁、铜、锰、锌、硒、碘、钴等微量元素。矿物质供应不足，会导致牛体衰弱、生产受阻、食欲减退、饲料利用率降低、繁殖机能紊乱及骨骼病变。但若超过安全用量，也会造成危害，甚至中毒。

（一）矿物质元素种类

1. 钙

（1）功能

细胞外液中的钙是动物骨骼组织形式、肌肉兴奋、神经冲动的传导、心肌收缩和血液凝固等生理过程中必须的，也是牛奶的组成部分。细胞内液中钙的含量虽仅为细胞外液的1/10000，但与广泛的生物酶活化过程有关，且作为第二信使将信息从细胞膜传导到细胞内部。动物体内约98%的钙以磷酸盐形式存在于骨骼中，保证骨骼强度和硬度；另外2%存在于细胞外液。成年奶牛正常血钙含量为9~10mg/100mL，犊牛含钙量相对稍高。血浆中总钙量的40%~50%与血浆蛋白结合，5%为无机盐，45%~50%以可溶解离子形式存在。血液pH降低时，血浆中50%的钙以离子形式存在，pH升高时45%为钙离子。血浆中钙离子低于正常值时奶牛发生低血钙症，导致神经和肌肉功能异常，出现产乳热等临床症状；当维生素D过量时可能出现高血钙症，发生动物软组织钙化。

（2）钙的调节

在骨骼形成、助消化的分泌物、汗液和尿的分泌过程中，钙会离开细胞外液，泌乳奶牛相当一部分钙通过乳汁流出。日粮钙的摄入、骨钙的溶解和肾小球对钙的重吸收作用，可弥补上述途径的损失。当血钙流失时，甲状旁腺释放甲状旁腺素，增加肾脏对钙的重吸收，减少尿钙损失量，还可刺激小肠对钙的吸收以及骨钙的重吸收。

奶牛对可吸收钙的需要量

维持需要：非泌乳牛千克体重的维持需要为0.0154g，泌乳牛的千克体重维持需要为0.031g。

生长需要：生长期母牛对钙的需要量增加，随着动物骨骼成熟钙的需要量会减少，计算公式如下：

$$钙（g/d）=[9.83×(MW^{0.22})×(BW^{-0.22})]×WG$$

式中：MW为预期奶牛成年体重；BW为当前奶牛实际体重；WG为日增重。

妊娠需要：胎儿发育对钙的需要量在妊娠头3个月可忽略，怀孕190d后奶牛子宫及胎儿每天对可利用钙的需求量用以下公式估算：

$$钙（g/d）=0.02456e^{(0.05581-0.00007t)t}-0.02456e^{[0.05581-0.00007(t-1)](t-1)}$$

式中：t为动物的实际妊娠天数。

泌乳需要：每千克牛奶的钙含量随乳蛋白含量的不同有轻微差异，荷斯坦奶牛生产每千克牛奶可吸收钙需要量为1.22g。奶牛每生产1kg初乳需要的可吸收钙为2.1g。

（3）钙的吸收率

钙的吸收率和日粮中钙的来源有关，取决于饲料来源钙和无机钙的可利用性及动物小肠上皮细胞对钙的吸收能力。如果日粮中含有足够的可利用钙，那么动物从日粮中吸收的钙基本可满足机体对钙的需要。日粮钙的含量超过机体组织对钙的需要量时，日粮钙的吸收率随之下降，一般奶牛对粗料中钙吸收率相对较低，对精料中钙吸收率较高，对来自矿物质中钙的吸收随其溶解度变化而变化，一般日粮中钙平均吸收率在38%～68%。

（4）钙缺乏症

青年母牛日粮中钙缺乏会导致骨骼矿物元素沉积受阻，生长发育迟缓。通常动物患佝偻病是由维生素D和磷的缺乏引起，但钙缺乏也同样可能导致此病。老龄母牛日粮中缺乏钙时，被迫动员骨钙以维持细胞外液中钙的平衡，会引起骨质疏松和骨软化症，从而使骨骼出现自发性骨折，即使日粮中钙严重缺乏时，牛奶中钙含量也不会发生改变。

（5）日粮钙过量

日粮中钙含量过高通常不会使动物产生特定的中毒症状。钙摄入过量会干扰微量元素（尤其是锌）吸收，并降低能量和蛋白质的利用率。

2. 磷

（1）磷的功能

磷广泛存在于动物体内，大约80%存在于骨骼和牙齿中。骨骼中钙和磷主要以羟基磷灰石和磷酸钙的形式存在。磷存在于每个细胞中，且磷酸盐氧化物和碳架或碳氮复合物可构成高能键（如三磷酸腺苷，ATP），几乎所有能量转化过程都与高能键的形成和破坏有关。磷还与机体血液和其他体液的酸碱缓冲体系及细胞分化紧密相关。

磷在血液中正常浓度为1.3～2.6mmol/L（4～8mg/100mL；青年牛6～8mg/100mL，成年牛4～6mg/100mL），体重600kg的奶牛血浆中无机磷盐含量为1～2g。

瘤胃微生物的活动也需磷参与，为保证瘤胃微生物正常活动，瘤胃内每千克可消化有机物的可利用磷含量不应少于5g，奶牛通过唾液循环一般能保证瘤胃内磷的有效浓度。

（2）磷的调节

小肠是磷吸收的主要部位，只有少量磷被瘤胃壁、瓣胃和皱胃吸收。磷的吸收主要在十二指肠和空肠。磷缺乏时，依靠维生素D的主动转运系统实现，当磷摄入量满足或大于奶牛需要时，磷吸收主要以被动形式为主。磷在体内的稳恒是靠唾液循环和内源磷的排泄实现，奶牛每天能分泌30～90g无机磷到唾液中，其分泌量在一定程度上受甲状旁腺调节，唾液中磷在经过小肠时被重新吸收。

①磷的需要量

维持需要量：当日粮中磷的供应量略低于或刚好达到动物需要量时，内源粪磷的损失量，即为维持的磷需要量。磷的维持需要与干物质摄入量有关，对于泌乳牛和非泌乳牛，其维持需要量为每千克干物质采食量1g。

生长需要：在生长期对磷的需要量是动物软组织和骨骼组织中吸收磷沉积量的总和。

其计算方程式：

磷（g/d）=$\left[1.2+4.635\times\left(MW^{0.22}\right)\times\left(BW^{-0.22}\right)\right]\times WG$

式中：MW为预期成年牛体重；BW为当前奶牛实际体重；WG为日增重。

妊娠需要：在妊娠期对磷的需要量在最后3个月开始升高，计算公式如下：

磷（g/d）=$0.02743e^{\left(0.05527-0.000075t\right)t}-0.02743e^{\left[0.05527-0.000075\left(t-1\right)\right]\left(t-1\right)}$

式中：t为动物的实际妊娠天数

荷斯坦奶牛妊娠190d孕体中磷日沉积量的估计值为1.9g/d，妊娠期至280d时上升到5.4g/d。

泌乳需要：牛奶中磷的含量一般受其他因素干扰较小，每千克牛奶平均含量为0.9g。

②磷的需要量和吸收率

日粮磷的需要量等于维持、生长、妊娠、泌乳对可吸收磷的需要量之和。磷的吸收率受年龄、生理状态、干物质采食量、日粮结构及磷的来源等较多因素干扰。一般日粮的磷吸收率平均为70%。

③日粮中磷的推荐量

犊牛日粮中磷含量为0.3%～0.34%时能满足生长所需要的正常血磷浓度、最大的平均日增重和骨骼强度；在整个泌乳期中，日粮中磷含量达0.42%即可满足需要。在奶牛日粮中，钙和磷的比例不是最重要的，当日粮中这两种元素能满足需要时，其比例要求不十分严格。

（3）磷的缺乏症

磷缺乏时表现主要包括饲料利用率低、食欲不振、生长迟缓、生产性能和繁殖性能降低，同时其他营养素如蛋白质、能量相应缺乏会使症状更复杂。磷缺乏症严重时，动物骨骼中矿物元素会大量流失，骨骼强度下降。磷缺乏时的严重临床表现包括急性低血磷症、生长期青年母牛出现佝偻病、成年母牛出现骨软化症。当日粮中磷含量低于需要量，同时由于妊娠末期胎儿加速生长或泌乳早期初乳及常乳的形成对磷需要量大大增加时，奶牛可能出现急性低血磷症，通常并发低血钙症、低血镁症和低血糖，从而使病情更复杂。

3. 钠

（1）钠的生理功能

钠是细胞外液的基本阳离子，机体中钠有30%～50%以固定不变的成分存在于骨骼晶体结构中，钠与氯、钾离子以合适的比例和浓度共同发挥许多重要的生理功能。对于调节细胞外液的体积和酸碱平衡、心脏的神经冲动、营养物质的转运（钠—钾泵）及电位梯度的形成发挥重要作用。

（2）钠的调节

钠在消化道中基本都能被吸收，主要在瘤胃、网胃、皱胃和十二指肠进行，整个消化道都能进行被动吸收。血液及其他组织的钠浓度主要通过肾脏的重吸收和排泄机制维持。钠的排泄通常与钾、氯同步进行。当体内钠缺乏时，肾脏对钠的重吸收非常高，能长时间保持体液中的正常水平。

（3）可吸收钠的需要量

非泌乳母牛每日可吸收钠的维持需要量定为1.5g/100kg体重，泌乳牛每天的维持需要量为0.038g/kg体重，当气温升高时需要量有所增加；用于生长的可吸收钠的需要量定为1.4g/kg平均日增重；在妊娠后期（190~270d），胎儿每天对钠的需要量为1.39g；牛奶中钠的平均浓度为0.63g/kg。

（4）钠的缺乏和过量

当日粮中钠极度缺乏时奶牛表现强烈的嗜盐欲和异食癖，这种症状2~3周内就表现出来。严重的缺乏症状有共济失调、颤抖、虚弱、脱水、心律不齐甚至死亡。当日粮中含钠过高时将导致产奶量下降和饮水量增加。泌乳奶牛最高能耐受氯化钠为4%（日粮干物质基础）的日粮。

4. 氯

（1）氯的生理作用

氯是参与体内渗透压的主要阴离子，占细胞外液总阴离子量的60%以上，作为一种强阴离子，始终处于解离状态。在维持离子差方面，与钠、钾有密切关系且氯是二氧化碳和氧转运所必需的阴离子，还参与蛋白质消化及胃酸分泌及胰淀粉酶的激活。

（2）氯的利用和稳衡调节

进入消化道的氯，80%来自唾液、胃液、胆汁和胰液。氯在整个消化道都能被吸收，来源于胃中分泌的盐酸在回肠末端和大肠部位通过与分泌的碳酸氢根交换后被吸收，因此，在短期内氯采食量的变化对进入消化道的氯影响不大，体内氯主要是通过粪、尿和汗液以氯化钠的形式排出体外。

（3）氯的需要量

维持需要：定为2.25g/100kg体重。

生长需要：对于生长牛只，每千克体增重需要可吸收氯1g。

妊娠需要：在妊娠后190d，胎儿每天对氯的需要量定义为1g/d。

泌乳需要：牛奶中氯的平均含量为1.15g/L。

5. 钾

（1）钾的生理作用

在各种矿物质元素中，钾含量居第三位。因为体内储存较少，所以钾每天必须由日粮供给。钾是动物体需要量最大的阳离子元素，参与体内渗透压和酸碱平衡的调节；调节水的平衡、神经冲动的传导、肌肉收缩、氧气和二氧化碳的转运；参与肌酸磷酸化、丙酮酸激酶的作用发挥；在许多酶促反应中作为激活剂和辅助剂；在细胞摄入氨基酸和合成蛋白、碳水化合物的代谢、维持正常的心律和肾脏机能等方面都发挥作用。

（2）钾的利用和稳恒调节

一般情况下各种饲料中钾含量相对丰富，钾主要在十二指肠通过简单的扩散方式被机体吸收，部分在空肠、回肠和大肠吸收，多余吸收的钾通过肾脏排出体外。

（3）可吸收钾的需要量

维持需要：钾的维持需要是当动物食入的钾量非常接近其真需要量时，通过粪便损失的内源性钾的总和。将奶牛的维持需要定为0.038g/kg体重加上6.1g/kg干物质采食量，当环境温度为25～30℃时，须额外增加0.04g/100kg体重，当在30℃以上时，额外增加量为0.36g/100kg体重。

生长需要：用于生长的钾需要量为1.6g/kg日增重。

妊娠需要：在妊娠天数超过190天的奶牛，胎儿可吸收钾需要量为1.027g/d。

6. 镁

镁是细胞内的主要阳离子，作为酶促反应的辅酶因子参与体内主要代谢途径。细胞外的镁对于动物肌体正常的神经传导、肌肉收缩和骨骼的矿物元素沉积至关重要。生长期母牛体增重对镁的需要量为0.45g/kg，在妊娠190d后的胎儿，每天对镁的需求量为0.33g，初乳镁含量为0.4g/kg，常乳镁含量为0.12～0.15g/kg。

7. 硫

动物体含硫量约为0.15%，硫是动物体内含硫氨基酸、硫酸软骨素及B族维生素的组成成分。蛋氨酸和半胱氨酸的氧化作用使硫载体组织中以硫酸根离子形式存在，并影响动物体酸碱平衡状态。硫占日粮干物质的0.2%，基本可满足各阶段奶牛的需要量。

8. 碘

（1）功能

碘是奶牛必需微量元素之一，也是合成机体甲状腺激素的必需成分，在奶牛的生长发育以及新陈代谢过程中发挥着重要的调节作用。

碘对奶牛生产性发育的影响：

适量的碘可以促进犊牛的生长发育。哺乳期犊牛代乳品中碘含量（干物质）合理的范围为0.25～10mg/kg，在此范围内提高代乳品中碘含量可增加犊牛采食量以及日增重，而当碘含量超过100mg/kg时犊牛的日增重则会降低，更有甚者会导致犊牛碘中毒。同时他指出青年犊牛对碘的耐受能力更低，日粮碘含量超过50mg/kg将会降低其生长性能。

众多研究表明碘对犊牛的生产性能影响的途径主要有以下三方面：

①提高RNA聚合酶的活性，从而促进蛋白质的合成。

②通过增强瘤胃中纤维分解菌的活力，从而提高对氮的利用率。

③调控中枢神经、骨骼、心血管和消化等组织系统的发育，从而促进组织细胞分化和生长。

碘对奶牛泌乳性能的影响：

物质和能量代谢是奶牛泌乳的基础。碘可通过甲状腺激素调节乳腺以及全身的物质和能量代谢来影响奶牛的泌乳性能。研究表明给奶牛注射甲状腺激素不仅可以增加乳腺血流量，提高产奶量；还能提高乳糖、乳脂及乳蛋白含量，改善乳品质。此外，碘还可通过协同或拮抗微量元素来调节物质和能量代谢。若奶牛缺碘，则机体由硒活化的谷胱甘肽过氧化物酶活性就会降低。另外，碘对铜、镁、铁等元素所活化的生物氧化酶及电子传递具有一定作用。还有研究表明碘可通过影响瘤胃微生物区系的建立以及与维生素B_{12}在消化道内的合成来调节物质代谢，从而影响奶牛的泌乳性能。

（2）来源

奶牛摄入的碘来源于饮水和饲料。饮水虽可提供一定量的碘，但其含量极低（$4.9 \sim 15.4 \mu g/L$），因此饲料才是奶牛摄入碘的主要来源。在奶牛饲料中，玉米、豆饼、棉籽粕、菜籽粕等的碘含量较高，但这些原料的碘含量变化很大，通常在奶牛饲料中额外补充的碘主要是碘化食盐、碘酸钾、碘酸钙等无机碘和二碘水杨酸和二氢碘乙二胺等有机碘。

（3）缺乏症及过量

若奶牛缺碘，将会导致体内甲状腺激素合成降低，细胞的氧化速度减慢，进而影响奶牛的生长、繁殖及泌乳过程。而当奶牛摄入的碘量过多时，则会发生碘中毒，导致产奶量下降、乳碘含量增高，威胁奶牛的健康。

9. 硒

（1）功能

硒是奶牛饲养管理中不可缺少的一种必需营养物质，硒的功能是作为谷胱甘肽过氧化物酶的组成成分。奶牛体内硒营养状况影响其免疫机能。硒是加强机体免疫系统和抗感染能力必不可少的微量元素之一。动物缺硒使淋巴器官变得结构疏松，吞噬细胞、淋巴细胞数目减少，网状细胞增生，导致不同程度的免疫抑制或衰退。硒的主要作用，是在谷胱甘肽过氧化物酶系统中充当辅助因子。谷胱甘肽过氧化物酶系统会破坏正常脂类代谢过程中产生的过氧化物。

（2）缺乏症

白肌病：缺硒会导致白肌病（维生素E缺乏也是原因之一）。初生犊牛对硒缺乏较为敏感，妊娠母牛缺硒会导致犊牛缺硒。临产前60d给母牛补饲。0.1mg/kg硒（可饲喂富硒牧草）一般可防止犊牛白肌病。初生犊牛一次注射$3 \sim 4mg$硒能有效改善体内硒状况。奶牛缺硒无特殊临床症状。缺硒的一般症状有体弱、生产性能下降、对传染病的抵抗力差和发生繁殖机能障碍。

奶牛胎衣不下：奶牛胎衣不下与慢性硒缺乏有很大的相关性。奶牛干乳期缺硒会引起胎衣不下。贫硒地区发病率高于富硒地区，缺硒地区奶牛产前21d内注射约50mg硒，同时干乳期每天饲喂维生素E1000IU可有效降低胎衣不下的发生率。饲粮中提供维生素E达到1000IU/d时，添加硒（0.3mg/kg）也能降低胎衣不下的发生率。研究表明，正常奶牛血液硒浓度在0.08 ~ 0.1mg/L，此时胎衣滞留概率仅为9%，而当血液硒浓度降至

0.02～0.05mg/L时，牛群中胎衣滞留率为51%。而产前一个月在饲料中添加一定的硒，可有效地减少胎衣滞留率。由此可见，饲料中添加抗氧化剂以满足奶牛需要是非常关键的。特别是围产期，血浆中α–生育酚的浓度是整个泌乳期中最低的阶段，更应该补足硒的用量。

奶牛乳房炎：奶牛乳房炎是一种多因素疾病，给世界各国奶牛业造成了巨大的经济损失。近十年来的研究显示，硒缺乏对乳房炎的发病有一定的诱导作用。因为硒可保护细胞膜免受氧化破坏，而谷胱甘肽过氧化物酶是一种存在于细胞中，在机体对外界感染产生抵抗时保护细胞免受破坏的关键酶。缺硒导致乳腺中T、B淋巴细胞活性降低，吞噬细胞和杀灭病原体的能力受到严重影响，机体抗体合成减少，乳腺组织防御病原微生物能力下降而发病，也就是说，硒的缺乏会降低吞噬细胞作为抵御乳房疾病感染第一道防线的能力。维生素E和硒的添加可使奶牛在产犊时疾病罹患率下降42%。在泌乳早期临床乳房炎的发病率下降57%，整个泌乳期下降32%。使疾病的病程缩短40%～50%。在泌乳期显著降低了乳中体细胞的数量。维生素E和硒的添加可以改善乳房健康，其效果在产犊和泌乳早期是最明显的。在奶牛场的研究结果也表明，乳房疾病发生率下降，主要应归功于提高了血液中谷胱甘肽过氧化物酶的活性。

（3）需求量

按满足最低需要量0.1～0.2mg/kg添加，添加时要混合均匀，以免硒分布不均而产生中毒。奶牛硒的安全量应是5mg/kg，饲料中补硒时混合不均，或饲粮摄入量过高均会引起硒中毒，当牛摄入硒含量为400～800mg/kg的饲料时，可发生牛的急性硒中毒。

10.铁

（1）功能

铁最主要的功能是作为血红蛋白和肌红蛋白中的血红素的组成部分。

（2）缺乏症

缺铁的表现为贫血症，特别是幼龄家畜。

11.锌

（1）功能

锌是多种酶（如铜—锌氧化歧化酶、碳酸酐酶、乙醇脱氢酶、羧肽酶、碱性磷酸酶、聚RNA合酶）的成分。

（2）缺乏症

缺乏时牛迅速出现采食量和生长速度下降，被毛易脱落。

12.铜

（1）功能

铜是构成血红蛋白的成分之一，它是体内许多酶的激活剂。

（2）缺乏症

腹泻——反刍动物独有的临床症状；贫血；骨代谢异常；免疫功能下降。

13. 钴

（1）功能

钴是维生素B_{12}的组成成分。

（2）缺乏症

缺乏时，则会出现维生素B_{12}的缺乏症，表现为营养不良，生长停滞、消瘦、贫血。

（二）生产中常用矿物质需求量

1. 产奶牛的钙、磷和食盐的需要

奶牛维持需要为每100kg体重6g钙和4.5g磷；每千克标准乳为4.5g钙和3g磷，钙磷比以1.3：1～2：1为宜。

食盐的需要量，维持需要为每100kg体重3g，每产1kg标准乳需要1.2g或按精料干物质的1.5%～2%给予。

2. 生长牛的钙磷需要

维持需要为每100kg体重6g钙和4.5g磷。每千克增重为20g钙和13g磷。妊娠的最后3个月可以适当增加钙、磷的供给量。

3. 食盐需要量

奶牛维持需要为每100kg体重3g，每产1kg标准乳1.2g。

4. 铁、铜、锰、锌、硒、碘、钴等微量元素需要

可参考《奶牛营养需要和饲养标准》（2000年，中国农业大学出版社）。

六、维生素需要

成年牛瘤胃微生物可以合成B族维生素、维生素K，最容易缺乏的维生素主要是维生素A、维生素D、维生素E。但犊牛需用添加剂方式补充所有维生素。

（一）维生素A

功能：

（1）与视觉、精子发生、上皮细胞和骨骼的生长发育有关系。

（2）增进细胞免疫功能，提高抗病力。

缺乏症：出现上皮细胞角质化、夜盲症、脑脊液压升高，流产，胎衣滞留，犊牛发病率和死亡率提高。

在特殊情况下，需要提高维生素A的添加量，其包括：

（1）质量低劣的饲草日粮（瘤胃破坏严重以及β-胡萝卜含量低）。

（2）日粮含有较大量的玉米青贮和较少量的牧草。

（3）接触病原体机会增加时（免疫系统需要量增加）。

（4）免疫力降低时（如围产前期）。

饲养实践中，多以胡萝卜素的形式添加。中产奶牛1个NND给23mg，高产奶牛25mg，怀孕母牛25～30mg。

（二）维生素D

功能：

（1）促进肠道钙和磷的吸收。

（2）维持血液中钙、磷的正常浓度。

（3）促进骨骼和牙齿的钙化。

缺乏症：降低维持钙、磷动态平衡能力，导致血磷浓度下降。幼年动物患佝偻病，成年出现骨软化。

中毒：采食量下降，先多尿而后无尿，粪便干燥以及乳产量下降。

中产奶牛每天需10000～15000万IU，高产奶牛20000IU。

（三）维生素E

功能：作为脂溶性细胞的抗氧化集，保护膜尤其是亚细胞膜的完整性，提高繁殖功能，增强细胞和体液的免疫反应。

缺乏症：白肌病

根据下列情况调整维生素E的添加量：

（1）饲喂新鲜牧草时，减少维生素E的添加量。

（2）饲喂低质饲草日粮时提高维生素E的添加量

（3）当日粮中硒的含量较低时需要添加更多的维生素E。

（4）初乳期，需提高维生素E的添加水平。

（5）免疫力抑制期（如围产期），提高维生素E的添加水平。

（6）当饲料中存在较多的不饱和脂肪酸和亚硝酸盐时，需提高维生素E的添加水平。

大量补充维生素E，有助于降低牛奶中氧化气味的发生。犊牛每千克饲料干物质25IU，成年牛15～16IU。

（四）维生素K

在正常情况下，奶牛瘤胃为微生物能合成大量的维生素K。

（五）水溶性维生素

瘤胃微生物能合成部分的水溶性维生素，同时机体能合成维生素C。某些条件下奶牛可能需要补充下列维生素。

（1）生物素：能明显改善蹄的健康水平。

（2）叶酸：犊牛每周肌注叶酸能提高日增重，产前产后补充叶酸可提高产奶量。

（3）尼克酸：断奶前犊牛的日粮中需要尼克酸，产前产后补充叶酸，预防和治疗脂肪肝和酮病。

第二节　奶牛饲养管理

一、犊牛的饲养管理

（一）新生犊牛护理

出生3d内的犊牛称为新生犊牛，在母牛临近生产时，将产房、垫草及周围环境打扫干净，充分消毒，犊牛出生后，在其头部或者耳后部位洒一些凉水，给予一定的刺激，帮助其顺利呼吸，清理口、鼻、耳内的黏性物质，防止阻塞呼吸，掐住脐带，距离肚脐7cm左右处剪断，使用碘酒消毒脐带断口，如果出血过多，需要按住断口一段时间帮助止血，断脐后将犊牛安置在干净的垫草上，令其身体自然干燥，注意周围的环境要温暖，出生后的犊牛与母牛分开饲养，保持卫生干净整洁。

（二）吃足初乳

新生犊牛自身的免疫蛋白很少，基本没有免疫力，所以，要尽早令其吃足初乳，以获得母体抗原，获得免疫力。初乳是母牛产犊后第一次挤出的奶，要在2h以内全部挤完。在饲喂初乳前，要进行质量评定，确定抗体浓度，优质初乳的抗体浓度应该是50g/L。在新生犊牛出生后的12h内必须令其采食初乳，最好在母乳中抗体水平最高的时候采食，母牛母乳中的抗体水从12h开始逐渐减少，到24h时基本不能被犊牛所吸收了。因此，吃母乳要趁早，并且采取少量多次的原则，出生时采食1L，出生2h时采食1L，6h后再采食2L，这些基本能够满足初生牛犊获得足够免疫力。犊牛采食的初乳量越多，吸收的抗体蛋白就越多，免疫力就越好，患病的概率就会更小。初乳最好采取人工饲喂的方式，方便计算采食量，挤出来的牛乳需要加热至40℃放入奶瓶中饲喂。没有使用完的初乳冷冻保存，方便没有优质初乳时代替使用。

（三）哺乳期饲养管理

出生4d后至断奶这一阶段的犊牛处于哺乳期，哺乳期的饲养可以选择全乳或者代乳粉，喂过奶后过30min再令其饮水，不能间隔时间过短。犊牛舍要保证清洁干净，并与其他牛群分开。犊牛断奶时不要转群，防止应激反应导致疾病。在喂奶时要定时，定量，保证在40℃，并由专门的工作人员负责饲喂，不得随意更换。

（四）保证环境卫生

1. 清洁饲喂用具

母牛的乳房以及饲喂犊牛的奶瓶、用具等要保证清洁，每天消毒，防止细菌污染造成犊牛感染发病，牛初乳由工作人员挤出后放入专用容器中保存，饲喂后要及时用温水将其清洗干净，再倒入热水彻底冲洗消毒，晾干，做好这些清洁消毒工作，对减少疾病的感染有很大的帮助。

2. 保证牛舍和牛栏干净

犊牛容易患病，对使用的器具、周围环境的卫生要求很高，每天清洁牛舍地面的垃圾和污染的秸秆，使用温水擦洗牛栏，并用消毒液消毒，每天更换干净的垫草，保持舍内通风。

3. 刷拭、运动、去角

给犊牛刷拭1～2次/d，清洁皮肤上的污垢，使用较软的毛刷，防止刷子过硬划伤皮肤。

犊牛应该进行适当的运动以增强体质，犊牛8日龄后可以开始进行运动，每天1h左右，而后逐渐增加运动时间，1月龄后运动时间可以增加到3h，安排运动的时候天气要晴朗无风，避免在过冷过热的天气运动，严防冷空气侵袭及高温中暑，同时保证运动场干燥没有积水。夏季在上午或傍晚没有阳光直射的时候运动，冬季在中午天气暖和的时候进行运动。

常用的去角方法有苛性钠和电热去角两种方法，苛性钠法适宜在犊牛出生10～25d时使用，要注意防止苛性钠流到犊牛眼睛里。3～5周龄的犊牛适宜用电热去角法，要注意断角处感染的防治。

二、育成牛的饲养管理

犊牛在3个月龄断奶后，转入育成牛。育成牛从6～24月龄正处于生长发育快的阶段，搞好这一时期的培育对牛体的生长发育和今后的生产性能关系极大。因此，对此阶段的育成牛，必须按不同年龄发育特点和所需营养物质进行正确的饲养。

（一）6月龄至1周岁

在此时期，牛的性器官和第二特征发育很快，体躯向高度和长度方面急剧生长，消化器官容积扩大1倍左右。对这一时期的育成牛，在饲养上，要供给足够的营养物质，除给予优良牧草、干草和多汁饲料（必须具有一定的容积，以刺激牛前胃的生长发育）外，还必须适当补充一些精饲料。从9～10月龄开始，可掺喂一些秸秆和谷糠类，其分量占粗料（干草）的30%～40%。

（二）12～18月龄

此阶段牛消化器官容积更加扩大。为了促进消化器官的进一步发育，日粮应以粗饲料和多汁饲料为主，其比例约占日粮总量的75%，其余25%为混合精料，以补充能量和蛋白质的不足。

（三）18～24月龄

此期正是牛交配受胎阶段，生长发育缓慢下来。对这阶段的育成母牛一方面营养水平不宜过高，以免牛体过肥，造成不孕或影响胎儿发育和正常分娩；另一方面，也不可喂得过于缺乏，应以品质优良的干草、青草、青贮料和块根类作为基本饲料，少给精料。到妊娠后期，适当补加精料，可每天饲喂2～3kg，以满足胎儿生长发育的需要。

（四）公母分群

犊牛满6月龄时就应公母分开饲养或用通槽实行系留饲养，以免互相爬跨，甚至偷配早育，影响生长发育和选配。

（五）刷拭和运动

对育成牛，每天至少刷拭1～2次，每次5min。在舍饲期，每天坚持进行2h以上的驱赶运动。晴天还要多让其接受日光照射，以促进机体吸收钙质和促进骨骼的生长。

（六）按摩乳房

为了促进育成牛特别是妊娠后期育成牛乳腺组织的发育，除给牛良好全价饲料外，也应适当进行乳房按摩。对6～18月龄育成母牛每天可按摩乳房1次，18月龄以后按摩2次，每次按摩前用热毛巾揩擦乳房，产前1～2个月停止按摩。按摩可与刷体同时进行。

三、泌乳牛的饲养管理

（一）泌乳初期奶牛的饲养管理

指母牛分娩后15d以内的时间，通常也称为围产后期。此时母牛一般仍应在产房内进行饲养。产后母牛体虚力乏，消化机能减弱，尤其高产牛乳房呈明显的生理性水肿，生殖道尚未复原，时而排出恶露。在这个阶段饲养管理的目的是促进母牛体质尽快恢复，为泌乳盛期打下良好的体质基础，不宜过快追求增产。当母牛产后休息片刻，即喂给较易消化的麸皮1～1.5kg，加食盐50～100g，以温水冲拌成稀汤让牛饮尽，可起到暖腹、充饥及增加腹压的作用。此时母牛往往表现口渴，如若不够可酌情再调制一些补充。切忌饮以凉水，饮水温度以37～40℃为宜。同时喂给优质干草1～2kg或任其自由采食。此时，不宜饲喂多汁饲料及糟粕饲料。在产后2~3d内以优质干草为主，辅以麸皮、玉米1~3kg。4~5d后，逐步增加精料，每日增加1kg左右，至产后第7~8d，日粮可达到泌乳牛的给料标准。为防止精料过食造成消化障碍和过早加剧乳腺的泌乳活动，此时精料喂量以不超过体重的1%为宜。在乳房恢复消肿良好的情况下，可逐渐增加青贮、块根类饲料的喂量。产后8~15d的日粮配合，原则是在干物质中精料比例逐步达50%~55%，精料中饼类饲料应占25%~30%。增喂精饲料是为了满足产后日益增多的泌乳需要。

据研究统计，母牛分娩后的15d内，每天平均失重1500~2000g，日粮能量不足会加剧此时能量的负平衡。同时，日粮中蛋白质浓度也应保持较高的水平，否则，将影响体脂转化成牛奶的效率。当产后15d，青贮喂量宜达15kg、干草3~4kg、块根类5~7kg，糟粕类不超过8kg。此时，除能量、蛋白、脂肪等营养处于负平衡外，体内钙、磷也同样处于负平衡状态。必须充足喂给钙、磷和维生素D。每头每日钙的喂量不低于150g，磷不低于100g。

长期以来围产后期多采用较为保守的饲养方法。即产后以恶露排净、乳房消肿作为体质复原的主要标志和目的。在饲喂上有意识降低日粮营养浓度，拖延增喂精料的时间，不喂块根等多汁饲料和糟粕饲料，避免刺激乳腺加速泌乳，担心加重乳房肿胀程度。结果导致产后采食量低，这更加剧了泌乳盛期的营养负平衡。

在产后0.5~1h，即应开始挤奶。据研究，提前挤奶有助于产后胎衣的排出。因通过挤奶前的热敷按摩刺激，即引起排乳反射，而排乳反射的建立，主要是垂体后叶释放大量催产素，故可加强子宫平滑肌的收缩，起到了促使胎衣排出的作用。同时，提前挤奶也能使初生犊及早饮用初乳。

对产后母牛的第一次挤奶，首先须加强对乳房的清洗、热敷和按摩。第1~2把挤出的奶，因细菌数含量高，应予废弃。第一次挤奶切忌挤净，保持乳房内有一定的储乳量，只要挤出够小牛吃的即可，挤2kg左右。如果把奶挤干，对于高产牛特别容易引起产后瘫痪的发生，第2天每次挤奶约为产奶量的1/3，第3天约为1/2，第4天约为3/4，第5天才可全部挤净。在每次挤奶时，都应加强热敷和按摩，并要增加挤奶次数，每日最好挤奶4次以上，这样能促进乳房较快消失水肿。如发现有消肿较慢现象，也可以用40%的硫酸镁温水洗涤并按摩乳房，以加快水肿的消失。

母牛在产后半个月左右，身体即能康复，食欲旺盛，消化正常，乳房消肿，恶露排尽。此时，可调出产房转入大群饲养。

（二）泌乳盛期奶牛的饲养管理

此期系指母牛分娩15d以后，到泌乳高峰期结束，指产后16~100d的时间。泌乳盛期的饲养管理至关重要，因涉及整个泌乳期的产奶量和牛体健康。其目的，是从饲养上引导产奶量上升，不但奶量升得快，而且泌乳高峰期要长而稳定，力求最大限度地发挥泌乳潜力。

母牛产后随着体质的康复，产奶量逐日增加，为了发挥其最大的泌乳潜力，可在产后

15d左右开始，采用"预付"的饲养方法。饲料"预付"是指根据产奶量按饲养标准给予饲料外，再另外多给1~2kg精料，以满足其产奶量继续提高的需要。在升乳期加喂"预付"饲料以后，母牛产奶量也随之增加。如果在10d之内产奶量增加了，还必须继续"预付"，直到产奶量不再增加，才停止"预付"。目前，在过去"预付"饲养的基础上，又有了新的研究进展，即发展成为"引导饲养"法。实行"引导饲养"法应从围产前期即分娩前2周开始，直到产犊后泌乳达到最高峰时，喂给高能量的日粮，以达到减少酮血症的发病率，有助于维持体重和提高产奶量的目的。原则是在符合科学的饲养条件下，尽可能多喂精料，少喂粗料。即自产犊前2周开始，一天约喂给1.8kg精料，以后每天增加0.45kg，直到母牛每100kg体重吃到1.0~1.5kg精料为止。母牛产犊后仍继续按每天0.45kg增加精料，直到泌乳达到高峰。待泌乳高峰期过去，便按产奶量、乳脂率、体重等调整精料喂量。在整个"引导饲养"期，必须保证提供优质饲草，任其自由采食，并给予充足的饮水，以减少母牛消化系统疾病。采用"引导饲养"法，可使多数母牛出现新的产乳高峰，且增产的趋势可持续于整个泌乳期，因而能提高全泌乳期的产奶量，但对患隐性乳房炎者不适用或经治疗后慎用。

泌乳盛期是饲养难度最大的阶段，因为此时泌乳处于高峰期，而母牛的采食量并未达到最高峰期，因而造成营养入不敷出，处于负平衡状态，导致母牛体重骤减。据报道，此时消耗的体脂肪可供产奶1000kg以上。如动用体内过多的脂肪供泌乳需要，在糖不足和糖代谢障碍的情况下，脂肪氧化不完全，则导致暴发酮病。表现食欲减退、产奶量猛降，如不及时处理治疗，对牛体损害极大。因此在泌乳盛期必须饲喂高能量的饲料，如玉米、糖蜜等，并使奶牛保持良好的食欲，尽量多采食干物质，多饲喂精饲料，但也不是无限量地饲喂。一般认为精料的喂量以不超过15kg为妥，精料占日量总干物质65%时，易引发瘤胃酸中毒、消化障碍、第四胃移位、卵巢机能不全、不发情等。此时，应在日粮中添加$NaHCO_3$100~150g、$MgO_2$50g，拌入精料中喂给，可对瘤胃的pH起缓冲作用。为弥补能量的不足，避免精料使用过多的弊病，可以采用添加动植物油脂的方法。例如可添加3%~5%保护性脂肪，使之过瘤胃到小肠中消化吸收，以防日粮能量不足，而动用体脂过多，使血液积聚酮体造成酸中毒。

为使泌乳盛期母牛能充分泌乳，除了必须满足其对高能量的需要外，蛋白质的提供也是极为重要的，如蛋白质不足，则影响整个日粮的平衡和粗饲料的利用率，还将严重影响产奶量。但也不是日粮蛋白质含量越高越好，在大豆产区的个别奶牛场，其混合精料中豆饼比例高达50%~60%，结果造成牛群暴发酮病。既浪费了蛋白质，又影响牛体健康。实践证明，蛋白质按饲养标准给量即可，不可任意提高。研究表明，高产牛以高能量、适蛋白（满足需要）的日粮饲养效果最佳。尤其注意喂给过瘤胃蛋白对增产特别有效。据研究，日粮过瘤胃蛋白含量需占日粮总蛋白质的48%。目前已知如下饲料过瘤胃蛋白含量较高：血粉、羽毛粉、鱼粉、玉米、面筋粉、啤酒糟以及白酒糟等，这些饲料宜适当多添加蛋氨酸对增产效果明显。

泌乳盛期对钙磷等矿物质的需要必须满足，日粮中钙的含量应提高到占总干物质的

0.6%～0.8%，钙与磷的比例以1.5：1～2：1为宜。日粮中要提供最好质量的粗饲料，其喂量以干物质计，至少为母牛体重的1%，以便维持瘤胃的正常消化功能。冬季还可加喂多汁饲料，如胡萝卜、甜菜等，每日可喂15kg。每天每头服用维生素A 50000IU、维生素D 36000IU、维生素E 1000IU或胡萝卜素300mg，有助于高产牛分娩后卵巢机能的恢复，明显提高母牛受胎率，缩短胎次间隔。

在饲喂上，要注意精料和粗料的交替饲喂，以保持高产牛有旺盛的食欲，能吃下饲料定额。在高精料饲养下，要适当增加精料饲喂次数，即以少量多次的方法，可改善瘤胃微生物区系的活动环境，减少消化障碍、酮血症、产后瘫痪等的发病率。从牛的生理上考虑，饲喂谷实类不应粉碎过细，因当牛食入过细粉末状的谷实后，在瘤胃内过快被微生物分解产酸，使瘤胃内pH降到6以下，这时即会抑制纤维分解菌的消化活动。所以谷实应加工成碎粒或压扁成片状为宜。

据研究显示，泌乳盛期日粮干物质占体重3.5%，每千克干物质含奶牛能量单位2.4、CP16%～18%、钙0.7%、磷0.45%，粗纤维不少于15%，精粗比60：40。泌乳盛期对乳房的护理和加强挤奶工作尤显重要。如挤奶、护理不当，此时容易发生乳房炎。要适当增加挤奶次数，加强乳房热敷按摩，每次挤奶要尽量不留残余乳，挤奶操作完应对乳头进行消毒，可用3%次氯酸钠浸一浸乳头，以减少乳房受感染。对日产40kg以上高产奶牛，如系手工挤奶，可采用双人挤奶法，有利于提高产奶量。牛床应铺以清洁柔软的垫草，以利奶牛的休息和保护乳房。

要加强对饮水的管理，为促进母牛多饮水，冬季饮水温度不宜低于16℃；夏季饮清凉水或冰水，以利防暑降温，保持食欲，稳定奶量。要加强对饲养效果的观察，主要从体况、产奶量及繁殖性能等3个主要方面进行检查。如发现问题，应及时调整日粮。

（三）泌乳中期奶牛的饲养管理

泌乳中期指泌乳盛期以后，泌乳后期之前的一段时间，指产后101～200d。泌乳盛期过后，即应按体重和产奶量进行饲养。这时产奶量开始逐渐下降，每月奶量的下降率如能保持5%～8%，即为稳定下降的泌乳曲线，如果饲养上稍有忽视，下降率则达10%以上。这一时期饲养管理的中心任务是力求产奶量缓慢下降，在日粮中应逐渐减少能量和蛋白质含量，即适当减少精料喂量，增加青粗饲料饲喂量，应让牛尽量能采食到品质好，适口性强的青粗饲料。

泌乳中期，日粮中干物质应占体重3.0%～3.2%，每千克含奶牛能量单位2.13、粗蛋白质占13%、含钙0.45%、磷0.4%，精粗比40：60，粗纤维含量不少于17%。BST（牛生长激素）在提高乳牛产奶量上的研究已取得十分肯定的效果，在一些国家已被批准在生产中使用，但BST对正处于营养负平衡期内的牛效果不好，在产后3～4个月时即泌乳中期使用可明显提高产奶量，提高幅度为10%～25%。采用BST必须采用注射法，最初是每日注射，目前已研制出具有持续发挥效率的制品，可每2周（500mg）或每4周

（960mg）注射1次即可。BST的主要作用是使牛体内所吸收的营养成分发生分配上的变化；其次是控制体内环境的稳定及调节组织代谢。使用BST后泌乳牛饲料采食量增加，用于合成牛奶的营养成分向乳腺的分配占优势。研究证明，使用BST可提高受胎率、降低发病率，并可延长奶牛的生产年限，降低生产成本。在一个泌乳期内可增加产奶量1000～2000kg，其应用前景广阔，尤其适于在泌乳中期一开始即使用。

（四）泌乳末期奶牛的饲养管理

泌乳中期以后，干奶期以前的一段时间，一般指产后第201天至停奶时为止。奶牛经过200d的大量泌乳后，体膘明显下降，应在泌乳后期适当增加饲料喂量，以恢复奶牛的体况，但亦要注意防止过肥。

据国外有关能量研究报道，泌乳牛将代谢能转化为产乳净能的转化率为64.4%；泌乳母牛在早期大量泌乳时，如能量供应不足，而动用体脂以满足泌乳需要的转化率为82.4%；泌乳后期当营养充裕时，泌乳母牛将多余的营养物质转化为体脂时转化率为74.7%；但干乳期将多余的营养物质转化为体脂的转化率仅为58.7%。由此可见，早期因泌乳消耗的能量（或体脂）在泌乳后期的补偿效率为61.6%（0.824×0.74＝0.616即61.6%），但若等到干乳期才补偿，其效率就低得多，仅为48.3%（0.824×0.58＝0.483，即48.3%）。以上资料说明，在泌乳后期进行加强饲养，给予补饲，比等到干奶期才进行补饲，在饲料利用效率上要合算得多。因此，目前国外多重视加强泌乳后期的饲养，让牛体稍有营养储积，而当进入干奶期时，牛的体况已基本恢复。

泌乳后期，日粮干物质应占体重3.0%～3.2%，每千克含奶牛能量单位1.87、粗蛋白质占12%、含钙0.45%、磷0.35%，精粗比30∶70。粗纤维含量不少于20%。此期日粮以青粗饲料为主，适当搭配精料即可。

四、围产期奶牛的饲养管理

（一）围产期的概念及重要性

现代养牛学认为围产期是指奶牛分娩前后各21d这段时间，其中分娩前21d为围产前期，分娩后的21d为围产后期。近年来也有理论认为可以将围产期扩展为分娩前后各30d。围产期是一个新的泌乳期的开始，奶牛在围产期经历了日粮结构改变、分娩、环境变化及泌乳等一系列应激，因此该阶段也是各种代谢和生殖疾病的多发期。围产期饲养管理得好坏和精细化程度将直接影响奶牛在整个泌乳期的生产性能与健康。

（二）围产期奶牛的变化

1.瘤胃的变化

干奶期牛的日粮主要以粗饲料为主，与泌乳时相比瘤胃内丙酸的生成量降低，瘤胃乳头状凸起大量萎缩，瘤胃吸收面积在干奶前7周会减少近50%，导致瘤胃吸收挥发性脂肪酸的能力降低。而要使乳头状凸起重新恢复需要4～6周的时间，瘤胃中乳酸生成菌对高淀粉日粮的适应速度要快于乳酸降解菌，因此应逐步增加精料的饲喂量，提高瘤胃中淀粉和乳酸降解菌的数量，使瘤胃乳头状凸起得到恢复，增加瘤胃吸收面积，降低由日粮结构突变所引起瘤胃酸中毒及蹄病的发病率。

2. 采食量的变化

由于要为分娩和泌乳做准备，围产前期奶牛的内分泌会发生明显改变，一方面，胎儿在此阶段对营养的需求不断增加，初乳也在此阶段开始合成，同时激素的分泌也发生了巨大的变化；另一方面，快速生长的胎儿会对奶牛的消化器官产生巨大的物理压力。上述应激导致奶牛干物质采食量在产前1周左右开始急剧下降，直至产后2周左右才开始逐渐恢复。采食量降低会导致奶牛营养入不敷出而发生严重的能量负平衡，导致脂肪肝、酮病等代谢类疾病的发病率上升进而影响奶牛的健康和生产性能。

3. 体况的变化

围产期奶牛体况的变化可以直接反映出奶牛所采食的营养物质是否能满足其泌乳需要。围产前期，适当的体脂储备对获得更高的泌乳高峰期产量至关重要，但切忌将围产期牛养得过肥，围产前期体况过肥可能导致分娩困难及多种代谢疾病的发生。围产后期由于采食量还没有恢复，奶牛摄入的营养物质无法满足泌乳需要，此时奶牛会动员大量体脂肪进行泌乳，体况将迅速下降。通常情况下，头胎牛产前体况评分不超过3.75一般不会导致难产。许多研究结果表明，围产前期牛的体况评分维持在3.25～3.75，围产后期体况评分维持在2.5～3.25时较为理想。

4. 能量、蛋白需要的变化

围产前期胎儿生长迅速，对能量和蛋白的需求都在不断地增加，但由于采食量下降严重，导致能量和蛋白供需失衡，产后能量负平衡严重。为满足此阶段奶牛的营养需要，最大程度降低产后能量负平衡，应提高日粮能量和蛋白浓度以满足此阶段奶牛的营养需求。此外，与经产奶牛相比初产牛的体形较小，其摄入的营养物质除供给胎儿生长需要外还要满足自身生长发育的需求，故初产奶牛对能量和蛋白的需要高于经产奶牛。

（三）围产期奶牛的饲养管理

1. 围产前期奶牛的饲养管理

（1）围产前期的饲养

围产前期的饲养工作应以奶牛的健康为中心，日粮结构应从高纤维型逐渐向高精料型进行过渡以促进瘤胃微生物及瘤胃乳头的恢复，同时降低由日粮结构突变所导致的应激，激发奶牛自身免疫系统，降低产后代谢类疾病的发病率。

逐步添加精料饲喂量，提高日粮能量及蛋白浓度：奶牛进入围产期后即应开始逐步增加日粮中精料的比例，一方面可以使瘤胃微生物逐渐适应高精料型日粮，同时使日粮结构与围产后期日粮尽量保持一致，减少由产后日粮结构突变所造成的应激；另一方面，由于临近分娩，奶牛内分泌系统发生了巨大的变化导致奶牛进入围产期后干物质采食量急剧下降，但同时其对于营养物质的需求却在不断增加，因此在围产前期应适当提高日粮能量浓度，为应对产后能量负平衡做一定的能量储备。需要注意的是，围产前期机体组织内的蛋白质贮存不但有利于乳腺和胎儿的发育，同时也可以在产后被机体动员用于泌乳并降低产后代谢疾病的发病率。

保证日粮中优质粗饲料的供给：日粮中充足的有效纤维含量对于围产期奶牛的瘤胃健康至关重要，建议围产前期奶牛日粮中供给优质禾本科牧草2.5～3.5kg、全株青贮玉米饲料10～15kg，以保证瘤胃正常功能和瘤胃中纤维降解菌的活力，同时，TMR日粮中饲草的长度不低于5cm，使用铡草机对饲草进行预处理后再使用，保证饲草在瘤胃的消化率和奶牛的采食量。降低日粮中的钙含量：正常情况下，钙稳态机制会保证奶牛血钙水平维持在90～100mg/L，形成初乳及产后大量泌乳将导致血钙在分娩前几天就开始下降，产犊时降至最低。低血钙会严重妨碍肌肉功能和神经信号传导，导致奶牛产后难以站立而发生产乳热。奶牛正常的血钙水平受甲状旁腺素的调节，当日粮中的钙供给不足以维持奶牛正常的血钙水平时甲状旁腺的调节能力加强，骨钙被动员以维持奶牛分娩时的正常血钙水平。由于骨骼对产后高钙需求的适应需要花费几天的时间，因此血钙浓度通常要在分娩几天后才能恢复。为防止由于产后低血钙导致的产乳热，在奶牛进入围产期后应采用低钙日粮以促进骨钙的释放。

充足的维生素和微量元素供给：围产期日粮中应添加充足的维生素和微量元素，分娩前应给奶牛补硒及维生素A、维生素D、维生素E作为产前保健程序，不但可以提高新生犊牛的成活率和健康水平，同时也可以降低新产牛乳房炎、胎衣不下和产乳热的发病率，加速新产牛子宫恢复，提高产奶量和产后配种的受胎率。

（2）围产前期奶牛的管理

分群管理：围产前期，牛应单独组群饲养，配制围产期日粮。需要注意的是在分群时应遵循以下两点原则：第一，如果条件允许应将头胎牛与经产牛分开饲养；第二，分群时应考虑奶牛体况，根据体况制订不同的饲喂方案，保证奶牛在分娩时的体况评分介于3.25～3.75。

饲养管理：提高奶牛的干物质采食量是围产期饲养的关键。在分娩前、后的1周不宜大幅度改变日粮结构和更换饲料，尽量不使用适口性差的饲料。严格管控饲料质量，严禁饲喂发霉变质的饲料。此阶段要供给奶牛充足、清洁的饮水，冬季最好供给温水。

环境管理：保证围产期奶牛的生活环境干净、干燥、舒适，定期更换卧床垫料，每天对卧床和采食通道进行消毒，定期对运动场进行整理和消毒，防止由于环境因素导致疾病的发生和传染。此外，每天应对奶牛的后驱进行消毒，有条件的牧场应保证每天对乳头进行药浴，预防新产牛乳房炎的发生。

其他方面：奶牛进入围产期后技术人员应加强巡舍，及时发现临产奶牛并将其转入产房待产，此期间应保证奶牛可以随意进出运动场做运动（雨、雪等特殊天气除外），增强运动可以有效预防难产和胎衣不下的发生。

2. 围产后期奶牛的饲养管理

围产后期是奶牛分娩后的恢复阶段。此时奶牛体质虚弱，免疫力下降，能量负平衡显著。此阶段的饲养目标应为提高奶牛采食量，促进奶牛体质尽快恢复，降低产后疾病的发病率，为即将到来的泌乳高峰期奠定良好的基础。

（1）围产后期的饲养

提高日粮营养浓度：产后奶牛开始大量泌乳，但采食量尚未恢复，营养摄入与需求失衡，为满足低采食量下奶牛的营养需要，此时应逐渐提高新产牛日粮的营养浓度，尽量降低奶牛在此阶段的体况损失，保证奶牛健康。分娩后让奶牛自由采食饲料，应慎用可能降低采食量的饲料，保证优质牧草在日粮中所占的比例，防止真胃移位等疾病的发生。此阶段应逐步增加精料饲喂量，防止由于精料增加过快而导致瘤胃酸中毒的发生。可在10～15日将精饲料的饲喂量提升至8.0～9.0kg。为缓解产后能量负平衡所导致的体况损失，可以在日粮中添加适量的过瘤胃脂肪。泌乳早期牛理想体况评分应介于2.5～3.25。

提高日粮钙含量：由于分泌初乳和大量泌乳会消耗大量的钙，很多奶牛在产犊后都会发生不同程度的低血钙症。产犊后的最初几天，血钙用于泌乳的消耗可能超过50g/d，若分娩后不能及时恢复正常的血钙水平易导致产乳热、胎衣不下等疾病。因此，分娩后应立即调整日粮钙水平，新产牛日粮干物质中钙含量应达到0.7%～0.8%，钙磷比约1.5：1。

产后灌服营养液：奶牛分娩时将胎儿、胎衣等65～85kg的物质排出体外造成腹腔空虚，分娩后应及时将母牛赶起灌服营养液。第一，可以补充腹腔物理空间缺失，预防真胃移位的发生；第二，母牛在分娩前饮水很少，灌服液中大量的水可以保持体液平衡；第三，灌服液中含有大量钙、维生素、微量元素、能量及电解质等营养物质，可以满足奶牛此时的营养需要，促进新产牛体能恢复，提高机体免疫力并且降低产后疾病的发病率。

（2）围产后期的管理

产房管理：为新产牛提供舒适、干净、干燥的生活环境，定期对新产牛舍，尤其是卧床进行消毒，同时保证新产牛可以自由进出运动场。分娩时应尽量保证奶牛顺产。对发生难产的奶牛需及时助产，助产时应严格遵循消毒和助产程序，分娩完成后应立即将犊牛与母牛分离并将奶牛赶起灌服营养液、挤初乳、去尾毛。挤初乳时应严格执行挤奶程序并检查奶牛是否患有乳房炎及初乳质量。

产后监护：产后监护的主要内容包括体温、泌乳状况、粪便情况、胎衣排出情况等。连续10d，每天上、下午各进行1次体温监测，若体温异常应及时查找原因并进行处置；每日检查新产牛的泌乳量和牛奶状况，若泌乳量以每日约5%比例上升，即可视为奶牛健康状况良好，同时还应密切关注新产牛乳房炎的发病情况；粪便监测方面，应每日观察新产牛粪便性状，若粪便出现稀薄、颜色发灰、恶臭等现象则说明奶牛瘤胃可能出现异常，应适当减少精饲料饲喂量，提高日粮中优质粗饲料的比例，严重的应及时进行药物治疗；每日观察胎衣和恶露的排除状况，及时将排出的恶露清理干净并使用1%～2%的来苏尔对新产牛臀部、尾根、外阴、乳镜等部位进行消毒，若产后几天只能观察到稠密的透明状分泌物而不见暗红色的液态恶露应及时治疗，避免子宫炎和败血症等疾病的发生，分娩后12h若胎衣仍未排出即可视为胎衣不下。此外，还应观察奶牛的外阴、乳房、乳头是否有损伤，奶牛是否有产乳热的发病征兆等。

挤奶管理：第一，新产牛的乳房水肿情况严重，若不及时将牛奶挤净会加剧乳房胀痛，由此导致的压迫会抑制乳腺细胞的泌乳能力，同时也会影响母牛的休息与采食，因此除难产牛和体质极度虚弱的牛之外应一次性将初乳挤净；第二，牛奶中营养物质丰富，是微生物良好的培养基，新产牛的体质虚弱，若不及时挤净很可能导致有害菌长时间在乳房内大量繁殖并侵染乳腺细胞而引发临床型乳房炎。一次性将牛奶挤净不仅能最大程度的避免上述情况的发生，同时还可以刺激乳腺细胞的泌乳能力，发挥奶牛的泌乳性能，提高整个胎次的泌乳量。

挤奶前、后应严格执行药浴程序，防止由于人为原因导致新产牛乳房炎的发生。若新产牛健康状况良好，产后10～15d即可由新产群转入泌乳群饲养。

五、奶牛全混合日粮饲喂（TMR）技术

全混合日粮，简称TMR（英文total mixed ration的缩写），是指根据奶牛不同生理阶段的营养需要，将粗饲料、青饲料、青贮饲料和精料补充料等按照一定比例搅拌混合加工而成的一种营养相对平衡的日粮。饲喂TMR具有增加干物质采食量、提高饲料消化率和改善日粮适口性等优点。TMR饲养技术于20世纪60年代在美国、英国、以色列等国家推广应用。经过不断的发展，目前美国、加拿大、以色列、荷兰、意大利等奶业发达国家已普遍采用TMR饲养技术。我国自20世纪80年代引入该技术以来，推广面积不断扩大，目前在一些大中规模奶牛场应用效果良好。

（一）应用TMR饲养技术对奶牛舍的要求

1. 牛舍建筑的基本要求
宽度20m以上，长度60～120m。标准牛舍通常以饲养200～400头奶牛为基本单位。散栏式牛舍是将牛床饲养与挤奶厅相结合的牛场，适合规模化养殖、自动化管理。

2. 散栏式牛舍
牛舍长70～80m，宽20～27m。舍内设牛床，成年牛床长210～220cm，宽110～120cm；育成前期牛床长170～190cm，宽85～90cm；育成后期牛床长190～200cm，

宽100～110cm。牛床距地面高度20cm左右。饲喂道宽4～4.5m。散栏式牛舍可分为房舍式、棚舍式和阳棚式3种。散栏式牛舍是目前国内外现代化牛场采用的设计合理、最先进的牛舍，可大大提高奶牛场的劳动生产率。

（二）TMR搅拌机的选择

1. 容积的选择

选择依据有以下两点：一是根据奶牛场的建筑结构、喂料道的宽窄、牛舍高度和牛舍入口等，来确定合适的TMR搅拌机容量；二是根据牛群大小、奶牛干物质采食量、日粮种类（容重）、每天的饲喂次数以及混合机充满度等，选择混合机的容积大小。

2. 机型的选择

TMR搅拌机最好选择立式混合机，它与卧式相比优势明显：一是草捆和长草无须另外加工；二是混合均匀度高，能保证足够的长纤维刺激瘤胃反刍和唾液分泌；三是搅拌罐内无剩料，卧式剩料难清除，影响下次饲喂效果；四是机器维修方便，只需每年更换刀片；五是使用寿命较卧式长。

3. 生产性能的选择

在对TMR搅拌机进行选择时，要考虑设备的耗用，包括节能性能、维修费用、使用寿命等因素。

（三）TMR搅拌机混合饲料原料时注意事项

1. 装填原料

为保证日粮混合质量，投料顺序为先轻后重、先干后湿、先长后短、先大量后小量。通常卧式TMR搅拌车填料顺序为干草类、精料补充料、青贮类、糟渣类；立式TMR搅拌车填料顺序为干草类、青贮类、糟渣类、精料补充类等。填料量占总容积的70%～85%。

2. 搅拌时间

边加料边混合、搅拌。不同原料的适宜搅拌时间有所不同，干草类10～20min，青贮类10～15min，糟渣类5～10min，精料补充料2～5min。物料全部填完后再混合3～6min，避免过度混合。

3. 水分控制

保证物料含水率45%～55%。若原料水分含量不足，应在填料结束时加适量水。原料变换或水分含量发生变化时，应检测其水分含量。

（四）TMR供应

1. 奶牛分群

（1）分群原则

应根据奶牛生理阶段、生产水平和体况进行分群，尽量减少各牛群内个体间的差异。通常泌乳初期的奶牛分入高产牛群，泌乳中期的奶牛分入中产牛群，泌乳后期的奶牛分入低产牛群。大型牛场，可根据自身条件，以群间产奶量差距10kg左右，进一步细化分群。初产牛和经产牛应分别组群。

（2）分群方案

①泌乳牛。存栏500头以上的牛场，可分4个群，即高产牛群、中产牛群、低产牛群和头胎牛群。存栏200~500头的牛场，可分3个群，即高产牛群、低产牛群和头胎牛群。存栏200头以下的牛场，可分2个群，即泌乳牛群和头胎牛群。

②干乳牛。存栏500头以上的牛场，可分2个群供给，即干乳前期TMR和干乳后期TMR。存栏500头以下的牛场，单独组群供给，即干乳期TMR。

③后备牛。应单独组群，也可分为7月龄后牛群、妊娠牛群和产前牛群。

④其他。过肥的泌乳牛调整到低产群或单独组群，过瘦的泌乳牛调整到高产群或单独组群，尽量减少调群频率。

2. 投料

（1）每天投料2~3次，高温高湿季节不少于3次，以保证TMR新鲜。

（2）投料均匀，保证奶牛采食的一致性。

（3）给泌乳牛投料应在榨乳期间进行。

（4）个体异常牛应单独补饲或限饲，以使之达到适宜的体况。

3. 剩料

（1）每天应向饲草推料5次以上，防止剩料过多或缺料。

（2）剩料量应控制在3%~5%，空槽时间每天不超过2~3h。

（3）及时清扫饲草，避免剩料发热、发霉变质。

4. 注意事项

（1）TMR搅拌车应定期进行保养、检修和校正计量控制器的精度。

（2）每天检查TMR搅拌车（机）出料口磁铁上的附着物，及时清除金属等杂物。

（3）TMR原料应稳定供应，不宜经常变更TMR配方。若需调整TMR配方，应避开泌乳高峰期，并有15d左右的过渡期。

（五）奶牛TMR常用粗饲料

1. 干草类

如苜蓿草、芦苇、羊草、紫云英及各种野干草。奶牛的日粮中必须保持一定量的粗饲料，尤其是干草，可维持奶牛正常的瘤胃内环境和提高乳脂率。

2. 块根、块茎、瓜果类饲料

如甘薯、胡萝卜、马铃薯、萝卜、甘蓝、西瓜皮、南瓜、甜菜等。这类饲料主要作为能量饲料添加，其特点是适口性好、营养丰富，但水分含量高。

3. 青绿饲料

如甘薯蔓、花生藤、黑麦草、苜蓿、三叶草、青割玉米、各种青菜等。这类饲料的营养特点是，蛋白质含量丰富，富含多种维生素；适口性好；体积大，水分含量高。奶牛喜食青绿饲料，但因其水分含量高，奶牛采食后有饱腹感，会因其干物质及其他营养成分摄食不足，反而不利于奶牛生产性能的发挥，所以水分大的青绿饲料在TMR饲料中要严格控制饲喂量。

4. 农副产品类

如大麦秸、小麦秸、稻草、玉米秸、花生藤、大豆秸、荞麦秸等。这类饲料的特点是营养价值较低、粗纤维含量高、适口性差、消化率低，但来源广，成本低。奶牛采食入后很快即可产生一定饱腹感。严格来说，这类饲料对于高产奶牛几乎没有饲喂价值。

5. 糟渣类饲料

豆腐渣、粉渣、啤酒糟、酱油渣、白酒糟、甜菜渣等。这类饲料的营养特点是适口性好，可提供一定量的蛋白，是奶牛的优质饲料资源。

通常来说，粗饲料的营养价值顺序依次为优质干草、野生干草、玉米秸秆、麦草、稻草，其中以豆科、禾本科和秸秆类饲料混合饲喂效果较好。

第三节　奶牛常用饲料种类和营养

一、奶牛需要的营养物质

养殖奶牛是以收取牛奶为目的的，但是奶牛生产牛奶是建立在满足自身需求之后再来满足牛奶的生产。即所谓的"营养需要=维持+生产"。所以饲料的营养物质首先要保障奶牛自身的需要，在此基础之上再谈产奶需要。另外，犊牛的好坏直接影响到其日后的产奶情况，所以，在母牛妊娠期间就要对胎牛的发育给予足够的营养供给，保证生产出健壮的犊牛，为产奶打好基础。所以奶牛的营养需求包含了自身的营养需求、胎牛的营养需求和产奶的营养需求3个主要部分。

奶牛需要营养物质用来维持自身新陈代谢、体组织构成、犊牛发育和产奶需求，从营养物质分类上来说都可以归结到概略养分分析方案中的六大营养物质中。此外，一些非营养物质作为重要的生理生化调节物质，可称其为"活性物质"也需要获得足够的补充（表2-3-1）。

表2-3-1　概略养分分析方案及活性物质的组成和功能简表

项目	包括的成分	主要功能
水	自由水、结合水	动植物机体组成、营养物质溶剂
粗灰分	长量矿物质元素、微量矿物质元素	动物骨骼组成，动植物代谢调节、参与酶结构

续表

项目	包括的成分	主要功能
粗蛋白质	真蛋白质、非蛋白含氮物	动植物器官组成、代谢调节
粗脂肪	真脂肪、类脂	动植物的能量储存物质
粗纤维	纤维素、半纤维素、果胶、木质素	植物的结构物质、奶牛的能量来源
无氮浸出物	淀粉、单糖、寡糖	动植物的能量供给
活性物质	维生素、酶等	动植物的代谢调节

二、奶牛瘤胃生理及对养分的改变

由于奶牛的生理结构与猪鸡等单胃动物有着本质上的区别，胃部4个分区的特殊构造，使得奶牛的营养物质来源要复杂得多。

正常的奶牛胃由瘤胃、网胃、瓣胃和皱胃（真胃）构成。其中网胃的主要功能如同筛子，随着饲料吃进去的重物，如钉子和铁丝，都存在其中。瓣胃主要功能在阻留食物中的粗糙部分，继续加以磨细，并输送较稀部分入皱胃，同时吸收大量水分和酸。功能类似单胃动物的胃，与前胃不同的是，该胃附有消化腺体，可分泌消化酶，具有真正意义上的消化，因此被称为真胃，同时也被称为"腺胃"。但对于反刍动物而言瘤胃的功能是最重要的。

瘤胃如同一个大的有吸收功能的皮囊，其中的瘤胃液中含有大量的微生物，正是这些微生物的存在和对饲料纤维物质的降解发酵，才使得反刍动物能够大量的利用粗饲料作为营养物质的来源。同时瘤胃中的微生物在发酵过程中，会对饲料中的绝大部分营养物质进行降解，并重新合成微生物所需的相应养分，这就会改变饲料的品质，所以奶牛饲料不是直接满足奶牛的需求，而是在瘤胃内通过微生物的发酵作用，让微生物提供的代谢产物最大程度满足奶牛的营养需求。如果瘤胃的内环境、微生物区系或者瘤胃的吸收功能受到影响，都会影响到瘤胃的发酵和吸收效果，对饲料的利用和转化就会随之改变，由于饲喂制度和饲料原料的变化，维持瘤胃功能的稳定性是十分重要的，这就需要利用一些调节剂来改善瘤胃的功能。所以在奶牛的饲料成分里就要有能够满足养分供给的营养物质，又要有用来调节瘤胃发酵和代谢的非营养物质。

三、奶牛饲料组成

（一）粗饲料

奶牛作为草食动物，粗饲料是其主要的养分来源。借助瘤胃内微生物的发酵作用，粗饲料的主要成分——纤维类物质被降解为挥发性脂肪酸（VFA），后者为奶牛提供能量并为产奶提供乳糖和乳脂的合成原料，并对瘤胃的吸收功能提供能量支持。同时，纤维素又能刺激瘤胃的蠕动和促进反刍的动作产生。粗饲料的品质决定了VFA的产生量和比例，对奶牛的自身和产奶都有非常重要的作用，所以奶牛生产中粗饲料的品质是非常重要的。

1. 牧草

牧草一般指供饲养的牲畜使用的草或其他草本植物。在饲料分类学中是属于青绿多汁饲料。牧草最理想的饲喂方法是放牧采食，这样能够无损地摄取到牧草的营养。牧草水分含量高，陆生牧草含水量达60%～90%；蛋白质含量较高，占干物质的13%～15%，豆科牧草甚至可达18%～24%，且赖氨酸、色氨酸等必需氨基酸含量较高，故品质较优；粗纤维含量较低，开花前粗纤维含量占干物质的15%～30%，且木质素含量低，粗纤维的消化率可达78%～90%；无氮浸出物在40%～50%；钙磷比例适宜，钙为0.25%～0.5%，磷为0.20%～0.35%，比例较为适宜，特别是豆科牧草钙的含量较高，因此依靠青绿饲料为主食的动物不易缺钙。青绿饲料是供应家畜维生素营养的良好来源。特别是胡萝卜素含量较高，每千克饲料含50～80mg之多。在正常采食情况下，放牧家畜所摄入的胡萝卜素要超过其本身需要量的100倍。此外，青绿饲料中B族维生素、维生素E、维生素C和维生素K的含量也较丰富。

另外，青绿饲料幼嫩、柔软和多汁，适口性好，还含有各种酶、激素和有机酸，易于消化。青绿饲料是一种营养相对平衡的饲料，但因其水分含量高，从而限制了其潜在的营养优势。尽管如此，优质的青绿饲料仍可与一些中等的能量饲料相比拟。

2. 干草

干草是将牧草及禾谷类作物在质量和产量最好的时期刈割，经自然或人工干燥调制成长期保存的饲草。青干草可常年保存供家畜饲用。优质的干草，颜色青绿，气味芳香，质地柔松，叶片不脱落或脱落很少，绝大部分的蛋白质和脂肪、矿物质、维生素被保存下来，是家畜冬季和早春不可少的饲草。调制干草用的牧草品种不同其干草的品质，有着很大的区别。

3. 苜蓿干草

苜蓿干草产量高、品质好、适应性强，是最经济的栽培牧草，被冠以"牧草之王"。苜蓿的营养价值很高，在初花期刈割的干物质中粗蛋白质为20%～22%，产奶净能5.4～6.3MJ/kg，钙3.0%，而且必需氨基酸组成较为合理，赖氨酸可高达1.34%，此外还含有丰富的维生素与微量元素，如胡萝卜素含量可达161.7mg/kg。苜蓿干草是国内外大型牧场产奶牛TMR日粮必不可少的粗饲料。

进口苜蓿和国产苜蓿的品质有着较大的差别。进口苜蓿的含叶量较高，粗蛋白质含量一般高于19%，杂草含量很少，是大型牧场高产奶牛日粮粗饲料的不二选择，但价格较高。不同厂家和批次的国产苜蓿的质量差别巨大，含叶量和粗蛋白质含量都不如进口苜蓿，且不同程度含有杂草，但由于价格较低，通常作为产奶中后期奶牛日粮的粗饲料。

4. 羊草

羊草为多年生禾本科牧草，叶量丰富，适口性好。产量高，营养丰富，颜色浓绿，气味芳香，是奶牛的上等青干草。羊草干物质含量28.64%，粗蛋白质3.49%。羊草价格便宜，适宜作为干奶期奶牛主要的粗饲料，也可与苜蓿干草搭配作为产奶牛的粗饲料。

5. 青贮玉米

青贮玉米饲料是指将新鲜的玉米切短装入密封容器里，经过微生物发酵作用，制成一种具有特殊芳香气味、营养丰富的多汁饲料。与其他粗饲料相比青贮玉米具有以下优点：①能够保存青绿玉米的营养特性。②可以四季供给家畜青绿多汁饲料。③消化性强，适口性好。

根据制作青贮玉米饲料的原料的不同，可分为全株青贮玉米和青贮玉米秸两种。全株玉米青贮是将商品粮用玉米或青饲玉米在乳熟期带棒收割，制作的青贮饲料，里面含有30%左右的玉米籽粒，淀粉含量较高。青贮玉米秸是在玉米籽实成熟收获后，在玉米秸秆风干前将其收割制作而成的青贮饲料。相比较而言，由于青饲玉米秸收获期较晚，又没有玉米籽粒的存在，所以其能值相对较低，纤维素的含量相对较高。

由于青贮玉米饲料含有大量有机酸，具有轻泻作用，因此母畜妊娠后期不宜多喂，产前15d停喂。劣质的青贮玉米饲料有害畜体健康，易造成流产，不能饲喂。冰冻的青贮玉米饲料也易引起母畜流产，应待冰融化后再喂。使用全株青贮玉米时由于其中含有玉米籽粒，所以精料使用量要相应减少，以免造成瘤胃酸中毒。

6. 干玉米秸

干玉米秸的可消化能值很低，木质素含量却很高，其营养价值非常低。但由于其来源广泛，价格低廉是散户广泛采用的奶牛粗饲料来源。

目前广大养殖户均采用粉碎的玉米秸配合青贮玉米饲料构成奶牛的主要粗饲料，这样的组合粗料只能满足奶牛对纤维素的需求，对营养物质的提供十分有限。这样的粗料组成必然要求提供足够的精料来满足奶牛的产奶需求，这必定增加奶牛瘤胃酸中毒的风险。

7. 胡萝卜

胡萝卜本身不属于粗饲料，但部分养殖者会在精料外额外添加，故放在此处。胡萝卜产量高、易栽培、耐贮藏、营养丰富，是家畜冬、春季重要的多汁饲料。胡萝卜的营养价值很高，大部分营养物质是无氮浸出物，含有蔗糖和果糖，故具甜味。胡萝卜素尤其丰富，为一般牧草饲料所不及。胡萝卜还含有大量的钾盐、磷盐和铁盐等。一般来说，颜色愈深，胡萝卜素或铁盐含量愈高，红色的比黄色的高，黄色的又比白色的高。胡萝卜按干物质计产奶净能为7.65~8.02MJ/kg，可列入能量饲料，但由于其鲜样中水分含量高、容积大，在生产实践中并不依赖它来供给能量。它的重要作用是冬、春季饲养时作为多汁饲料和供给胡萝卜素等维生素。

在青绿饲料缺乏季节，向干草或秸秆比重较大的饲粮中添加一些胡萝卜，可改善饲粮口味，调节消化机能。乳牛饲料中若有胡萝卜作为多汁饲料，则有利于提高产奶量和乳的品质，所制得的黄油呈红黄色。胡萝卜熟喂，其所含的胡萝卜素、维生素C及维生素E会遭到破坏，因此最好生喂，奶牛日喂25~30kg。

（二）精料补充料的组成

大中型牧场由于管理者的知识水平较高，能充分认识粗饲料的重要性，故其使用的粗饲料较好。但由于我国广大养殖户普遍存在重精料轻粗料的错误观念，以及现时使用的粗饲料品质较差的原因，所以我国奶牛生产其小型牧场和小区主要依赖精饲料提供奶牛生产的所需营养，使得精料和粗料的角色发生转换。

奶牛的精补料提供奶牛产奶所需的全部营养来源；提供调节瘤胃功能的调节剂；提供改善饲料品质等作用的添加剂；由于每种饲料的特性不同，所以一种饲料原料只能起到一种关键作用，和几种辅助作用，要想获得全价的日粮就必须将多种不同特性的饲料合理搭配起来。

根据奶牛饲料原料的营养特性不同，精料补充料的配合原料可分为能量饲料、蛋白质补充料、矿物质饲料以及添加剂饲料。同时，为了弥补散养户粗饲料品质较差带来的纤维品质差的不足，在精料补充料当中也会添加一部分品质好的粗饲料原料。

1. 能量饲料

能量饲料在动物饲粮中所占比例最大，为50%~70%，对动物主要起着供能作用。但由于饲料分类体系所存在的不准确性，所以能量饲料所涵盖的饲料品种往往与提供能量的本质不相符。

（1）玉米

玉米亩产量高，有效能量多，是最常用而且用量最大的一种能量饲料，故有"饲料之王"的美称。玉米的碳水化合物超过70%，主要是淀粉；粗蛋白质含量为7%~9%；粗纤维含量较少；粗脂肪含量为3%~4%；玉米为高能量饲料，产奶净能（奶牛）为7.70MJ/kg；粗灰分较少，仅1%，其中钙少磷多；维生素含量较少，但维生素E含量较多。

（2）油糠

米糠的别名，是糙米精制时产生的果皮和种皮的全部、外胚乳和糊粉层的部分，合称为米糠。米糠的品质与成分，因糙米精制程度而不同，精制的程度越高，米糠的饲用价值愈大。由于米糠所含脂肪多，易氧化酸败，不能久存。

油糠的蛋白质含量为13%，其赖氨酸含量高；脂肪含量10%~17%，多为不饱和脂肪酸；粗纤维含量较多，质地疏松，容重较轻；无氮浸出物含量不高，只占50%以下；受脂肪含量影响，有效能较高，产奶净能（奶牛）为7.61MJ/kg；矿物质中钙（0.07%）少磷（1.43%）多；B族维生素和维生素E丰富。

（3）米糠粕

米糠粕是用膨化浸出法生产米糠油的副产品。呈黄色至黄褐色，有米味或烤香味，粉状。米糠粕是优质的饲料原料，含粗蛋白质15%、粗纤维10%、同时含B族维生素、维生素E及钾、硅等，其品质优于麸皮。

（4）麦麸

麦麸是以小麦籽实为原料加工面粉后的副产品。小麦麸受小麦品种、制粉工艺、面粉加工精度等因素影响成分变异较大。

麦麸的粗蛋白质含量12%~17%；无氮浸出物（60%左右）较少；粗纤维含量10%；有效能较低，产奶净能（奶牛）为6.23MJ/kg；灰分较多，所含灰分中钙少（0.1%~0.2%）磷多（0.9%~1.4%），极不平衡；铁、锰、锌较多；B族维生素含量很高。小麦麸容积大，每升容重为225g左右，可用于调节饲料比重。小麦麸还具有轻泻性，可通便润肠。

（5）玉米胚芽粕

玉米胚芽粕是以玉米胚芽为原料，经压榨或浸提取油后的副产品。又称玉米脐子粕。玉米胚芽粕中含粗蛋白质18%~20%，其氨基酸组成与玉米蛋白饲料（或称玉米麸质饲料）相似；粗脂肪1%~2%；粗纤维11%~12%。名称虽属于饼粕类，但按国际饲料分类法，大部分产品属于中档能量饲料。对于奶牛来说玉米胚芽粕是很好的能量补充饲料，添加量可达10%。

（6）玉米纤维饲料

玉米纤维饲料（玉米皮），是选用优质玉米提取淀粉后的副产品，采用科学的工艺流程，提取成饲料级淡黄色碎粉状的原料，分喷浆（玉米纤维饲料）和不喷浆（玉米皮）两种。喷浆玉米纤维饲料其粗蛋白质含量20%，在所含蛋白质中，过瘤胃蛋白质30%；粗脂肪5.7%；粗灰分1.0%；粗纤维16.20%；无氮浸出物57.45%（其中淀粉40%以上）；钙0.10%，磷0.30%。不喷浆的蛋白质8%~10%。二者均可直接添加到奶牛饲料原料中。

（7）糖蜜

工业制糖过程中，蔗糖结晶后，剩余的不能结晶，但仍含有较多糖的液体残留物。是一种黏稠、黑褐色、呈半流动的物体，组成因制糖原料、加工条件的不同而有差异，在工业生产中通常作为发酵底物使用。

糖蜜含有少量粗蛋白质，为3%~6%，多属于非蛋白氮类，蛋白质生物学价值较低。糖蜜的主要成分为糖类，以蔗糖为主。此外无氮浸出物中还含有3%~4%的可溶性胶体，主要为木糖胶、阿拉伯糖胶和果胶等。糖蜜的矿物质含量较高，8%~10%，但钙、磷含量不高，钾、氯、钠、镁含量高，因此糖蜜具有轻泻性，维生素含量低。在奶牛TMR日粮制作调制过程中，利用糖蜜的黏稠特性，将粉状精料黏附于粗饲料表面，防止分层。

（8）油脂

多数高产奶牛存在着能量负平衡。为此，在奶牛日粮中加适量油脂或用高脂饲料，可使奶牛摄入较多能量，满足其需要，油脂用于泌乳的效率高；油脂由于热增耗少，故给热应激牛补饲油脂有良好作用；用油脂给奶牛补充能量的同时，还能保证粗纤维摄入量，提高繁殖机能，维持较长泌乳高峰期，降低瘤胃酸中毒和酮病的发生率。

给奶牛补饲油脂不当时，亦会出现不良后果：①一些脂肪酸（如C8～C14脂肪酸和较长碳链不饱和脂肪酸）能抑制瘤胃微生物。这种抑制作用降低纤维素消化率，改变瘤胃液中挥发性脂肪酸比例，并能降低乳脂率。②奶牛总采食量可能下降。③乳中蛋白质含量也可能下降。奶牛日粮中油脂的含量最多不能超过日粮干物质的7%。在正常情况下，奶牛基础日粮本身就含有3%左右的油脂，因此，补充量应为3%～4%。

（9）乳清粉

用牛乳生产工业酪蛋白和酸凝乳干酪的副产物即为乳精，将其脱水干燥便成乳清粉。乳糖含量（>70%）很高。正因为如此，乳清粉常被看作是一种糖类物质。乳糖对犊牛有很好的利用价值，但对于成年牛的利用率较差，因此乳清粉是犊牛很好的能量来源，可用于犊牛的开食料的配置。

2. 蛋白质补充饲料

蛋白质补充饲料是指干物质中粗纤维含量小于18%、粗蛋白质含量大于或等于20%的饲料。蛋白质饲料可分为植物性蛋白质饲料、动物性蛋白质饲料、单细胞蛋白质饲料和非蛋白氮饲料。由于国家法律规定和现实生产情况限制，奶牛饲料中的蛋白质饲料主要为植物性蛋白质饲料。

（1）大豆饼粕

大豆饼粕是以大豆为原料取油后的副产物。由于制油工艺不同，通常将压榨法取油后的产品称为大豆饼，而将浸出法取油后的产品称为大豆粕。

粗蛋白质含量（40%～50%）高，必需氨基酸含量高，组成合理。蛋氨酸含量不足，在玉米—大豆饼粕为主的日粮中，一般要额外添加蛋氨酸才能满足畜禽营养需求。粗纤维含量较低，主要来自大豆皮。无氮浸出物主要是蔗糖、棉籽糖、水苏糖和多糖类，淀粉含量低。胡萝卜素、核黄素和硫胺素含量少，烟酸和泛酸含量较多，胆碱含量丰富。矿物质中钙少磷多，磷多为植酸磷（约61%），硒含量低。

大豆粕和大豆饼相比，具有较低的脂肪含量，而蛋白质含量较高且质量较稳定。含油脂较多的豆饼对奶牛有催乳效果。

（2）棉籽和棉籽粕

棉籽是棉花的种子，在棉纺加工中被梳理出来。棉籽饼粕是棉籽脱壳取油后的副产品棉籽粕粗纤维含量主要取决于制油过程中棉籽脱壳程度。国产棉籽饼粕粗纤维含量（>13%）较高，有效能值低于大豆饼粕。棉籽饼粕粗蛋白含量（>34%）较高，氨基酸中赖氨酸、蛋氨酸较低，精氨酸含量较高，矿物质中钙少磷多，其中71%左右为植酸磷，含硒少。维生素B_1含量较多，维生素A、维生素D少。

棉籽饼粕对反刍动物不存在中毒问题，是反刍家畜良好的蛋白质来源。奶牛饲料中添加适当棉籽饼粕可提高乳脂率，若用量超过精料的50%则影响适口性，同时乳脂变硬。棉籽饼粕属便秘性饲料原料，须搭配芝麻饼粕等软便性饲料原料使用，一般用量以精料中占20%～35%为宜。喂幼牛时，以低于精料的20%为宜，且需搭配含胡萝卜素高的优质粗饲料。

牧场配置TMR日粮时常会用到棉籽，全棉籽含有高脂肪、高蛋白质，并且棉籽壳可以保护脂肪和蛋白质，奶牛采食棉籽后可以通过第一个胃直接到达第四个胃或小肠中，很好地被吸收利用。

（3）DDGS

DDGS是酒糟蛋白饲料的商品名，即含有可溶固形物的干酒糟。在以玉米为原料发酵制取乙醇过程中，其中的淀粉被转化成乙醇和二氧化碳，其他营养成分如蛋白质、脂肪、纤维等均留在酒糟中，将酒糟干燥后即为DDGS。

DDGS其主要成分为糖类、粗蛋白、粗脂肪、微量元素、氨基酸、维生素等，粗蛋白含量23%～35%，粗纤维含量较高，维生素B_1、维生素B_2均高，同时由于微生物的作用，DDGS含有发酵中生成的未知促生长因子。

（4）玉米蛋白饲料

玉米蛋白饲料是把玉米淀粉的副产品——玉米蛋白粉、玉米黄浆、玉米纤维、碎玉米等混合后，通过高温压榨、脱脂，再接种多株耐酸菌，进行液态/固态发酵，所获产品再进行低温水解、膨化、干燥以后生产的复合蛋白饲料。

玉米蛋白饲料水分小于11%，粗蛋白质为20%～35%，粗脂肪小于4%，粗灰分不足5%，粗纤维素10%，产品为黄色粒状，略带发酵气味。在使用玉米蛋白饲料的过程中，应注意霉菌含量，尤其黄曲霉毒素含量。

（5）豆腐渣

豆腐渣（bean residue）是来自豆腐、豆奶工厂的副产品，为黄豆浸渍成豆乳后，过滤所得的残渣。豆腐渣干物质中粗蛋白、粗纤维和粗脂肪含量较高，维生素含量低且大部分转移到豆浆中。

鲜豆腐渣是奶牛的良好多汁饲料，可提高奶牛产奶量。鲜豆腐渣经干燥、粉碎可作配合饲料原料，但加工成本较高，更宜鲜喂。但高水分和高蛋白质含量时容易腐败变质，使用过程中要注意保存。

3. 矿物质饲料

矿物质元素在各种动植物饲料中都有一定含量，自然状态下动物采食饲料的多样性，可在某种程度上满足对矿物质的需要。但在舍饲条件下或饲养高产动物时，动物对它们的需要量增多，这时就必须在动物饲粮中另行添加所需的矿物质。

（1）石灰石粉

又称石粉，为天然的碳酸钙（$CaCO_3$），一般含纯钙35%以上，是补充钙的最廉价、最方便的矿物质原料。

（2）磷酸氢钙

又称磷酸二氢钙或过磷酸钙，纯品为白色结晶粉末，多为一水盐 $[Ca(H_2PO_4)_2-H_2O]$。本品含磷22%左右、含钙15%左右。由于本品磷高钙低，在配制饲粮时与石粉的其他含钙饲料配合，易于调整钙磷平衡。

（3）食盐

精制食盐含氯化钠99%以上，粗盐含氯化钠为95%。纯净的食盐含氯60.3%，含钠39.7%，此外尚有少量的钙、镁、硫等杂质。食用盐为白色细粒。

植物性饲料大都含钠和氯的数量较少，相反含钾丰富。为了保持生理上的平衡，对以植物性饲料为主的畜禽，应补饲食盐。

食盐除了具有维持体液渗透压和酸碱平衡的作用外，还可刺激唾液分泌，提高饲料适口性，增强动物食欲，具有调味剂的作用。一般奶牛精料中食盐添加比例为1%。

（4）小苏打

学名碳酸氢钠（$NaHCO_3$），由于可以在水中电离出 HCO_3^-，既可以结合酸性的 H^+，也可以结合碱性的 OH^-，使它成为很好的缓冲物质。在粗饲料质量较差，依靠提高精饲料提高产奶量的饲喂方式下，小苏打的添加对于调解瘤胃的内环境，预防酸中毒有很重要的作用。而作为矿物质饲料的提供Na源以显得不那么突出。

4. 添加于精料中的粗饲料

泌乳奶牛的饲料中需要一定比例的品质较好的纤维素成分，但在饲草品质较差的饲养方式下，有效纤维的含量往往不能从饲草中获得足够的补充，会造成营养物质和瘤胃发酵的失衡。为保证瘤胃发酵的正常，根据饲养的实际情况，有必要通过向精料中添加一部分品质较好的粗饲料来保证日粮的平衡。

（1）大豆皮

大豆皮是大豆外层包被的物质，是大豆制油工艺的副产品，占整个大豆体积的10%，占整个大豆重量的8%。颜色为米黄色或浅黄色。大豆皮含有大量的粗纤维，含量为38%，主要成分是细胞壁和植物纤维。粗蛋白质12.2%，氧化钙0.53%、磷0.18%、木质素含量低于2%。大豆皮可代替草食动物粗饲料中的低质秸秆和干草。

（2）甜菜粕

甜菜粕是制糖生产中的副产品（甜菜丝）经压榨、烘干、造粒而成。甜菜粕有丰富的纤维和蛋白质以及其他微量元素，粗蛋白含量为10.3%；粗脂肪0.9%；粗纤维20.2%；无氮浸出物64.4%；钙0.9%；磷0.1%；是一种营养价值很高的优质饲料。

5. 添加剂预混料

由于动植物之间存在着一定的种属差异，以植物性为主的饲料原料在满足奶牛主要营养物质需求的同时，很难全部满足维生素和微量元素以及必需氨基酸的需求。同时非营养性的营养调控物质等添加剂也需要额外补充。但是由于需求量和添加量不大，很难与能量饲料、蛋白质饲料等一起同时混合饲喂。这就需要将这些成分预先按比例混合附以载体和稀释剂进行预混，这就是添加剂预混料。它是营养物质的必要补充，也是营养调控物质科技含量的所在。不同厂家的产品不论从设计理念和加工工艺都存在很大差异，其配方也是饲料企业的重要机密。养殖者在使用预混料过程中应按照产品说明严格使用。

奶牛饲料原料可谓多种多样，科学的配比和调整是保证奶牛泌乳潜能得到最大发挥的关键。单一偏重一两种饲料原料而过度地使用往往会造成养分供给的不平衡而影响奶牛的健康和产奶量。在注重饲料品质的同时，对于饲料以外其他非营养因素的关注也是十分必要的。只有科学细心地饲养奶牛才能获得稳定的高产。

第三章 奶牛生产性能测定技术

第一节 国内外奶牛生产性能测定技术发展现状

一、国外奶牛生产性能测定（DHI）发展现状

生产性能测定因能显著提高奶牛场牛群品质及经济效益，而被世界各国广泛采用。世界上奶牛业发达国家如荷兰、美国、加拿大、瑞典、日本等都是较早开展生产性能测定的国家。荷兰奶牛生产性能测定工作开始于1852年，是世界上最早开展奶牛生产性能测定的国家。美国从1883年就开始对个体牛产奶量进行记录。此后，1923年美国Babcock研究所开始测定牛奶中的乳脂率，主要为了防止牛奶加水的行为，从而开启了乳成分测定的历史，其后随着育种及牛场生产管理的需要而逐渐开始蛋白率、体细胞数、尿素氮等指标的测定。在数据记录形式上，经历了手工记录、计算机记录和现在的网络平台记录等阶段。在数据利用上，美国生产性能测定的数据自1928年就开始用于公牛的遗传评定，在最初相当长的一段时间生产性能测定主要为育种及科研服务。加拿大产奶记录计划始于1904年，在20世纪中，由生产性能测定代理机构对全国奶牛生产者提供全方位的服务，就行业部门来说，随着测定中心式管理和集中度的提高，生产性能测定中心由以前的11个合并为目前的2个，1953年，美国、加拿大两国正式启动了"牛群遗传改良计划"（Dairy HerdImprovementProgram），侧重于利用性能测定数据为奶牛场生产服务和促进奶业可持续发展，取得了巨大的经济效益和遗传改良，因而在北美"牛群遗传改良计划"（DHI）成为奶牛生产性能的代名词。以美国为例，1953年奶牛头数为2169.1万头，总奶量为5453.2万t，平均单产2524kg；1967年奶牛头数下降到1340万头，单产约4015kg；2004年奶牛头数89万头，总奶量达到7502万t，平均单产达到8512kg，最优牛群平均产奶量达12382kg；2013年12月底，美国奶牛存栏数为922.1万头，总产奶量为9125.7万t，平均产奶量在10000kg以上（有机牧场除外，平均单产7000kg），最高一个牛场平均单产在14000kg，体细胞数平均在30万以下，微生物平均1万以下，淘汰率在40%左右，并且牛奶的有效成分也不断提高。

（一）主要国家奶牛生产性能测定情况

世界各国都积极采用DHI方案，参加生产性能测定的奶牛数越来越多。表3-1-1列举了ICAR公布的主要国家DHI测定的情况。

表3-1-1 参加奶牛生产性能测定的主要国家情况（来源ICAR）

国别	测定奶头数（头）	奶牛头数（头）	测定牛比例（%）	奶牛群数量（个）	测定牛群数量（个）	测定牛群比例（%）	测定群平均牛头数（头）	产奶量（kg）
美国	9221000	4378350	47.48	46960	19030	40.5	230.0	9898
加拿大	960600	704309	73.30	12529	12529	76.2	75.2	8923
英国	667005	491266	73.70		4130		164.0	9110
荷兰	1393265	1393265	89.70	15776	15776	85.3	88.3	8217
瑞典	346363	280930	84.00	4742	3511	76	76.1	8389
波兰	229083	679028	30.49	323500	20334	68	33	5350
挪威	238702	192807	98.00	9831	7960	98	24.2	7435
德国	4267611	3681146	87.80	79537	53154	66.8	69.3	7400
法国		2509627	69.00		48177	67	52.1	
丹麦	573000	572000	92.00	3600	3200	89	156.0	8550
韩国	246429	152107	61.70	5830	3285	56.3	46.3	
新西兰	4784250	3426211	71.60	11891	8682	72.2	394.0	4073

（二）国外奶牛生产性能测定组织体系

北美地区是开展DHI最早的地区之一，形成了完善的DHI组织体系。加拿大奶牛生产性能测定（DHI）的实验室目前主要有加西集团DHI实验室和Valacta实验室。2013年加拿大全国奶牛总数中成年母牛为96万头，注册的成年母牛70.4万头，加拿大全国在DHI登记的牛群百分率达到73.3%。加拿大已经撤销了所有联邦政府和大多数省级对于性能测定的资金支持，因此，奶农需要直接支付所有服务的费用。

美国DHI组成及运转情况是奶牛场将样品提供给实验室，实验室进行检测并将数据提供给DHI记录处理中心，DHI记录处理中心的数据可以反馈回牛场用于指导生产，可以提供给咨询顾问、兽医和营养师，还可以提供给动物改良项目实验室、育种协会、AI组织和国际公牛评价服务组织。

美国奶牛DHI工作，由美国奶牛种群信息协会（Dairy Herd Information Association，DHIA；http：//www.dhia.org/）牵头运作，有49个实验室承担DHI测定。测定结果由5家数据处理中心负责进行详细的数据分析，并为奶牛场提供报告。其中美国威斯康星州DHI数据处理中心（AgSource），是全国最大的DHI数据处理中心，为13个DHI测定中心提供数据分析服务。

欧洲DHI实验室的仪器自动化程度高、检测设备数量多、检测质量的体系完善、服务及时是有目共睹的，DHI测定为公牛站选育优秀公牛、为奶牛场指导生产做出了巨大的贡献。

荷兰QLIP检测公司是一家私营性质的第三方检测机构，在荷兰乳品管理局的监管下开展活动，主要开展农场审核、乳制品检验和认证及牛奶和乳制品分析三大项目。DHI检测指标主要有脂肪、蛋白质、乳糖、尿素氮、酮体、体细胞数等，还可以根据需求进行其他测试如沙门菌、妊娠试验等。检测费用由奶农自己支付。

德国养牛业协作体系由德国养牛业综合协会（ADR）统一管理，下有产奶性能及奶质检测协会（DLQ）、肉牛育种协会（BDF）、德国荷斯坦协会（DHV），主要是黑白花荷斯坦牛，红白花荷斯坦牛，红牛，娟姗牛）、南德牛育种及人工授精组织协会（ASR，主要是德系西门塔尔牛，瑞士褐牛，德国黄牛）。DLQ由德国农业监督委员会（LKV）、奶质检测实验室（MQD）以及数据处理中心（VIT）构成，主要服务于有意参加个体生产性能测定和质量检测的企业。LKV有16家检测实验，将数据集中后统一处理，下设奶质控制部、中心实验室和数据处理部门。奶质检测实验室（MQD）主要对牛、山羊、绵羊进行生产性能测定，测定项目主要有产奶量、乳成分和体细胞；同时也对牛奶及奶制品质量进行检测，测定项目有微生物、乳成分、体细胞、冰点、抗生素和其他物理性状等，同时也对外提供培训、技术咨询、数据处理及个性化牛群管理服务（如动物健康、乳房健康管理、繁殖效率、牛群遗传进展、企业经济效益分析及建议等），由于测定数据可以用于育种值估计，政府给检测实验室一定的补贴。VIT是一家协会性质的组织，由生产性能测定机构、登记组织、育种组织和人工授精组织四类机构组成，是现代化的数据处理中心，涉及领域包括农业和畜牧业。VIT处理的数据有个体标识登记信息、生产性能测定数据、展览及拍卖信息、体形外貌及乳房健康状况、配种及产犊数据、育种值估计等，除奶牛外，VIT也处理肉牛、马、羊、猪等的登记及性能测定信息。

（三）国外牛奶样品采集与牛群基础资料收集情况

因为欧洲国家国土面积不大，所以一般国家仅1～2个DHI中心。分布于各奶牛主产区的奶样采样员（属于DHI实验室员工）会定期上门采样，采好的奶样通过快递运送到DHI实验室，其他如产量等数据在奶牛场通过电脑同步上传到DHI实验室，做到了高效率、高质量。DHI实验室人员对奶样进行分析，根据奶牛场需求的不同，制成各种表式的牛群管理报告发送给奶牛场，帮助提升奶牛场的管理水平、调整日粮配方、降低成本、提高收益。

荷兰牛奶样品的采集过程注重采样的每一个环节，从储奶罐的清洁卫生到具有专业检查资质的运奶卡车驾驶员再到完善的追溯体系。采样瓶配有可重复使用的13.56MHz RFID标签，从而将所有相关的采样数据与样品瓶关联，并且通过采用全球定位系统跟踪样本，确保精确还原牛奶供应的关键数据。

为解决全天3次采样工作的劳动繁重性，国外早在20世80年代就研究制订了1次采样和3次采样（全天混合样）之间的校正系数，并不断优化，制订出了不同的采样方案。目前在美国和加拿大部分牛场使用全天1次采样方案，但实施AM-PM样策略，既减轻了采样的工作量，又可获得较高的准确性。由于美国、加拿大、荷兰等采用先进的自动化挤奶设备及计算机管理系统，牛群发情奶牛生产性能测定及应用远程实时监控、奶牛繁殖信息化管理应用普遍（如美国DC305奶牛管理软件、以色列afifarm系统），实现了牛群资料数字化管理，因此参测奶牛场基础数据收集自动化程度高，而且有效性、可靠性、准确性很高。

ICAR奶牛产奶测定工作组于2015年对世界奶牛产奶性能趋势进行了调查，调查覆盖了世界上大多数重要的ICAR成员国所在的区域。调查发现国外多数DHI测定站采用的泌乳期总产奶量的计算方法主要是测定间隔法（TIM）和标准泌乳曲线插值法（ISLC）。最常见的产奶量记录（采样）间隔为4周，其他常见的采样间隔分别是5周、8周和6周。奶样采集方法主要有6种，其中34%的DHI测定站采用最常用的一天挤奶3次，选择一次采样但每月采样选取不同时间的方法（T），21%的DHI测定站采用测定日一次采样但记录全天奶量的方法（Z），19%的DHI测定站采用全天采样且等量混合法（E），17%的DHI测定站用全天采样且按产奶量加权的混合法（P），7%的DHI测定站采用多次采样法（M），仅有2%的DHI测定站采用固定的一次采样法（C）。取样过程中59%的DHI测定站样品采集数量仅1个，30%的DHI测定站对于每次挤奶都进行1次采样，仅有11%的DHI测定站在所有情形下都会采集2个样品。

产奶记录方法主要有技术员记录（38个实验室/80个调查总体）、养殖户记录（30/80）或两者结合（12/80）3种。产奶测定过程中通常采用有/无条形码的永久可视塑料耳标、RFID耳标、金属耳标、烙号、RFID瘤胃标、剪耳号等方法识别待测个体，其中永久可视塑料耳标占绝大多数（52个实验室/80个调查总体），其他辅助识别方式包括场内计步器等信号接收器或液氮冻号进行动物个体识别。通过计步器可以了解排奶速度、活动量监控、热量、体况评分、体重、乳头位置、乳汁导电性、单个乳区产奶量、反刍监控和体温等方面的内容。

（四）DHI认证体系

美国建立了比较完善的DHI认证体系。美国的DHI认证由质量认证服务公司（Quality CertificationServicesInc.；http：//www.quality-certification.com/）组织实施，对参与DHI工作的五类机构进行审核认证。

1. 现场服务体系审核

对提供现场服务的公司（联盟会员），按照现场服务审核指南（程序）进行审核认证，保证了全国的奶牛遗传评估程序中所有记录（数据）的准确性和一致性。主要由现场服务供应商、现场技术人员、检测监督人员（Field Service providers，Field Technicians，Test Supervisors）组成。

2. DHI实验室审核

DHI实验室两年审核1次；每月发布1次盲样监测报告。

3. 计量中心审核

美国十分重视计量审核和计量技师的培训。执行"计量中心和技师的审核指南"，采用ICAR&DHIA核准的测量设备，包括流量计（CowMeters）、量桶（WeighJars）和计量秤（Scales）。计量技师培训包括以下内容：计量中心和技师审核程序（Auditing Procedures for meter centers& Technicians，ENICES），计量师程序（Meter techniciansprodures）、称量校准（calibration of scales）、便携式流量计维护与保养（care and mainte-anceofPortableMeters）、计量校准指南（快速）。计量误差超过±3%的计量秤、流量计就要维护或停止使用。

有38家计量中心负责流量计的校准与认证。计量技师的认证：有80个技师，必须参加计量技师培训学校（MTTS）培训和考核认证，认证期2年，负责对流量计、计量秤进行审核认证。计量技师培训考试（Meter Technicians Training Exam）（EN）（ES），有60多道考试题，计量技师必须通过考核，才能持证上岗。

4. 奶牛数据处理中心审核（Dairy Records Processing Centers）

数据处理中心咨询委员会（Processing Center Advisory Committee，PCAC），是DHIA/QCS下设的机构，由奶牛数据处理中心的成员构成，PCAC的职责是按照数据处理中心审核程序审查标准、审核数据，给审核咨询委员会提出整改意见。

5. 设备的认证审核（Approved Devices）

审核批准的测量设备分为三类：主要包括流量计（Cow Meters）、量桶（Weigh Jars）和计量秤（Scales），这些设备需要经过计量鉴定。关于流量计，美国DHIA只承认ICAR认证核准的设备，只有经认证的设备才可以用于牛群DHI测定。

（五）国外DHI实验室的测定项目与功能扩展

各国DHI实验室测定项目各不一样。如美国共有49家DHI实验室，这些实验室除常规检测的牛奶中乳脂、乳蛋白、乳糖、体细胞检测项目外，其中31个实验室开展尿素氮检测，有11个实验室开展牛奶样品的ELISA检测，大部分实验室拥有PCR和微生物学检测服务，其中尿素氮检测、ELISA检测、PCR和微生物学服务都是单独收费项目。

如APMLabLCC（http://www.adm/abs.com）提供牛奶检测和饲料检测等服务；牛奶检测指标包括乳脂、乳蛋白、乳糖、体细胞、尿素氮、非脂固形物、总固形物。饲料检测包括青贮饲料、干草、秸秆类等产品。病原实验室检测项目包括金色葡萄球菌、链球菌、支原体、大肠杆菌等。通过实验室检测确定乳房炎病原体，实验结果用于改进牛群健康管理，每头奶牛养殖成本可大大降低。LancasterDHIA（http://www.lancasterDHIa.com）包括DHIA实验室、微生物实验室、PCR实验室、牛奶妊娠检测实验室、饲料实验室，其中PCR实验室可以开展基于DNA的乳房炎致病菌检测，采用实时定量PCR技术，对15种乳房炎的致病菌和葡萄球菌、β-内酰胺酶青霉素抗性基因进行定性定量的检测。

ELISA检测主要是利用DHI的牛奶样品，检测奶牛副结核病[M-paratuberculosis，

MAP；又称牛副结核性肠炎、约翰氏病（June's disease）]。每月要发布奶牛副结核病（Johines，MAP）ELISA检测的未知样报告；另外也可以应用ELISA开展牛奶检测妊娠（Milk Pregnancy Test）。大部分妊娠损失发生在怀孕早期，在配种后35d，就能检测奶牛妊娠相关的糖蛋白（Pregnancy Associated Glycoproteins，PAGS）。牛奶ELISA妊娠检测，要比通过直肠触诊检查（palpation）、超声波检测和血清检测等方法能更有效地确定妊娠时间。

（六）新技术研发及应用

美国积极研发应用DHI相关技术，如Wisconsin-Madison DHI测定中心与威斯康星麦迪逊（Wisconsin-Madison）大学动物科技学院联合研发DHI技术相关产品，开展体细胞与乳房炎动力学监测等，康奈尔（Cornell）大学开展了新型DHI标准物质的研发。其他测定中心也和当地大学等科研机构联合研发，旨在提高DHI测定工作的效率和为牛场服务的水平。DHI测定中心和实验室的推广部门不断深入牛场，调研牛场的需求及DHI测定各个工作环节需要进一步解决的问题，将问题提供给科研机构设立研究课题，并获得能够解决实际问题的研究结果。根据奶牛场的需求，DHI测定中心和研究机构研发出了牛群遗传分析、乳房健康分析和繁殖管理分析等多种类型的报告，并为牛场提供特制报告。目前国外养殖人员用自动监测系统主要监测产奶量、活动量、乳房炎、乳成分、站立产热、采食行为、体温、体重、反刍等方面，这些方面的自动监控系统已经实践证明是有效的。牛奶样品还可以用于分析妊娠、酮类、乳房炎病原体、游离脂肪酸、疾病控制、红外光谱、不饱和脂肪酸、酪蛋白比例等新的项目。当前仅有少数DHI测定站使用在线分析仪的结果，随着人工数据传输工作难度加大，未来则更趋向于自动化利用越来越多的数据。

（七）国外DHI的几点启示

1.奶牛场应采用先进的挤奶设施设备

采用自动挤奶设备、奶牛电子耳标及奶牛场管理系统，可提高奶牛基础数据自动化采集，尤其是可提高基础数据的有效性、可靠性、准确性，这对DHI的推广应用具有十分重要的意义。

2.DHI测定中心要扩展DHI实验室功能

推进ELISA检测和PCR检测技术推广应用，推进饲料配方调整、奶样妊娠检测、乳房炎病原检测、酮病监测应用，使实验室的测定能力尽快适应奶牛场生产管理的需要。

3.奶牛后裔测定工作

DHI测定中心要加强与种公牛站的协作配合，要把测定工作与后裔测定紧密结合起来。把工作重心放在后裔测定场，使DHI测定工作更好地为奶牛后裔测定服务。进一步加大测定报告的解读服务力度，提高DHI测定对奶牛场管理的服务能力。

4. 建立完善的DHI关键环节的质量管理与认可机制

进一步规范DHI检测的质量管理与认证，尤其要加强流量计、称量器具的校准服务，加强对DHI工作的指导、监督、审核，才能提高奶牛生产性能测定记录的精确性、可靠性和一致性，保障DHI检测工作公正、科学、准确和高效。

5. 建立完善的区域性第三方DHI技术服务体系

提升技术服务人员的专业技能和服务水平，与国内外的DHI机构进行交流、引进新技术、新设备，对各区域的技术服务工作进行检查、评估、考核。

6. 加强各层次的技术培训工作

不断加强奶牛场的采样技术培训与监督、推广一次或二次采样技术，推广第三方采样机制；加强基础数据收集等环节的培训与监督；不断加强DHI测定中心测定能力建设，进一步规范技术操作，加强测定仪器的校准、管理与维护，提高测定数据的准确性和可靠性。

7. 加强解决DHI相关技术问题的科学研究

加快体细胞、尿素氮等新标准物质研发与应用；DHI测定中心要深入牛场，调研奶牛场的需求及DHI测定各个工作环节需要进一步解决的问题，将问题提供给科研机构联合科研院所研发DHI技术相关产品；要根据奶牛场的选种选配需求，联合科研院所可以在DHI网络化服务、后裔测定、基因组选择、牛群近交效应分析、繁殖管理分析、乳房健康和疾病防治方案等开展深入研究，以提高DHI测定工作的效率和为牛场服务的水平。

二、国内奶牛生产性能测定（DHI）发展现状

我国DHI引进吸收国外先进经验，经过20多年的发展，无论是参测奶牛的数量还是牛场的管理水平、牛群遗传水平及经济效益都有了很大的提高。

（一）发展历程

早在20世纪50年代，我国的一批国有奶牛场就开始对奶牛的生长发育、生产性能、繁殖情况等进行记录分析，其后经过不断完善，初步建立了一套测定、登记制度，并具体应用于育种和饲养实践，曾在提高牛群产量和质量，特别是在培育中国荷斯坦奶牛的过程中发挥了重要作用。但是由于检测手段落后，记录项目较少，更重要的是缺乏全国统一的测定标准、组织机构和实施计划，因此未能形成体系，测定结果可比性差，一定程度上制约了育种工作的开展和牛群质量的持续改进。

我国奶牛生产性能测定（DHI）工作最早开始于1990年，是天津奶牛发展中心在"中日奶牛技术合作"项目的支持下率先开展的。1994年，中国—加拿大奶牛育种综合项目正式启动，次年分别在西安、上海、杭州三地建立了牛奶监测中心，开始实施DHI测试，后来北京也加入其中。1999年中国奶业协会成立了"全国生产性能测定工作委员

会"专门负责组织开展全国范围内的奶牛生产性能测定工作。

进入21世纪后，我国政府非常重视奶业的发展，农业部有关司局对部分省市生产性能测定测试中心和中国奶业协会提供了大量支持，帮助其购买了乳成分分析检测仪器和体细胞计数器等相关设备。

2005年中国奶业协会建立了中国奶牛数据中心，专门帮助各地实验室分析处理全国奶牛生产性能测定数据。2006年国家奶牛良种补贴工程中，对全国8个省、直辖市的9万头奶牛参加生产性能测定给予国家财政专项补贴。中国奶业协会组织开发《中国荷斯坦牛生产性能测定信息处理系统CNDHI》，免费发放到各地奶牛生产性能测定中心，用于数据的整理分析和上报，并为奶牛场提供详细的分析报告。2006年为进一步落实奶牛生产性能测定工作的顺利开展，提高项目单位技术人员的测定技术、方法和人员操作水平，中国奶业协会与全国畜牧总站合作组织相关专家修订了全国统一的生产性能测定技术行业标准（如《NY/T 1450—2007中国荷斯坦牛生产性能测定技术规范》）。为在全国范围内科学、公平、公正地开展奶牛生产性能测定奠定了基础。同年中国奶业协会和全国畜牧总站联合出版《中国荷斯坦奶牛生产性能测定科普手册》，宣传和推广了奶牛生产性能测定科普知识。

我国大规模开展DHI工作是从2008年开始。农业部为了在全国范围内推广奶牛生产性能测定工作，特设立奶牛生产性能测定专项资金，补贴测定牛只。从2008开始在全国重点区域开展奶牛生产性能测定项目，在补贴项目的带动下，DHI工作得到了长足的发展。在国家专项资金的扶持下，农业部通过几年的努力取得了可喜的成绩，参测规模稳中有增。数据质量和牛场报告解读能力也有所提高。DHI正在被越来越多的牧场和奶农所认识、认可和信赖，并将它作为管理奶牛场（合作社）的一个有效工具。

2015年农业部根据《中国奶牛群体遗传改良计划（2008—2020年）》规定，为加强奶牛生产性能测定工作的组织实施，实现2020年奶牛生产性能测定（Dairy Herd Improvement，简称DHI）数量达到100万头的目标，更好地为奶牛群体遗传改良和饲养管理服务，制订了《奶牛生产性能测定工作办法》。

（二）我国奶牛生产性能测定体系

我国奶牛生产性能测定体系的组成包括各级管理部门、标准物质制备实验室、各省奶牛生产性能测定中心及中国奶牛数据中心。

1.各级管理部门和分工

部门分工日益明确，农业部畜牧业司、省级畜牧兽医行政主管部门、全国牧总站、中国奶业协会、DHI测定中心、参加测定奶牛场各司其职，协调配合，共同推进DHI工作。

农业部畜牧业司负责全国DHI工作的组织实施，制订实施方案，开展监督检查。省级畜牧兽医主管部门负责本行政区域DHI工作的实施，组织相关任务和项目的申请、执行监督、总结等工作。

全国畜牧总站协助农业部畜牧业司开展DHI工作的实施管理，负责标准物质及盲样的生产、发放、比对工作，进行实验室考评，审核发布遗传评估结果等。中国奶业协会负责DHI数据收集、整理和存储，对DHI数据进行核查、分析和质量考评，组织开展全国奶牛品种登记、体形外貌鉴定、遗传评估、技术培训等工作。

DHI测定中心负责以本地区为主的奶牛生产性能测定工作，包括使用DHI标准物质校准仪器设备，参加DHI检测能力比对，接受盲样检测核查，校准流量计，组织奶牛场开展品种登记、体形外貌鉴定，指导牛场样品采集、DHI报告应用等技术服务及培训工作。

参加测定奶牛场负责本场的奶牛品种登记、建立完善系谱资料、饲养管理等养殖档案，按标准要求规范集奶样，及时准确报送基础数据，应用DHI报告改进饲养管理，协助开展体形外貌鉴定、后裔测定等工作。

2. 标准物质制备实验室

全国畜牧总站建立了"全国奶牛生产性能测定标准物质制备实验室"，为保证DHI测定数据的科学、准确提供了有力的保障和技术支撑。DHI标准物质的生产是奶牛生产性能测定体系的重要组成部分，也是保障整个DHI测定体系科学性和准确性的基础。使用DHI标准物质对DHI测定仪器定期校正，才能保证DHI测定数据的科学、准确，保证测定结果在全国甚至世界范围内具有可比性。该实验室于2004年经农业部批准立项，2006年开始建设，2011年5月完成了全部项目建设内容，顺利通过农业部组织的验收。实验室承担着为全国各地的DHI测定中心提供仪器校准标准品的任务，以满足我国DHI测定工作的需要。DHI标准物质的制备目前是一项公益性的事业，由国家财政提供支持，保证DHI标准物质制备实验室的正常运转和DHII标准物质的供应。实验室主要进行奶牛生产性能测定（DHI）标准物质的研制及生产，定期组织生产，制作出符合要求的DHI标准物质，发送到全国各地22家DHI测定实验室，既可以作为盲样进行检测，以对全国DHI实验室的仪器和人员的检测能力进行实验室间比对，并对检测质量检查监督，以作为乳成分标准物质，对各中心的测定仪器进行校准，以更好地保障DHI测定数溯源性、准确性、有效性和可比性。

3. 奶牛生产性能测定中心

奶牛生产性能测定中心（简称测定中心）应包含办公室、检测实验室和数据处理室等部门。奶牛场对测定中心提出参测申请，双方签订合作协议，测定中心制订采样计划，向牧场发放采样盘，奶牛场进行标准化取样并上报基础数据，检测实验室检测结束后将数据发送给数据处理室，数据处理室依照标准、规范对报告进行标准化审查，如数据正常，将数据上报国家奶牛数据中心（上传奶牛数据平台）并将报告反馈给牧场；如数据异常，将异常情况反馈给办公室，由办公室协调检查检测环节及牧场采样等环节，查找原因提出解决方案。测定中心需要定期校准仪器，对实验室执行严格质控，并对仪器设备进行保养和核查。测定中心要经常对牧场进行DHI数据在管理中应用的技术推广、宣传和培训。

4.中国奶牛数据中心

中国奶业协会内设的中国奶牛数据中心，全面负责全国DHI数据的收集处理和分析工作，开发的《中国奶牛生产性能测定数据处理系统》和《中国奶牛育种数据平台》，实现了奶牛基础和生产性能数据采集、分析、上报、报告的自动化传输、管理等功能，应用模块主要包括系统管理、品种登记、生产性能测定、后裔测定、体形鉴定、遗传评估、选种选配、奶牛良种补贴、信息发布、内部数据共享等十大模块。通过平台数据用户可以在线进行奶牛的选种选配工作，在国内率先实现了奶牛场在线育种工作，用户可以实时掌握本场奶牛的情况，通过已有数据进行下一代牛只的预配方案，计算育种值，按照需要进行个体和群体的遗传改良工作。实现全国奶牛数据存储和处理的集中化统一管理，为广大奶业工作者提供翔实的数据基础。

（三）我国奶牛生产性能测定项目的覆盖范围

北京、天津、河北、山西、内蒙古、辽宁、黑龙江、上海、江苏、山东、河南、广东、云南、陕西、宁夏、新疆、湖南、湖北18个省（自治区、直辖市）以及黑龙江农垦总局和新疆生产建设兵团共20个地区在国家DHI项目的支持下开展了大规模的测定工作。另外，安徽、四川、福建、青岛、洛阳等地区也分别筹建了测定中心，在项目外自行开展测定工作。截至2015年参加奶牛生产性能测定的奶牛场由2008年的592个增加到1292个，参测奶牛头数由24.5万头增加到了79万头，每月为参测奶牛场提供DHI报告，对奶牛场和奶农加强饲养管理提供了科学指导。

（四）我国奶牛生产性能测定中心的审核与认可

按照项目实施方案要求，2008年8月组织有关专家对各项目区奶牛生产性能测定中心（实验室）进行了系统检查，确定了首批18个奶牛生产性能测定中心（实验室）具备奶牛生产性能测定资格，2009年11月和2010年5月新增了昆明、山东、湖北和湖南四个实验室作为参加项目实验室，有力保证了DHI测定工作的持续开展。2015年6月农业部畜牧业司印发《奶牛生产性能测定实验室现场评审程序（试行）》，规范了奶牛生产性能测定中心（实验室）的审核与认可，为将来各生产性能测定中心申报第三方检验检测机构奠定基础。

（五）我国奶牛生产性能测定项目开展的主要工作

1.数据收集和分析

通过近几年工作的积累，中国奶业协会中国奶牛数据中心完成了多项数据的收集、整理和分析工作，建立和完善了中国荷斯坦牛品种登记、生产性能测定、体形外貌鉴定、奶牛繁殖记录及公牛育种值等多个专业数据库，奠定了我国坚实的奶牛育种数据基础，促进了行业的良性发展。

2. 开展"一次采样"试点工作

为提高生产性能测定效率，组织北京、天津、上海、黑龙江、河北、河南、山东7个项目区的测定中心（实验室）联合进行"一次采样"的试点工作，选择部分测定工作开展较好的奶牛场，对1万头奶牛进行"一次采样"的数据采集工作，对采集的数据进行研究，寻找合理的校正系数，推动"一次采样"等奶牛生产性能测定的工作，逐步建立适合我国特点的奶牛生产性能测定技术和方法。

3. 技术培训工作

为了提高奶牛场和奶农对奶牛生产性能测定的认识，通过测定科学指导奶牛生产，中国奶业协会和全国畜牧总站不断探索培训模式，从早期的集中培训的模式，逐渐改变到结合各项目区的实际需要和工作开展需要，联合各地方测定中心举办"全国奶牛生产性能测定技术培训班"和规模化奶牛场培训班。组织各地方测定中心（实验室）也展开了不同形式的培训和服务，有效地提高各地奶农对奶牛生产性能测定的认知度，对促进项目实施起到了很好的推动作用。根据目前各测定中心人员情况，对测定中心的技术人员进行集中培训，学习国外先进技术和经验，提高为牛场服务的能力。

4. 技术服务

为提升技术服务质量，聘请中国农业大学、中国农业科学院北京畜牧兽医研究所等科研院所的多名专家，组建了全国奶牛生产性能测定技术服务专家组，各测定中心也分别组织项目区内有关专家成立了各自的技术服务组，形成了覆盖全国的奶牛生产性能测定技术服务网络，结合奶牛场实际生产情况，展开多种形式的技术支持和服务，出版了奶牛生产性能测定科普读物和《测奶养牛》（光盘），发放相关科普宣传卡片和《DHI报告解读手册》等。

5. 提供全基因组检测基础群数据

为我国的荷斯坦牛全基因组检测工作，提供了详细完整的基础群信息和各项生产记录，确保了该项工作的顺利进行。从2012年开始向国家种公牛良种补贴项目累计推荐经GCPI选择的优秀青年公牛724头。

（六）我国奶牛生产性能测定工作的主要成效

1. 经济效益

我国通过实施奶牛生产性能测定，提高了奶牛生产水平，改善了生鲜乳质量，经济效益可观。据全国DHI数据统计，参测牛的生产水平和奶品质量远高于全国平均水平。奶牛场依据DHI报告，改进饲养管理技术，可直接提高泌乳期产奶量200～400kg。通过对从2012—2014年持续参加测定的777个参测奶牛场的52.9万头奶牛的测定日数据进行分析计算，每头牛胎次产量平均达到7542kg，增加了341kg，按目前市场平均牛奶价格2.8元/kg计算，每头牛可增加直接经济效益近1000元，按照52万头参测牛计算，直接经济效益增加5.2亿元。

2. 社会效益

通过实施奶牛生产性能测定，把先进的管理经验和实用配套新技术推广到奶牛场，极大地提高了奶牛的生产效率，增加了奶农收入，加快了奶农奔小康的步伐，社会效益十分显著。通过奶牛生产性能测定的实施，促进了我国奶牛养殖业逐步由数量扩张型向质量效益型转变，在保证产量不降低的前提下，减少了饲养头数，降低了对环境的压力，有利于实现可持续发展。DHI在奶牛育种和牛群管理中的作用正被越来越多的牛场和奶农所认识，并在提高奶牛业效益中发挥积极作用。

（七）我国奶牛生产性能测定工作的主要经验

加大测定中心仪器校准频率，确保数据准确性，确保DHI报告真实地反映牛群的实际情况，便于科学管理。

加强培训及技术服务力度，积极推广配套实用新技术，提高奶牛养殖人员整体技术水平，提高参测牛场经济效益，让牛场得到实惠。

加强各项目区测定中心之间的交流，取长补短，共同进步。针对各项目区测定中心进行专项技术培训，提高服务能力。

加强与国内外奶业技术研究机构的交流，学习先进的技术和经验。

第二节　奶牛场生产性能测定组织体系

参测奶牛场的基础条件、管理水平，直接影响DHI基础数据的有效性，只有提高DHI参测奶牛场的管理与技术水平，才能保证DHI基础数据有效性、可靠性，提高DHI报告的科学性、可靠性。

一、参测奶牛场的基本要求

（一）选择DHI参测奶牛场的基本要求

对于DHI参测奶牛场，要有准入机制和退出机制，对于不具备必要条件的牧场，不得参加；对于参测阶段违反参测要求的奶牛场，数据严重偏离或弄虚作假的奶牛场，坚决给予停测或予以退出，否则，将给数据的完整性造成不利影响。

（1）牛场领导对DHI测定的重要性、必要性要有明确的认识，对参加DHI测定工作有积极性和主动性。

（2）具有较为完善的系谱档案，参测奶牛必须来源清楚。系谱记录档案完整，并按照编号规则对牛只进行统一编号，育种技术体系完整。

（3）具有一定的生产规模，采用机械挤奶，并配有流量计或带搅拌和计量功能的采样装置。

（4）具有相适应的技术人员。须有经过专门培训的饲养、育种、信息管理人员和兽医技术人员，并有较强的责任心。采样员要求有高度的执行力、责任心和吃苦耐劳的精神。

（5）管理规范，牛只具有较为完善的养殖档案管理体系，日常生产记录信息全面、完整、规范，包括出生日期、生长发育、产奶、繁殖记录、饲料和投入品、疫病及防治记录等。

（6）具有稳定、可控的饲草、饲料等饲养条件。

（7）具有完善的消毒、防疫、卫生管理制度和基础设施。

（二）参测牛场的加入流程

DHI的具体工作由专门的检测中心来完成考察，奶牛场可自愿加入，双方达成协议后，即可开展。

1. 参测奶牛场考察

DHI测定中心，对申请参加测定的奶牛场，按照DHI参测奶牛场的要求实地考察，针对存在的问题提出整改要求，限期整改。

为了明确DHI测定中心和参测牛场的责权利，双方要签订"DHI测定协议"，DHI检测中心要对参测奶牛场DHI测定结果数据保密，及时提供DHI报告，针对新参测的奶牛场，DHI中心前6个月必须提供DHI管理报告及生产管理改进方案。参测奶牛场要做好奶样的采集，及时上传相应的奶牛记录数据和牛群更新信息。

2. 参测奶牛场的人员配置

DHI参测奶牛场需根据牧场实际情况，组织DHI工作小组。该小组由1名组长和数名采样员组成。组长负责协调与DHI测定中心的对接；管理牛场信息采集与上传；负责采样、送样的计划与实施；采样过程的监督，定期对测定工具的计量校准与记录；DHI报告的解读与应用。采样员需经严格的采样培训，并获得由当地育种机构颁发的采样员资格证。

二、参测奶牛场的工作内容

参测奶牛场要建立完善的奶牛档案，收集奶牛胎次、产犊日期、干奶日期、淘汰日期等数据。新加入DHI系统的奶牛场，应按照《奶牛生产性能测定技术规程》填写相应表格交给测定中心；已进入DHI管理系统的牛场，每月需把繁殖报表、干奶报表、产奶量报表上传到DHI测定中心。

1. 建立完善的奶牛档案

牛只档案包括牛只编号、出生日期、来源、去向、图文（照相）、三代系谱、繁殖记录、生长发育记录、生产记录与外貌鉴定记录等。

①牛只编号参见附录牛只编号。②来源、去向与图片。③牛只来源分别为自繁与引入，引入的牛只应有原产地与引入日期的记录；去向应记录日期及目的地。④档案中的图文记录应在牛犊出生后3～5个工作日内完成，可以用照相或数码成像完成。

2. 系谱与牛标牌系谱

应记录奶牛三代血统家谱及其一生的产奶、繁殖、外貌等。包括父亲号、母亲号、祖父号、祖母号、外祖父号和外祖母号。

牛标牌正面包括牛号、分娩日、日产量与等级；背面标注牛号、父号、分娩日、配种日与预产期。

3. 参测奶牛的其他信息收集

参测奶牛需具备完整的资料，包括个体记录：牛号、初生重、出生日期、胎次、上次产犊日期、次产犊日期；配种繁殖记录，包括牛号、配次、配种日期、产犊日期、第几次发情、与配冻精号、胎次、精液量、活力、子宫及卵巢情况、妊检日期、预产日期和干奶日期等；怀孕天数、产犊情况（包括公犊、母犊、初生重、犊牛编号、难产度）等信息，进行详细登记造册。

第三节　奶牛场生产性能测定管理与运行

一、采样前准备

清点所用的流量计数量，采样瓶数量，采样记录等。在采样记录表上填好牛场号、牛舍号、牛号等信息。

（1）采样每月采集一次泌乳牛个体奶样，且牛号与样品号要相对应。

（2）用特制的加有防腐剂的采样瓶对参加DHI的每头产奶牛每月取样1次。每头牛的样量为不少于40mL，三班次挤乳一般按4：3：3（早、中、晚）比例取样到采样瓶，日两次挤奶者，早晚的比例为6：4。每班次采样后应充分混匀"流量计中的乳样"，再"按比例将流量计中的"乳样倒入采样瓶；将乳样从流量计中取出后，应把流量计中的剩余乳样完全倒空；每完成一次样，应确保采样瓶中的防腐剂完全溶解，并与乳样混匀。

（3）每次采样后，立即将奶样保存在0～5℃环境中，防止夏季腐败和冬季结冰。

（4）奶样从开始采集到送达检验室的时间：奶样的保存保证在0～5℃的环境中，1周之内必须到达DHI测试中心（有些牧场采样工作就需要几天的时间）。

（5）采样时使用专用样品瓶。

（6）采样时注意保持奶样的清洁，勿让粪、尿等杂物污染奶样。

二、样品送检要求

（1）送奶样的同时，连同记录表一起送交检测室。（或以邮件形式同时间DHI发往中心）

（2）采样后，将样品瓶按顺序排在专用筐中，把顺序号、牛号填写在采样记录表中。

（3）凡采样牛只大于50头以上的，所用的专用筐需编上顺序号，并在相应的记录表上注明严格按照计划日期送样。

（4）参测奶牛场按日期，分批将参测奶样标注清楚，及时送至奶牛DHI测定中心，或DHI者测定中心派专职采样员定期（原则上每月1次）到各牛场取样，收集奶量与基础资料，将资料和奶样一起送至DHI测定中心。DHI测定中心负责对奶样进行乳成分和体细胞等指标的检测，并把测试结果用计算机处理，最终得出DHI报告。如果奶牛场有传真机或互联网，则可在测试完成的当天或第二天获得DHI报告。

三、日产乳量测定

开始挤乳前15min检查安装好流量计，安装时注意流量计的进乳口和出乳口，确保流量计倾斜角度在±5°，以保证读数准确。每次挤乳结束后，读取流量计中牛乳的刻度数值，将每天各次挤奶的读数相加即为该牛只的日产乳量。

DHI参测牛场的注意事项

（1）每头测试奶牛的编号要保持唯一性，且牛号与样品号要相对应。

（2）首次采样时间应以母牛产犊6d以后为宜，而且要全群连续测定。

（3）测定产奶量，若是机械挤奶，通过流量计测定，应注意正确安装流量计，正确记录牛号与产奶量。

（4）要有专职测奶员，第三方或场内专人，要经过遴选、培训，至少2人，1人测量，1人记录，相互监督、审核。要逐步推行由第三方采样、送样的制度。

四、测定流量计的安装与调试

流量计的精确度决定了牧场牛群测试记录的正确性。只有对所有测定计量工具定期进行校准，才能保证测定的精确度和准确性。每年至少完成1次流量计、称量器具等的校准，计量工具应具有±1%以内的精度。逐步推行有第三方参加的流量计、称量等工具的校准工作。

1.流量计安装与操作方法

（1）计量：奶牛挤奶时，奶通过进奶管进入流量计，一小部分奶通过喷嘴进入校准过的计量瓶，其余的奶则通过出奶管进入奶罐。当一头牛挤完奶时，读取计量瓶中奶的刻度，一定要读奶的刻度，不要读泡沫的刻度。

（2）取样：流量计底部有一个阀门，共有3个阀门位置。阀门横平的是挤奶位置；阀门朝上的是清空和清洗位置；阀门朝下的是搅拌和取样位置。当一头奶牛挤完奶时，看下计量瓶中奶的刻度，如果奶超过一半，需搅拌10s再取样；如果奶不到一半则只需搅拌5s再取样。取样时推高带有弹簧的金属推杆，从阀门出口取出搅拌好的奶样。计量和挤奶时，阀门必须放到挤奶位置。

（3）流量计的清洗：流量计的内部由牧场每班挤奶完毕按照规范程序清洗。用温水和生产商推荐浓度的洗液清洗流量计的外部。最后一遍用温水冲洗。

（4）流量计橡胶部件的更换：为了预防漏气、测量不准确和细菌污染，流量计所有橡胶部件至少每年更换1次。

（5）流量计润滑：将流量计拆开，清洗并给取样阀、清洗阀和垫片涂抹食品级硅润滑剂。

2. 流量计的调试

流量计至少每年进行1次通水检测。流量计检测后会贴上标有检测时间的标签。该流量计应在此日期后12个月内再次检测。对每只流量计都应进行测试。机械流量计通水测试步骤如下。（注意：每个流量计需要大概90s）

（1）为确保准确性，通水测试装置必须检查。将16.0kg水用该装置在50kPa压力下提1.6m。确保打开进气阀后迅速从真空升压至50kPa。

（2）在流量计上安装试验测试装置。检查流量计的垂直性（±0.5°）。

（3）在流量计中注入16L检测液（一般用自来水，按照平常卫生清洗要求），接近进水阀。

（4）查看流量计长颈瓶上的读数。结果应当在16.0～17.0kg（16.5%±3%）。

（5）放空流量计。

（6）全部放空后，关闭真空泵，拆掉测试装置，打开进水阀。

3. 进一步检测

如果有流量计的读数异常，需进行以下检查：

（1）检查在流量计的这些部位是否有漏气：阀盖O形环、奶量瓶垫圈、进水阀和流量计底部的取样头。

（2）检查流量计阀盖和取样头是否有破损和异物（如毛发、沙粒）。如有必要，需替换零部件或清除杂物。

（3）重复检测：如果在此之后流量计的读数仍没有回落到16.0～17.0kg的范围，须拆开检查，再重装，重新检测。

4. 维修

如果流量计仍不能正常工作，请将该故障流量计送回服务中心进行维修。

5. 检测修护后的流量计

流量计的计量喷嘴更换后，为使流量计能够精确使用必须对该流量计进行上述的检测。

6. 调试日期标注

流量计调试完毕后，必须将标有"检测时间"的标签贴在流量计上，以确认该流量计已经检测完毕同时显示其检测日期。年份不同标签颜色不同，围绕年份的圆周上是月份。标签需贴在流量计顶部，检测月份朝上。下一次检测必须在该日期之后的12个月内进行。

五、参测牛场常见的问题

近几年，参加DHI测定的牛场积极性提高，参测牛只数量上升较快。2012年全国DHI参测牛场1072个，参测牛只537025头，测定记录3703641条，合格数据量2521919条，合格率为68.1%；按照国内公牛育种值计算数据筛选标准符合育种利用的数据量728520条，符合育种数据可利用率为19.6%。这些数据的主要问题包括系谱问题、极值问题、胎次大于3胎、泌乳天数>305d、测定天数>70d、首测日>90d、群体数<3个、记录数<3条等。有效数据和育种可利用数据低的原因，主要是有的参测牛场责任心缺失，上报的基础数据不齐全、采样不规范，导致DHI测定的数据有效性不高，甚至造成假测定结果，导致DHI报告的错误解读，没有对指导科学地选种选配，改进饲养管理、平衡饲料配方，改进经营管理，有效地防治相关疾病起到积极作用。导致育种数据利用率低的原因如下。

一是对DHI测定的理解认识还不到位，有的牧场管理者或操作工认为，DHI测定是育种公司的事情，是为试配公牛作后裔鉴定用的，与牧场关系不大；有的牧场，对参加DHI测定后会给自己的牛场带来什么样的变化认识不足，因此，对DHI测定工作重视不够。需要让他们充分了解DHI测定对牛场有什么作用，牛场的管理人员怎样读懂并利用DHI报告才是最关键的。

二是有的奶牛场编号不规范，系谱信息不全，上报数据中出现了大量的不规范数据。有的是按照自己的方法编的，没有根据中国奶业协会统一规定进行标识，在DHI测试中经常出现有样无编号，样品编号重复的情况，给测试工作带来较大的麻烦。有的奶牛编号混乱，如有的牛场编号：汉字、0、\、字母、空格等开头，有的只有父号，其他不明、不详。有的进口牛，错把细管号作为牛号。

三是有些牧场奶牛的系谱资料不完整，记录不全面，无初生日期、无父无母等；有的奶牛血统来源不明，奶牛买进卖出频繁，又缺少记录；而有的参测奶牛场特别是小区在数据收集整理方面普遍存在系谱不全；少数牛场只有本身的出生日期，有的仅有父亲的牛号；尤其是每月新测定的牛（头胎牛）普遍缺少相应的档案资料；有的牧场有系谱资料，但不能及时准确地更新。这样DHI测定中心就无法为该牛场的奶牛群建立完整的档案资料，由于奶牛场奶牛的资料记录不全就会导致DHI无效的测定记录，那么DHI报告也就不能真实反映奶牛场的生产情况。部分牛场档案资料中记录的公牛号不全面，导致公牛信息缺失。牛场在制订选种选配计划时，又会因为公牛信息的缺失，不能控制近交系数，更谈不上改良牛群遗传品质了。

四是有的牛场繁殖信息资料不准确，有的对奶牛的年龄、胎次、泌乳天数等信息记录得不准确、不全面，如有的泌乳天数达到1000多天；有的奶牛场，对奶牛发情、妊娠鉴定判定技术落后，判定不准或由于饲养员和技术员责任性不强，对奶牛配种、产犊、干奶牛资料记录不准确或不完整，DHI测定数据的有效性大打折扣，就无法形成可靠的DHI报告。

五是采样和产奶量记录不规范，亟须统一标准。一头牛每月一次采样约40mL来衡量其1个月的产奶水平，采样影响会很大。采样的不规范，不认真按操作要求采样，造成测定数据的失真，导致乳成分测定不准确，产奶量错误、乳脂率过高、过低等，如有的在收集奶样时不摇匀，结果测出的乳脂率不是特别高（7%以上）就是特别的低（2.0%以下）。有的不能连续测定，或测定间隔过长，导致有些数据不规范，尤其是间断参测，或测两个月，停一两个月，造成数据的有效性大打折扣。有的牛场测试采样时嫌麻烦，或以几头牛的奶样，分装后代替全群牛奶样，造成虚假测定数据，导致DHI报告的错误解读。

六是有的牛场产犊间隔在450d左右，有的牛甚至在500d以上，主要是繁殖病较多。造成繁殖病的原因，主要是产犊时的卫生状况、分娩时的处理不当，产后护理跟不上，特别是营养和管理跟不上，母牛的子宫不能在产后的两个月内尽快复位，炎症和子宫内膜炎较多，影响了发情配种。另外，子宫炎、卵巢囊肿、胎衣滞留、肢蹄病、真胃位移以及跛行（色括蹄叶炎、腐蹄病和趾间纤维乳头瘤等引起）、乳热症、乳腺炎等均影响繁殖力。患子宫炎、卵巢囊肿、胎衣滞留、乏情以及流产的奶牛，产犊间隔延长，会在400d以上。尤其是患乳腺炎奶牛，如果配种后3周内发病，受胎率下降50%。患酮病的母牛产后至首次配种的间隔时间会延长。产奶量高、乳蛋白率低（<2.6%）的高产牛，产后首次配种的间隔时间延长59d，配种指数增加。另外，还有精液品质差、输精技术不规范等问题。

七是DHI报告对生产的指导作用不明显。有的DHI测定中心出具的《DHI报告》对奶牛场存在的问题针对性不强或措施可操作性不强。有的奶牛场的生产管理者不会解读DHI报告，DHI报告并不能清楚地告知生产管理者这里或哪里出现了问题，而是需要他们通过分析后才能了解自己牛场的生产现状，这里的"分析"要求生产管理者不仅要有扎实的专业理论知识，同时还要有长期从事DHI测定工作的丰富经验，对于大多数奶牛场来说，DHI报告解读这方面的专业人才还是很少的，导致DHI报告对奶牛场的生产指导作用不大。

六、DHI参测奶牛场的考核体系

要建立健全DHI参测牛场的考核体系，对于DHI参测牛场，要有一定的激励机制以利于DHI测定的推广。主要从以下几个方面考核：

（1）机构设置是否完善，人员配置是否合理、满足DHI检测的需要。

（2）牛号是否规范。

（3）基础信息资料是否完善、准确、可靠。

（4）采样、送样是否规范；送测牛号是否间断及其比例。

（5）测定工具是否定期校准。

（6）对上报的基础数据是否有审核，对采样、送样过程有监督管理和记录。

（7）DHI报告对生产是否有明显的指导作用。

（8）是否对DHI技术员、采样员定期开展专门培训。

第四节　奶牛生产性能测定实验室的设计与建设

奶牛生产性能测定实验室的设计与建设，首先要明确实验室的定位，以及实验室要达到一个什么样的水准和等级。实验室建设之前，需要进行大量前期调研，既要明晰自身的需求和未来的发展方向，又要广泛地考察相关单位已建成的实验室，学习其经验和教训。其次，要做好实验室规划、包括实验室工艺规划和实验室建筑设计，实验室建筑设计包括功能布局与内部面积、高度、建筑外观等。

一、奶牛生产性能测定实验室的建设

实验室建设流程包括可行性研究、规划设计（工艺设计、土建设计、仪器设备与配套设施配置）、土建工程施工、实验室装修与配套工程施工、工程验收、仪器设备安装调试与试运行、实验室人员培训（测定技能、安全和维护保养培训）。

DHI实验室建设项目的可行性研究及报告编写是实验室建设的关键，需要深入调研项目建设的必要性和可行性、市场分析及前景预测、项目主要技术经济指标、建设单位基本情况等资料。可行性研究报告主要内容包括项目概述（项目摘要、可行性研究报告编写依据、项目主要技术经济指标）、项目建设的意义和必要性（项目建设的必要性、项目建设的可行性）、市场分析及前景预测、项目承担单位基本情况（单位性质、人员配置、固定资产状况、现有能力和仪器设备情况）、项目选址及建设条件（项目地址选择原则、建设项目地理位置）、工艺技术方案（项目技术来源及技术水平、工艺技术方案、设备选型方案、安全卫生）、项目建设目标（项目建设指导思想、项目建设目标）、项目建设内容、建筑工程、设备购置）、投资估算和资金筹措（投资估算、资金筹措及使用计划）、项目建设期限与实施进度计划（进度安排说明、项目实施进度）、环境保护（项目对环境的影响、污染源的处理方案）、项目管理与运行（项目建设组织管理、项目生产经营管理）、社会经济效益分析及风险评价（财务评价、社会效益）、可行性研究结论及建议（项目可行性研究结论、建议）。

（一）选址原则

场址选择应符合国家相关法律法规、当地土地利用规划和村镇建设规划。场址选择应满足建设工程需要的水文地质条件和工程地质条件。选址应地势高燥、通风干燥，最近居民点常年主导风向的下风向处或侧风向处。场址位置应选在未发生过畜禽传染病，距离畜禽养殖场及畜禽屠宰加工、交易场所3000m以上的地方。禁止与种畜场（如种公牛站、奶牛良种场等）合建一处。场址应水源充足稳定、水质良好，并且要有贮存、净化水的设施，排水畅通。

场址电力应供应充足，电源电压稳定。交通便利，机动车可通达。改造的实验室也要尽可能符合以上条件要求。

（二）设计指导思想

在实验室设计时应严格遵守我国现行的有关法律法规、政策规范认真贯彻"符合国情、技术先进、经济实用、着眼发展"的建设原则。从当地奶牛养殖发展对DHI需求的角度出发，在保证实验室DHI检测能力的前提下，强化对养殖场的服务职能，包括饲养管理、提供选种选配方案、奶牛常见病诊断和治疗等功能。

实验室设计与承建单位应选择具有一定规模、有合法资质的企业，必须严格考察其设计、生产和施工能力，最好实地考察其已完工的项目。设计单位的设计人员应认真负责、专业全面、经验丰富、队伍稳定。承建单位要有良好的信誉度，承担过类似的建设项目以便于保证施工质量。设计图纸完成后，最好请第三方机构和权威专家进行详细审核，以避免出现不合理的设计和重大缺陷。根据实验室检测工作需求，保证其工艺先进、合理、可靠、灵活。

（三）功能设置与工艺流程

DHI实验室建设流程中首先进行的是实验室工艺设计，然后再按照工艺设计要求进行实验室的土建设计。有的实验室在土建设计阶段考虑不周，没有充分考虑到实验室工艺对建筑的特殊要求，给实验室使用带来困难。因此，要求建设单位咨询专业的实验室设计方，在项目的土建设计阶段，就及时介入，如有可能最好带设计师一起参观其他单位的DHI实验室以加深其认识。

1. 功能设置

DHI实验室的基本功能是对奶牛生产性能的测定，包括乳成分和体细胞数的测定，形成DHI测试基本数据及管理报告，用于种公牛选育和对牧场的管理指导，根据奶业发展的需要和经济条件，有的地区DHI实验室除了常规乳品安全评价检测项目外，还增加了对ELISA与妊娠诊断、疫病监测、乳房炎病原微生物鉴定、饲料分析、遗传缺陷基因检测等扩展功能。

2. 工艺流程

工艺流程的确定必须以功能设置作为前提，不同的功能设置有不同的工艺流程。DHI实验室的基本工艺流程包括准备工作、奶样采集、奶样运输与保存、奶样的接收、奶样成分的测定、奶样体细胞数（SCC）测定、测定数据保存与数据处理、DHI报告形成等。

（1）牛只基本信息采集系统。完成对牛只特征数据、系谱、生长发育记录、繁殖记录等信息的采集工作。参加DHI测定的奶牛场（区）按照奶牛生产性能测定技术规程要求的项目和记录格式的要求完成信息的采集，由DHI测定中心对采集数据的完整性、可靠性进行审核。

（2）乳样采集系统。针对不同挤奶设备制订乳样的采集技术规程，建立分区负责的乳样采集队伍，每月1次到参加DHI测定的奶牛场（区）采集乳样。日产奶量测定和乳样采集由奶牛养殖场（区）人员在采样员的监督下进行，也可以由DHI奶量测定中心培训合格的采样员进行，采集的乳样由采样员负责在规定的时间内送往实验室。

（3）乳成分及SCC测定系统。在DHI测定实验室，采用乳成分-SCC测定仪开展测定工作，进行牛只乳成分（乳脂肪、乳蛋白、乳糖等）、体细胞数测定工作。体细胞数这一指标可反映牛群乳房健康状况。

（4）品种及体形外貌鉴定系统按照中国荷斯坦牛品种标准和奶牛体形外貌线性鉴定技术规程，由培训合格的鉴定员负责建立鉴定牛只的档案并传送到DHI测定中心。

（5）DHI数据处理系统。在DHI测定中心设置专用服务器，安装奶牛育种资料管理软件，建立牛只档案数据库，建立DHI测定网络平台，利用公共网络建立服务器与参加DH测定的牛场（区）、DHI测定分站、采样员、牛只鉴定员的网络连接。各类人员通过网络可以查询到权限范围内的牛只DHI测定信息。DHI测定结果、DHI测定报告和年度良种登记册进行反馈和发布，通过网络可以查询到牛只基本信息、牛只种用价值评定结果、最新牛只育种值排序，DH测定报告的测定结果、305d产奶量、峰值日产奶量、泌乳天数等数据。年度良种登记册分类发布良种登记和核心群登记牛只的基本信息、种用价值信息等。

（6）流量计定期校准DHI测定中心还应对参加DHI测定的牛场（区）的流量计进行定期校正，根据流量计洗校正要求，及时更换不准确的流量计。

（7）DHI实验室的工艺流程包括样品的接收、样品的编号登记、检测任务的下达、各项目的检测、数据的审核、报告的编制和发放。

①样品的接收：与委托检测方确认检测合同和样品。

②样品的登记编号：对所有样品实行唯一性编号和登记，形成样品标识卡。以防止样品的丢失和混淆。

③检测任务的下达：将样品信息及检测要求，包括检测方法、检测时间等下发给检测部门，以明确检测任务。

④项目检测：有能力的检测员按照规定的检测方法和操作规范对项目实施检测。

⑤数据的审核：检测数据经校对人进行确认。

⑥报告的编制和发放：报告编制人按照合同信息及检测记录对检测报告进行编制，报告再经审核人和批准人审批后发放。

（四）平面布局与土建工程设计

DHI测定实验室主要涉及的系统工程包括实验室装修工程、给水排水系统、强电弱电系统、空调系统、洁净系统、消防系统、生物安全系统、通风排风系统、污水废液处理系统、管道系统、实验台与仪器设备、软件管理系统等，同时还要考虑环保、安全、可持续发展等诸多因素，因此，是一个复杂的系统工程。实验室平面布局是实验室土建工程设计的基础，只有按照功能分区和工作流程的需求，做好相应的平面布局规划，尽量优化整合，才能确保后续的水、电、通风等合理配置空间。

1. 平面布局设计

在做平面布局设计的时候，首要考虑的因素就是安全，实验室是最易发生爆炸、火灾、毒气泄露等的场所，应尽量保持实验室的通风流畅，逃生通道。根据实验室功能进行合理布局，原则上是方便、实用、功能区划分明显。

（1）布局应全面满足DH工作流程及工艺的要求，除了布局的优化和仪器设备的摆放位置的设计外，还应充分考虑到人员流动与物品流动的方向是否符合工作要求。

（2）避免实验人员频繁跑动，前处理室应该和仪器室在同一楼层。

（3）与乳品质量安全检测实验室联建时，要注意功能分区、共用设备的协调布局。

（4）微生物室应合理布局洁净区、半洁净区、污染区，以避免交叉污染。

（5）气相色谱仪、气质联用仪等仪器应和气瓶室在同一楼层。

（6）平面布局设计阶段还应尽可能详细考虑工作和发展的需求，充分考虑奶牛养殖发展趋势。

（7）满足消防安全要求，为了在工作发生危险时易于疏散，实验台间的过道应全部通向走廊，安全通道在疏散、撤离、逃生时应顺畅无阻。

（8）实验台与实验台通道划分标准（通道间隔用L表示）：一边可站人操作，$L>500mm$；一边可坐人操作，$L>800mm$；两边可坐人，中间可过人，$L>1500mm$；两边可坐人，中间可过人可过仪器，$L>1800mm$。

（9）验室走廊净宽宜为2.5～3.0m，实验楼顶端应设有安全门、逃生楼梯并要求保持顺畅，防止发生危急情况时，出现通道堵塞现象。

2. 土建设计

（1）要对实验室进行整体的平面规划，防止功能分区过于简单或不合理。DHI准备室面积不能太小，要能满足洗涤、装箱等需要。

（2）充分考虑仪器的使用情况，如洗涤池等不应设置在测定室，因为洗涤过程会导致室内湿度较大，对精密仪器设备有影响。

（3）考虑特殊房间功能，如冷藏室、专用仪器恒温恒湿室等。

（4）净层高度不能过低，以免影响空调、消防、电器等管线布局，实验室建筑层高宜为3.7～4.0m为宜，净高宜为2.7～2.8m，有恒温恒湿、洁净度要求的实验室净高宜为2.5～2.7m（不包括吊顶）。

（5）DHI基本功能实验室根据测定数量和发展的需要，确定各房间的面积：

①洗涤消毒室：30～40m²。

②接样室：10～20m²。

③样品冷藏库：15～30m²。

④样品前处理室：20～40m²。

⑤检测室：30～40m²/台。

⑥办公与数据处理室：40～80m²。

⑦试剂储存室：10～15m²。

⑧档案资料室：20～40m²。

⑨库房：20～40m²。

⑩更衣间：15～20m²。

⑪流量计清洗校准室：20～30m²。

⑫废物贮存室：20～40m²。

扩展功能按需要配置

（6）实验室地面：由于DHI实验室与养殖场联系紧密，为了防止病原微生物的繁殖传播，在地面、墙壁、门窗等设计上要注意结构与材质的选择。实验室地面应能做到耐酸碱、防腐蚀、防滑，最好能够做到没有何的缝隙。地面与墙壁四角应尽量空闲，简洁易打理，通风流畅，防止死角。传统的木质地板有不防滑、不防火、不抗酸碱、不耐用等缺点，复合地板，不防水是其最大缺点，其他性能都还可以的，大理石等瓷砖地板太坚硬冰冷，不防滑，有一定的辐射也是很大的缺点。

①瓷砖地板：很多地方的实验室地面选用质量好的瓷砖，耐用美观，其实最好选用防滑瓷砖，容易搞卫生而且不易打滑。

②PVC地板：优势在于它是真正的环保无毒、无甲醛的新型环保地板材料，材质轻薄，却十分的耐用，有着传统地板所没有的防滑、防火阻燃、抗菌、耐用、耐磨、吸音降噪、耐酸碱、抗腐蚀的性能。PVC地板还可以做到无缝连接，但选材不当，会发生容易着色，不易清洗的现象。

③自流坪：是用无溶剂环氧树脂加优质固化剂和导电粉制成，与水混合而成的液态物质，倒入地面后，这种物质可根据地面的高低不平顺势流动，对地面进行自动找平，并很快干燥，固化后的地面会形成光滑、平整、无缝的新基层。除找平功能之外，自流坪还可以防潮、抗菌，达到表面光滑、美观、镜面效果；耐酸、碱、盐、油类腐蚀，特

别是耐强碱性能好；耐磨、耐压、耐冲击，有一定弹性。

（7）墙面：可以在离地面1.2～1.5m的墙面做墙裙，便于清洁，如瓷砖墙裙、油漆墙裙等。有条件的实验室，可以用彩钢板内墙，以便于冲洗清洁、消毒。墙面色彩的选用应该与地面、平顶、实验台等的色彩协调。

（8）顶棚：大多数采用吊顶，顶棚应采用小方格的扣板形式，而不应采用大块的整体结构，这样便于施工和后期维护。有条件的实验室，可以采用彩钢板顶棚，以便于保持清洁美观。

（9）门：通常实验室门向房间内开，有气体瓶等爆炸危险的房间门应外开，冷藏室应采用保温门。实验室双门宽以1.1～1.5m（不对称对开门）为宜，单门宽以0.8～0.9m为宜。安装有洁净系统的，彩钢门应注意密封效果。

（10）窗：实验室的窗应为部分开启，在一般情况下窗扇是关闭的，用空气调节系统进行换气，当检修、停电时则可以开启部分窗扇进行自然通风。窗扇可以开启，但又要防止灰尘从窗缝进入，在寒冷地区或空调要求的房间采用双层窗。微生物室洁净要求高，应采用固定窗，避免灰尘进入室内。采用彩钢板装修的一般采用固定窗。

3. 消防系统

DHI实验室是一个特殊环境，对消防的要求相对于普通的办公楼来说要提高等级。要根据检测的工艺要求、储存药品和试剂的种类、实验室建筑物特点等，采用不同的消防措施来保障实验室的消防安全。检测室由于有仪器设备，要配备二氧化碳灭火器，办公室等可配备干粉灭火器。有条件的单位可以配置烟感系统、温感系统、特种气体感应报警系统、自动喷淋灭火装置。但对于精密仪器室和无菌室、配电室、不间断电源室而言，其消防就不能采用自动喷淋灭火装置，可采用自动气体灭火装置，以避免自动喷淋装置损坏仪器设备。

实验室设备需要专用气体供应的，气瓶室的安全性必须得到保障，必须采用防爆门泄爆窗、气体泄漏感应报警装置以确保无安全隐患。

4. 给水排水系统

为保证水质稳定，建议采用纯水发生器。为了避免二次污染，可采用感应式水龙头。热水器可采用内置式的即热式电热水器。

由于DHI奶样含防腐剂，排水系统的管道应耐酸碱、耐腐蚀和有机试剂对材质的侵蚀，要根据污水的性质、流量、排放规律并结合室外排水条件而确定方案，最好采用PPR（三型聚丙烯）或其他材质，而不建议用普通的PVC管材，因为PPR管具有重量轻、耐腐蚀、不结垢、使用寿命长等特点。下水道要合理布局，应防止管道堵塞、渗漏，应设置滤网、设置存水弯等。

5. 配电系统

DHI实验室配电系统与普通建筑有很大区别，要根据实验仪器和设备的具体要求配置，因为实验室仪器设备对电路的要求比较复杂，并不是通常人们所认为的那样，只要满足最大电压和最大功率的要求就可以了。

（1）有些仪器设备对电路都有特殊的要求（如静电接地、断电保护、等电位连接等）。

（2）为了保证电力的可靠保障，保护重要仪器和数据，应考虑不间断电源或双线路设计，不间断电源的容量应符合实际所需并保证一定可扩增区间以满足未来发展的所需。

（3）对配电系统的设计，不但要考虑现有的仪器设备情况，同时也要考虑实验室未来几年的发展规划，充分考虑配电系统的预留问题及日后的电路维护等问题。

（4）所有电器电路均应采用防爆型，还应考虑防雷、防静电。

（5）墙上的插座应充分考虑需求，例如样品室应留足冰箱的插座、门口应预留自动鞋套机的插座、走廊两侧也应考虑到分布一些插座用于消毒、清洗等设备使用。

6. 弱电系统

实验室的弱电系统主要包括门禁、电话、网络、监控等。

（1）门禁应设在每层实验室的主入口处或其他需要控制出入的地方。

（2）电话要预留电话线，方便工作时接打电话，无菌室内外由于隔音效果较好，应预设对讲电话，便于沟通。

（3）网络仪器室应预留足够多的网络接口，以方便仪器台安装时连接到台面网络接，网络接口应与墙插并列，高度应恰好高过实验台，这样方便日后使用。

（4）监控实验室大门、楼道顶端或其他需要控制出入的地方可选择安装监控设备。

7. 空调系统

空调系统不仅仅是控制实验室的温湿度，同时还应与实验室通风系统配合，潮湿地区还要配置除湿设备，才能真正有效地保证实验室的温湿度和房间压差，保障人员和精密仪器有一个良好的工作环境。实验室采用中央空调则一定要能够进行分区域、分时段的模块式管理，以避免加班时因不能正常使用空调而影响仪器的使用。中央空调管线的布局应结合实验室通排风管道的设计，避免施工的时候交错重叠，影响层高。极端天气情况下，应能确保测定室、样品室、精密仪器室等对温度要求的区城保持24h的恒定温度调节。

8. 实验室供风排风系统

供风排风系统完善与否，直接对实验室环境、检测人员的身体健康、检测设备的运行维护等方面有重要影响。实验室房间的压差、换气次数等都是需要关注的问题。

（1）样品室和试剂室应考虑有通排风设备，以免样品带来的异味影响环境。

（2）应设计新风系统，新风系统可以有组织地对室内进行全面的进、排风控制，使室内空气流动通畅，最好使用通风换气效果更佳的空气净化系统。

（3）新风口散流器应采用可以调节方向的活动百叶设计，以避免冬夏季节外界冷热空气直接吹向操作者。

9. 应急设施与生物安全系统

（1）应急设施可以在楼道安装紧急喷淋系统，在实验台安装洗眼器，这是在有毒有害危险作业环境下使用的应急救援必备设施。当现场作业者的眼睛或者身体接触有毒有害以及具有其他腐蚀性化学物质的时候，这些设备能够对眼睛和身体进行紧急冲洗或者喷淋，目的是避免化学物质对人体造成进一步伤害。建议准备室、实验室台面安装洗眼器。楼道可以安装复合式洗眼器，直接安装在地面上使用，它是配备喷淋系统和洗眼系统的紧急救护用品。当化学品喷溅到工作人员服装或者身体上的时候，可以使用复合式洗眼器的喷淋系统进行冲洗，冲洗时间至少大于15min。当有害物质喷溅到工作人员眼部、面部、脖子或者手臂等部位时，可以使用复合式洗眼器的洗眼系统进行冲洗，冲洗时间至少大于15min。

（2）生物安全系统：实验室生物安全是指实验室所取的避免危险因子造成实验室人员暴露、向实验室外扩散并导致危害的综合措施。这些综合措施包括规范的实验室设计建造、实验室设备的配置、个人防护装备的使用、严格遵从标准化的工作操作程序和管理规程等。通过采取这些综合措施以达到保护实验室工作人员不受实验对象的伤害、保护样品不交叉污染、保护周围环境不受污染的目的。

根据所操作微生物的不同危害等级，需要相应的实验室设施、安全设备以及实验操作和技术，而这些不同水平的实验室设施、安全设备以及实验操作和技术就构成了不同等级的生物安全水平。《GB 19489—2004实验室生物安全通用要求》《病原微生物实验室生物安全管理条例》（以下简称《条例》）以及WTO《实验室生物安全手册》（第3版）等均将生物安全水平分成四个级别，一级防护水平最低，四级防护水平最高。以BS-1、BSL-2、BSL-3、BSL-4表示实验室的相应生物安全防护水平，以ABSL-1、AbSL-2、ABSL-3、ABSL-4表示动物实验室的相应生物安全防护水平。实验室生物安全设施包括实验室选址、建筑结构和装修、空调通风和净化、给水排水和气体供应、电气和自控、消防等方面。具体来讲包括实验室是否需要在环境与功能上与普通流动环境隔离；是否需要房间能够密闭消毒；是否需要向内的气流还是通过建筑系统的设备或是通过HEPA过滤排风的通风；是否需要双门入口、气锁、带淋浴的气锁、缓冲间、带淋浴的缓冲间、污水处理、生物安全柜；高压灭菌器是在现场还是在实验室内；是否需用人员安全监控条件包括观察窗、闭路电视、双向通信设备等。

（3）消毒设备为了防止人畜共患病的传播，DHI实验室要配置较高等级的消毒设施，如大门消毒池，各类消毒器具等。

①喷淋式消毒器：用于运送DHI奶样的车辆、奶样筐的消毒。

②移动式紫外消毒器：用于场地、楼道定期消毒。

③紫外消毒灯：用于实验室定期消毒。

④高压灭菌箱（锅）：用于器具的定期消毒。

10. 危险废物处置系统

（1）实验有害废弃物的种类

实验室产生的所有危险废物（参照《国家危险废物名录》），包括：

①危险废液指检测过程所产生符合有害检测废弃物认定标准及认为有危害安全与健康的废液。包括：溴化乙锭、废酸、废碱、有机废液等。

②固体危险废物：包括废弃的温度计、湿度计等含水银的检测器材，过期的化学试剂，废弃及破损的盛装化学药品器皿等有害固体废弃物，检测中的乳胶手套，实验残渣等。

③废气：检测过程中产生的酸性、碱性或有机气体等有害废气。

④废水：检测过程中产生的废水。

（2）危险废物的处置

必须严格按照《中华人民共和国固体废物污染环境防治法》制订危险废物管理计划，并向所在地县级以上地方人民政府环境保护行政主管部门申报危险废物的种类、产生量、流向、贮存、处置等有关资料。危险废物管理计划应当报产生危险废物的单位所在地县级以上地方人民政府环境保护行政主管部门备案。

危险废液、固体危险废物必须集中收集，规范标识，分类存放，不得擅自倾倒、堆放，找有资质的回收处理公司进行处理。废气必须经过气体回收处置装置处理后排放，处置装置要求和排放限值必须满足《GB 16297—2012大气污染物综合排放标准》的规定。废水必须经过废水处置装置处理后排放，排放必须满足《GB 8978—1996污水综合排放标准》的最高允许排放浓度。

对于不处置的实验室，由所在地县级以上地方人民政府环境保护行政主管部门责令限期改正；逾期不处置或者处置不符合国家有关规定的，由所在地县级以上地方人民政府环境保护行政主管部门指定单位按照国家有关规定对实验室室内装修与家具的选择。

为了便于参观检查，走廊两侧或大型仪器室可用落地玻璃幕墙设计，这样更加通透明亮，利于管理。实验室家具的选择应考虑能充分满足工作的需要，合理搭配柜体台面、地面、顶棚，主要涉及台面材质、柜体材质与结构、颜色搭配等。例如仪器室应采用理化板台面、准备室可采用耐酸碱的陶瓷板台面等。台柜的材料主要分为板木、全钢、钢木、铝木4种。每个房间台柜的布局、种类、数量也要充分考量，吊柜可以使实验室有限的空间得到充分的利用，边台、中央台、高柜、吊柜等应搭配得当，避免造成日后工作的不便，还要注意电脑位置合理安排，以避免将来使用的不便。根据人体学，坐式操作实验台高度为750~850mm，站式操作高度850~920mm。

实验室建设涉及的常用标准规范

GB 19489—2004实验室生物安全通用要求

GB/T 3325—2008金属家具通用技术条件

WS 233—2002微生物和生物医学实验室生物安全通用准则

GB 50019—2003采暖通风与空气调节设计规范

GB 50346—2004生物安全实验室建筑技术规范

GB 50243—2002通风与空调工程施工质量验收规范

GB 16912—1997氧气及相关气体安全技术规范

GB 50073—2001洁净厂房设计规范

GB 50052—1995供配电系统设计规范

JGJ 71—1990洁净室施工及验收规范

GB 50054—1995低压配电设计规范

ISO 14644洁净室与受控环境

GB 50034—2004建筑照明设计标准

GB 50057—1994建筑物防雷设计规范

SN/T 1193—2003基因检验实验室技术要求

GBJ 14—1987室外排水设计规范

GB/T 3324—2008木家具通用技术条件

CJ 343—2010污水排入城镇下水道水质标准

NYT 2443—2013种畜禽性能测定中心建设标准奶牛

二、仪器设备配置

（一）仪器设备配置

1. 选型原则

（1）设备选用以仪器设备产品性能、质量为前提，应充分考虑检测指标的必要性、准确性、检测效率等具体情况，主要设备的选择要体现技术先进性、可靠和经济实用性，最好能够达到国际先进水平。

（2）仪器设备的选择应根据DHI测定的特点和需要，既要参照发达国家同类机构的条件与情况，做到起点高、高标准，又要具有前瞻性，尽量采用标准化、通用化和系列化设备，并引进必要的技术软件。

（3）符合政府和专门机构发布的技术标准要求。

（4）充分利用现有的仪器设备和设施条件，不搞重复建设，按照节约资金、提高档次的原则进行补充。

（5）仪器设备的选择应立足国内，凡国内能够生产、技术可靠的设备，应尽可能购置国内产品，节省投资费用，降低购置成本。

（6）为了满足DH测定工作的需要，通过对国内外仪器设备的考察，在初步确定仪器型号后应货比三家，择优选择。

2. 基本检测功能设备及辅助设备选型

DHI实验室根据基本功能主要应配置的设备包括采样设备、检测设备、网络设备、办公设备等。可以参考《NYT 2443—2013种畜禽性能测定中心建设标准奶牛》。

3. 采样设备

（1）奶样箱、奶瓶架、奶样瓶若干。

（2）样品运输设备：用于样品采集后的运输，需配置车载冷藏装置，冷藏体积不小于200L；可选配箱式冷藏运输车1辆，加冷藏设备，温度范围2~6℃，体积800~3000L；样品冷藏柜，2台，容量1000L以上；可选配样品冷藏库，1间，面积15~50m²，制冷量3~6匹。

（3）流量计及自动流量计校准仪：流量计材质为Polyulphon材质，耐腐蚀性，耐热配备性，质地坚固透明。流量计自身最好配备样品取样功能。产品需通过国际畜牧业计量协会（ICAR）认证。

4. 测定设备及配套设施

（1）乳成分及体细胞联机分析仪，1台，检测速度为200~600个/h，检测指标包括乳脂肪、乳蛋白、乳糖、非脂乳固体、总固形物、pH、冰点、体细胞数等，通过IDF或ICAR认证，应满足NY/T 1450中规定的仪器设备要求。

（2）电子天平，1~2台。量程为0~220g，可读性为0.1mg。

（3）电恒温水浴锅，2台；带循装置，使各部分温度均衡；控温范围为室温±8~100℃；最小分辨率0.1℃；恒温波动度±1℃。

（4）电鼓风干燥箱，2台；控温范围为室温~200℃；最小分辨率0.1℃；恒温波动度±1℃。

（5）洗涤槽，2~6个。

（6）冰箱（柜）1~2台。

（7）纯水发生仪，1台；

产水量0.8~1.2L/min；可生成纯水与超纯水两种水质；含波长石英紫外灯。

5. 网络设备

（1）数据处理服务器1套，计算机2台。

（2）DHI数据电脑保密系统及内部运转网络，1套。

（3）奶牛DHI报告自动分析软件，1套。

以奶牛生产性能测定（DHI）数据为基础，通过计算数据库中的所有数据，对泌乳牛及后备牛生产性能进行运算，推算出奶牛矩阵式动态标准体系。

根据奶牛当次DHI检测数据，对照矩阵式动态标准体系，对泌乳牛生产性能进行量化评分，找到存在的问题，生成DHI报告。

（4）网络安全设施和软件，1套。

6. 办公设备

（1）计算机，若干台，包括不间断电源。

（2）打印机，若干台。

（3）传真机，1台。

（4）扫描仪，1台。

（5）空调，若干，壁挂式、立式或中央空调；南方，必要时配置除湿机1～2台。

7. 清洗消毒设备

（1）超声波清洗仪，1～3台，频率45～80kHz，可调，温度范围1～80℃，可调，时间1～480min，可调。

（2）喷淋式消毒器或移动式紫外消毒器2套。

（3）废弃样品收集处理装置1套，容积不小于300L。7个扩展功能的设备设施。

（4）常规法乳成分检测设备。

（5）凯氏定氮仪：普通样品测试为3～8min/个，范围为0.1～280mg。

（6）脂肪测定仪：测量范围为0.1%～100%，溶剂为70～90mL，温度0～285℃。

（7）消化炉。

（8）离心机。

（9）生物显微镜1台，用于校正样品中体细胞数，放大倍数不小于400倍。

（10）牛奶尿素氮分析仪1套。检测范围0～50mg/dL。精确度CV<5%。

8. 抗生素检测设备

（1）液相色谱分析仪，1套，用于样品抗生素等的分析。

泵流速范围0.01～10.00mL/min，流速精度0.1%RSD，全流程耐压6000psi。

紫外可见光检测器波长范围190～700nm；带宽5nm；波长准确度±1nm；波长重现性0.1nm；线性范围小于5%at2.5AU；基线漂移1×10^{-4}AU/h；基线噪声4×10^{-6}AU；最小检测浓度萘2.7×10^{-10}g/mL。

（2）可选配抗生素测定仪，1台。

波长范围400～750nm；测量范围0～3.500A；干涉滤光片标准配置405nm，451nm，490nm，630nm；分辨率0.001A；准确度±0.5%；线性误差±1.0%；重复性≤0.5%；稳定性≤0.005A/h；测试速度≤25s（单波长）；≤40s（双波长）。

（3）微量元素检测设备原子吸收仪，1台。

（4）微生物实验室配套设备1套。

（5）超净工作台。

（6）生化培养箱。

（7）高压灭菌锅。

（8）菌落计数器各1台。

（9）可选配细菌总数测定仪，1台，分析能力：65样品/h、130样品/h、200样品/h，分析时间9min/样品，样品量大约4.5mL，样品温度2～42℃。

（10）可选配荧光快速微生物鉴定和药敏分析系统。

（11）可选配全自动菌落成像计数分析系统，1台，其具体参数如下：

反射光源：54组环形白光LED灯。

LED透射光源：2组高通量LED灯；背景视野：暗色或明亮。

成像装置：带定焦透镜的CMOS镜头。

图像视野：97mm×97mm。

最小菌落大小：0.06mm。

图像采集：真彩色，每像素24位。

图像分辨率：1536×1536像素。

电源：100/240V交流电，50/60Hz。

功率：40W。

工作温度：5～40℃。

工作相对湿度：10%～90%。

体积（$W×H×D$）：18cm×36cm×22cm。

9. 饲料成分及毒素测定设备

（1）常规营养成分测定设备：凯氏定氮仪、脂肪测定仪、原子吸收分光光度计、黄曲霉毒素测定仪等。

（2）可选配饲料快速检测仪，2台，具体参数如下：

波长范围：400～1100nm（Model6500）；1100～2500nm。

扫描速度：1.8次/s。

噪声：1100～2500nm小于$2×10^{-5}$AU。

检测器：硫化铅1100～2500nm，硅400～1100nm。

工作温度：15～32℃。

10. 酶联免疫检测仪1台，用于妊娠检测、病源检测、抗生素检测。具体参数如下：

测量系统：8光道检测。

测量范围：0～4.000Abs。

波长范围：400～800nm。

分辨率：0.001A。

准确度，±0.05A。

重复性：≤0.5%。

稳定性：±0.002Abs。

线性度：±0.5%。

11. 气相色谱分析仪1台，用于检测奶中的脂肪酸、黄曲霉毒素、残留兽药农药、瘦肉精等。

12. PCR扩增仪2台

样品容量：96×0.2mL PCR管或者1×96孔PCR板8×12。

模块温控范围：4～99℃。

温控模式：三种温控模式——快速，标准，安全。

温度均一性（20～72℃）：±0.3℃。

模块温控准确度：±0.2℃。

温度均一性（90℃）：±0.4℃。

升温速率：4℃/s。

降温速率：3℃/s。

电源：230V，50～60Hz。

功率：950W。

13. 实时荧光定量PCR仪2台

激发光源：石英卤钨灯。

检测器：扫描光电倍增管（PMT）。

多重检测：4个光学通道，并提供用户选择的滤光系统。

加热系统：Peltier的热循环加热模块。

内置芯片在断电或连接中断时自动保存数据。

样品量：96孔高通量平台，反应体系10～100μL。动力学范围：10个数量级。

激发光范围：350～750nm。

发射光范围：350～700nm。

温度均一性：±0.25℃。

温度精确性：±0.25℃。升降温速率：2.5℃/s

14. 冷冻台式高速离心机2台

最大相对离心力：定角转头64400×g。

水平转头：12400×g。

最高转速：定角转头30000r/min。

水平转头：12200r/min。

转头最大容量；定角转头510mL。

水平转头：40mL。

速度设置：数字式，100r/min步进。

速度显示：数字式，1r/min步进。

温度范围：20～40℃。

最大热量输出：1.58kW，5400BTU*/h。

最大噪声输出：≤65dB。

制冷系统：非CFC冷冻剂（R134A）。

驱动系统：无碳刷感应电机。

15. 凝胶成像系统用于DNA检测1套

（1）硬件规格

最大样品：28cm×36cm。

最大图像面积：26cm×35cm。

激发光源：标准为EP白光和反紫外线（302nm）。

探测器：冷却CCD。

相机冷却温度：–30℃或可调。

图像分辨率：300万。

像素大小6.45μm×6.45μm。

像素密度（灰度值）：65535。

大小：36cm×60cm×96cm。

（2）工作范围

电压：10/15/230V。

温度：10~2。

湿度：<70%。

16. 奶样瓶传送设备1套。全自动进样传送。可按照测定指标自动分组。奶样瓶使用后自动粉碎，可回收利用，可进行条形码扫描。

17. 乳成分分析仪全自动上样系统需要特殊测定的奶样可以被特定地挑选出来，并存放在单独的传送带上。

使用过的奶样瓶被清空后自动粉碎。可自动扫描条形码，可与乳成分分析仪检测速度相匹配。

第五节 奶牛生产性能测定实验室技术操作

实验室检测是奶牛生产性能测定工作最基础也是最核心的环节，实验室操作的规范程度、技术和管理水平的提高是测定数据准确可靠的重要保障。DHI测定数据是牛场进行科学管理的重要依据，也是我国奶牛育种特别是青年牛后裔测定成绩的重要数据来源，因此测定数据的准确性、可靠性和有效性至关重要。

奶牛生产性能测定实验室技术操作主要包括样品采集与运输、实验室检测、仪器常见故障及处理、实验室质量控制等四部分。

一、样品采集与运输

（一）采样前准备

办公室应于每月中旬提前安排好下个月采样日程，于采样前2~3d通知牧场采样时间，保证其测试周期25～33d，并与牧场负责人或采样人员取得联系，确保采样瓶按时送往或寄往牧场。每个采样瓶需添加防腐剂（保证所采奶样在15℃的情况下可至少保存3d，在2～7℃冷藏条件下可至少保存1周）。

（二）采样

采样工作最好由第三方、专业的采样员完成；也可以由牧场的技术人员完成，但必须固定人员，定期进行培训、考核和监督，以保证采样的准确性和公正性。

（三）样品的保存与运输

采样完成后，应及时将样品降温，装入可制冷的冷藏箱（或者使用泡沫保温箱，箱内放置冰袋等防止升温），尽快安全送达测定实验室，运输过程中需尽量保持低温，不能过度摇晃。

二、实验室检测

（一）奶样检查

奶样到达实验室后，应做以下检查：奶样账单和各类牛群资料报表是否齐全；样状态是否正常（异物、腐败或打翻），一般样品损坏比例超过10%以上，将重新安排采样，奶样标识是否清晰明确；奶样账单编号与样品箱是否一致。若相关资料不全或有误，实验室应尽快联系牧场，确保数据准确无误。可根据样品检测情况对该牛场的奶样采集情况进行评分，作为牛场DHI工作考核的依据。填写接样单并作为原始记录保存。

（二）测定前准备

1.试剂准备及仪器外观检查

检查仪器所需试剂是否充足、是否在保质期内；检查仪器周边环境，轨道、探头等是否正常，是否有水渍杂物等影响正常运行。

FOSS仪器配制检测所需试剂：

（1）Zero Liquid solution（调零液）

S-6060浓缩液袋有10mL和5mL两种规格，在10L的蒸馏水或去离子水中加入1袋10mL或2袋5mL的S-6060，充分搅拌。

注意：配好后的调零液使用期限为1周。

（2）Rinse solution（清洗液）

在10L的蒸馏水/去离子水中加入2袋S-470，充分搅拌。

注意：配好后的清洗液使用期限为1周。

（3）Foss Clean Kit（强力清洗液）

取0.5g的FossClean buffer，加入500mL去离子水中，搅拌或超声溶解，然后加入10mL液体的酶制剂FossClean混合均匀，放入冰箱冷藏保存，7d内可以使用，使用时需要加热到40℃。

（4）FTIR Equalizer（平衡液）

不需要配制，使用前需要放入冰箱冷藏冷却，开封后马上使用。平时也可以保存在冷藏冰箱中。

（5）DYE（染液）

不需要配制，可直接购买到成品液体包装袋。打开仪器盖子及染液袋的盖子，旋转把手至释放位置（Release）使旧染液袋脱离，插入新染液袋并确认其正确插入，回转把手至操作位置（Operate）。做好染液更换记录并存档。

（6）Stock solution（基础液）

Buffer/diluents（缓冲/稀释）液和rinsing/sheath（清洗/封闭）液都是用基础液再配制的。溶液可按不同的剂量配制。500mL Fossomatic Clean加入加热至60℃的蒸馏水中，定容到5L气密，避光，室温（<25℃下）可保存16周。

（7）Buffer/diluents solution（缓冲/稀释液）

将一袋（354g）Fossomatic Buffer先溶解于1L的Stock solution基础液中，再注入适量蒸馏水（视容器大小），可在40~60℃水浴内加速溶解，最后加入蒸馏水定容到10L，混匀若购买的Fossomatic Buffer是88.5g包装，各种溶液量按比例减少。

Buffer/diluents（缓冲/稀释液）最长可保存3周。

（8）Rinsing/sheath Liquid/Blank solution（清洗/封闭/空白）液

将250mL Stock solution基础液溶于蒸馏水中，定容到50L，再加入5gNaCl。50L溶液大约可测5000样品，但最长使用时间不可超过3周。如果用量少，可按等比例递减。

bentley仪器配制检测所需试剂：

（9）染液/缓冲液（配10L可测3000个样品）

为了加速试剂溶解，建议使用加热和机械搅拌（50℃）。往10L容器中倒入3L去离子水或蒸馏水。用镊子夹一片染色片（250mg溴化乙啶）放入水中，搅拌直到溶解。加入1包（约85g）缓冲粉，加入10mL的Triton X–100，混合直到所有固体都溶解。再加7L去离子或蒸馏水后彻底混合。

（10）清洗液/携带液（2%）

在FCM流式细胞计数仪中，工作液被当成携带液使用并且被用作清洗液在FTS、FCM两台仪器中使用。在室温储存，需在1个月内用完。在每升去离子或蒸馏水中，入20mL的RBS35浓缩液。大量配制时，按比例相应增加RBS35和水的量。FCM每天工作8h，需耗费大约4L携带液。

2. 奶样预热

按照恒温水浴锅的操作规程，控制温度在42℃，（用经过检定的温度计来校验水浴锅的温度），将重复性检样品、控制样、待测奶样（需预检查奶样是否适合仪器检测，有明显异物、变质等需剔除，避免损坏仪器，同时需填写异常奶样记录表，保存备查）放置于水浴锅中预热至（40±1）℃保持10～15min，不超过20min，待检。

（三）样品检测

1. FOSS仪器

（1）开机：开启UPS，依次打开电脑、乳成分测定仪、体细胞计数仪的主机电源。

（2）进入操作界面：在电脑完全启动后，双击Start Foss Integrator快捷方式，打开软件。单击对话框中continue键，进入系统。在系统对话框中输入密码，单击OK键，进入操作界面。

（3）预热在软件操作界面的工具栏中单击online键联机，进行仪器预热直到各个温度报警消失，这个过程根据环境的不同需要1～3h。

（4）进入待机状态单击工具栏中standby键，使仪器进入待机状态。置及运行清洗程序在左侧菜单中选择New Job–Rinse，将清洗程序加载到运行列表中，单击工具栏中运行键，完成每一步清洗，每个清洗程序至少进行2次。

（5）进行零点检查从左侧菜单中找到Zero–setting（调零），添加到工作任务单击运行键进行调零。调零结果显示无色（默认仪器设定调零限值未做改动的前提下）或者不大于0.03%，表示结果可接受。如果调零结果显示红色，不能直接点击接受，必须再次运行清洗程序，直到调零结果显示无色。填写零点检查记录表。

（6）进行重复性核查将已经预热好的重复性检查样品（可以是生奶样品，放置在一个烧杯中搅拌均匀，连续测定10次以上；也可以用6个控制样作为重复性检查样品，每个样品测定3次，将重复性核查和控制样检查合二为一）放置在轨道上，设置工作名称为repeatability check，两种样品重复性检查的设置如下：①Job type使用Normal程序，Total输入10，勾选"Manual sample handling"和"Same sample"，开始测定，或者Job type使用Repeatability程序，Total输入1，测定次数设置为10～20次（Repeatability程序一般默认每个样品测定3次，可在Window–Settings–Job settings修改Repeatability的测定次数，最大可达到20次）。②Job type使用Repeatability程序，Totl输入6，默认每个样品测定3次，开始测定即可。

（7）另外，DHI实验室每周要做1次20个不同牛奶样品的重复性检查，且要求每个样品检测2次。

（8）对重复性检查结果按照重复性核查的规定来进行，如果重复性检查结果超限，请检样品的质量及均匀性，加强预处理，加热与搅拌，增加重复测试的数量。如果问题还存在，请寻求技术支持。

（9）重复性检查必须每天都进行，并填写重复性检查记录表。

（10）进行控制样检查在检测工作开始前，必须先进行控制样检测，比较仪器数值与该批控制样标准值的差值是否在许可范围内；在检测过程中每隔100～200个样品使用2瓶控制样；在全天工作结束后也要使用2瓶控制样检查仪器的稳定性，以保证全天的检测结果都在控制范围内。

2. 控制样

在制作完成后，需要按等距间隔抽取10%左右的样品检测均匀性（样品数在10个以上），可按照以下步骤进行设置，将检测结果作为该批控制样的标准值，以便在检测过程中进行控制样自动检查的程序设置。具体操作程序如下：

（1）Window下拉菜单选择Setting，找到Product setting双击打开，首先复制一个程序，在程序上点击鼠标右键，选择copy。

（2）单击Ed，打开Select job type窗口。

（3）这里只选择Check sample1，其他均不选，并点击OK。

（4）打开Prediction models，选择要监控的指标，例如这里选择protein，Fat，cells，而且应该和平时测样的预测模型相同。例如，测样时用的是FatA，这里也应该选择FatA。

（5）打开Limits，点击Add，把这些指标加进来，OK确定。

（6）测样程序，选择（Checksample，Jobtype选择check-sampledefinition1，输入要检测的控制样的个数，每个样默认测定次数是3次。

（7）将选取的控制样按规定程序预热后进行测量，完成后单击Yes。

（8）到Limit界面，可以对报警限制进行设置（±4%）

（9）到Check-sample products界面，在#1里选择Check Sample。在测样过程中，在样品架上放上有金属环的控制样（可以自己在样品瓶上缠绕金属胶带使用），系统会自动识别成监控样品进行测试，此结果不会计入测样所建工作的结果中。

美国规定：控制样检时，乳脂乳蛋白允许差值±0.05，如果漂移>±0.03，需进行零点重置（即重新运行调零程序，对调零结果直接接受），并做好控制样检查和零点重置的记录。

3. 关于测样之间清洗和调零的设置

对于Milkoscan FT+，可以设置测样之间自动清洗，也可以设置自动调零。一般每测100个样品进行Rinse清洗步骤，每测200个样品进行Purge清洗步骤并调零。对于Fossmatic Fc，仪器每测定一个样品，都会自动清洗一下流路，这已经固化在程序中，不需要额外设置。

FT+设置步骤如下：

（1）选择Rinse（注意，测样之间清洗选择Rinse，不要选择Purge），选择Pause before this job，点击Add to Joblist。

（2）选中这个程序，点击鼠标右键，选择save job sequence。

（3）命名并保存。

（4）选择window菜单，选择setting，并双击products setting，点击Interval Jobs，选择Interval Job A，填写希望多少个样品清洗认为100，并把Enabled打上对勾也可以在Interval Job B里设置调零程序，和清洗的步骤相同。

（5）进行样品测定将预热好的待检样品取出混匀，至少上下颠倒9次，水平振摇6次，使样品充分混合均匀，按顺序放入样品轨道上。在左侧菜单栏双击Analysis打开窗口，输入名称，数量，测样方式等信息（样品信息要与接样单和样品检测顺序相对应），点击add to joblist。单击start运行键，进行检测。

检测过程中要注意：①自动清洗、调零及控制样检查操作结果，应做相应处理并记录，异常样品及异常检测结果，做相应处理并记录，如剔除样品、重新检测等，需要及时向主管汇报征求处理意见。②检测结果保存及上传检测工作结束后，将检测结果建档保存，文件夹命名要能准确反映该批样品的属性，至少要标明牛场名称或编号、样品批次或起止牛号（同一牛场的样品量太多，必须要多台仪器或多天检测）、检测日期等，保证不会造成混淆不清。③并按照中国奶业协会要求的格式使用规定软件上传。④工作结束后清洗。建议先清洗乳成分仪器再清洗体细胞仪器。⑤关机。清洗结束后单击Stop，使仪器进入Stop状态。单击Offline中断电脑与仪器的连接。关闭仪器及电脑电源，关闭UPS。如果第二天有样品需要检测可以关闭软件，但保持Milkoscan开机状态。⑥拿掉传送轨道的上盖。用湿布清洁轨道表面、取样器部分和周围的其他部件。把盖子放回去。⑦处理检测后的样品，清理废液桶。对环境有危害的废液需要单独收集，存放在规定位置，专人管理并填写相关记录；最后集中交由无害化处理公司进行处理。

Bentley（本特利）仪器

（1）开启电源。开启FTS和FCM主机身后开关，机器正面POWER旁红灯闪烁。

（2）开启计算机。开启计算机和显示器，等待计算机进入WINDOWS界面，机器预热。

（3）进入测试工作站双击应用程序Bentley Fts fcm，机器自检2min，进入Bentley LIM Softwarel对话框，机器将预热近15min，等待相应的温度全部达到标准，此时可水浴加热蒸馏水与清洗液检查所有的图标显示是否正常，绿色打对勾为正常，红色为正在预热（Cell、Base、Homo、Rsvt、Duct、RH、RSI、CNTR、Shealth、Dey温度值图标全部画勾，旁边显示具体温度，Bath可以不画对勾）。

（4）试剂准备检查试剂是否备足：包括乳成分测定仪的调零液（蒸馏水）、体细胞测定仪的染色液（DYE），清洗液（WS）。检查机身后接口是否与机器连接完好，检出水管另一端是否连接出水口。

（5）清洗仪器用250mL的40℃左右的清洗液清洗将空气排出系统，检查有没有漏液，确保仪器软件和硬件运行正常，排出任何残留物和杂质。

（6）用烧杯将适量清洗液放在吸样管下端（洗液经过42℃水浴加热），将清洗液加热到40℃左右，点击图标Routine（程序左下角），点击图标Continuous Purge自动清洗，当烧杯中清洗液用完，机器可自行停止清洗工作（点击Cancelp时终止清洗程序）。再用蒸馏水进行同样操作。每测200次样品清洗1次。

（7）彻底清洗将一空瓶放在吸样管下端，在Bentley LIM Software对话框点击图标Routine，再点击图标Back flush，待喷出完毕后将废液倒掉。

（8）用烧杯将适量清洗液放在吸样管下端（洗液经过42℃水浴加热），点击图标Rou-tine（程序左下角），点击图标Continuous Purge自动清洗，用蒸馏水进行同样操作。

（9）调零操作本特利（Bentley）仪器不需要任何调零液，用蒸馏水即可实现调零。在M对话框下，点击图标zero，机器进行自动调零操作。（如果未调零成功，可点击图标Zero进行多次调零工作，直至结果满意为止）。在Bentley LIM Software对话框下点击右侧Zero History可以查看历史记录。

（10）在吸管下的烧杯里放150mL加热到40℃的蒸馏水，最少清洗10次，调零，测10个水样，确保结果都在0.01范围内，一般都是零值。

（四）质控活动

（1）准备工作：每天开始检测前的准备工作包括仪器检查、零值检查、重复性、准确性检查等。

①水浴加热，温度设定为42℃，奶样、清洗液、蒸馏水等都加热到40℃。

②检查外部容器，需要时加上适量的调零用的水、携带液、染液等。

③打开所有要测的仪器（建议成分仪常开）。

④需要时启动仪器（体细胞有自动苏醒功能）。

⑤等待15min，让仪器、激光完成预热，体细胞能自动完成这个程序。

（2）零值检查：成分的零值必须小于0.03，体细胞的零值应符合仪器厂家的标准，如果零值不正常，应该在清洗后重新测定，重新设定零值应该加以记录，仪器的软件会自动记录。重复性测试。

（3）重复性核查：在吸管下放置150mL预热到（40±1）℃的新鲜生奶样品，连续测定10次以上。

（4）控制样检查：在加热的水浴中放6个控制样，每个控制样测定3次。

（5）当前面的准备工作都顺利完成后开始检测，样品放置在加热的水浴中，必须控制水浴的温度，以保证样品在一定的时间内加热温度在40～42℃，样品在水浴中不应超过20min。

①每天测定样品之前，在检测过程中每隔100～200个样品，完成一天工作之后，均需要进行控制样测定。

②进行自动测定。

③控制样数量为2。

④每个控制样检测次数为3次。

⑤每2～4小时应该用500mL的清洗液彻底清洗仪器，每小时进行零值检查。

（6）每小时检测1次控制样，如果控制样结果异常，应该在清洗后重新测定，如果控制样结果仍不能接受，应该关机检查。只有控制样的结果正常，所测定的样品的检测结果才有效。

（7）定义测定任务

在M对话框点击图标Bath建立一个批次，进入Bath/（roup Identifications）对话框。在Identification下输入批次名称MC。

在图Samples下输入样品数量SL。

在Batch date下输入待测样品批次日期RQ。在Lab Date下输入实验室日期RQ。

在Batch Type下选择样品检测类型为Normal。

在Number of repeats下选择每个样品的检测次数CS。

点击USing the ftir，USing the Somacount，Autosample Rack advance前方空白方框，使其画勾。点击OK，退出Bach/Group Identifications话框，退出后来到Main对话框。

（8）自动测定：点击相应名称批次文件，将样品放在测样轨道，点击图标Automatic进行自动测样。测样完成后必须点击图标sampler，再点击图标Eject使样品移到轨道尽头，切勿自行拿下。每天的工作完成后，都要进行彻底清洗。

（9）样品轨道操作：在Main对话框，点击图标sampler，进入Sampler、interface对话框点击图标Eject使样品移到轨道尽头。

点击图标Next使测定样品时进入下一个样品的测定。

点击图标Advance弹出窗口输入数字决定从一排样品中的第几个样品开始测定，点击图标OK。

点击图标Reload可使样品重回轨道初始端。

点击图标Sample可移动单——个空瓶到吸样管下端。

（10）休眠状态：完成工作后，24h之内还会使用机器，可将机器进入休眠状态。在仪器吸管下放置40℃的清洗液，最少用500mL的清洗液彻底清洗，在吸管下放置40℃的蒸馏水，最少用100mL的水冲洗管路，将清洗液彻底冲洗干净，仪器进入待机状态。在Bentley LIM Software对话框点击图标Routine，点击图标Standby，15min仪器进入休眠状态，之后关闭显示器，机器成功进入休眠状态。下次开启时，先打开显示器，在对话框点击图标Standby对话框Ready，机器照常开启。

（11）关机：在长时间不用仪器的时候（周末），在BentleyLIMSoftware对话框点击YES退出测试工作站，退到Window桌面右键点击屏幕右下角图标MinFT-IR，弹showmainform，Exitapplicationg对话框，点击Exitapplication，彻底关闭测试程序。在

Window来而点击图标start，点击图标turn off computer，点turn off。关闭显示器，关闭FTS和FCM开关。

（五）未知样检查及仪器校准（定标）操作

1. 未知样检查

当标准物质制备实验室的未知样到达后，一旦签收要立即冷藏，根据样品分析的一般程序来检测乳成分12个样品，体细胞5个样品，每个样品检测2次。打印乳脂肪、乳蛋白、乳糖、体细胞的分析结果，计算两次检测结果的平均值作为结果。

建议：在未知样检测前，运行清洗、调零、重复性核查、残留核查、均质效率核查等程序，所有性能正常再进行未知样检测，这样才能避免因仪器异常导致未知样检查结果的偏差。进入中国奶牛数据中心网站输入用户名和密码登录中国荷斯坦牛育种数据网络平台，将结果键入"未知样数据"保存。

实验室应及时登录DHI未知样检测与管理平台，查看本月的未知样检查分析结果，下载打印相关图表并作为实验室质量控制记录予以保存，分析仪器状况并采取相应措施。

美国未知样检测程序要求：乳成分设备未知样检测结果的平均差值不超过±0.04%，差值的标准差不超过0.06%，滚动平均差值不能超过0.02%。体细胞设备平均百分比差异在5%之内，标准偏差在10%以内，滚动平均差值不能超过5%。如果前4次未知样检测结果中有3次超出规定标准，则该实验室需要停业整顿。

2. FOSS FT+乳成分分析仪校准（定标）操作

仪器标准化程序（在每次仪器校准前进行）

（1）前期准备

①开机预热至仪器达到稳定状态。

②运行仪器的清洗，至达到规定要求。

③将标准平衡液（FTIREqualizer）从冰箱中取出后放置于轨道上。

（2）仪器标准化程序操作

①"Standby"状态下，在操作界面左边框"Sampleregistration"中找到"Newjob"，单击选择"Analysis"，打开"SampleRegistration-Analysis"窗口。

②在窗口中"Samplegroupinfo"下"Jobtype"选择"MSC+Standardisation"。

③点击"Startnow"后开始

④点击"OK"，接受结果。

⑤仪器标准化结束后，运行1次Purge清洗程序，再运行1次调零程序后即可进行校准操作。

校准程序

（3）前期准备

①开机预热至仪器达到稳定状态。

②样品放置42℃水浴中预热至（40±1）℃，保持10～15min，最长不超过20min。

③运行仪器的清洗、调零程序，至达到规定要求。

④运行仪器标准化程序。

⑤预热好的样品至少进行上下颠倒9次，水平振摇6次，使样品充分混合均匀，放置于轨道上进行测定。

（4）标准样品仪器值测定：

①"Standby"状态下，在操作界面左边框"Sampleregistration"中找到"NewJob"，单击选择"Analysis"，打开"Sampleregistration-Analysis"窗口。

②在窗口中"Samplegroupinfo"下"Jobtype"选择"Calibration（3intakes）""To-tal"后文本框中填写待测标准样品数量。

③点击"Addtojoblist"后，开始测样，测完在弹出对话框输入文件名**并保存文件，例如文件名命名为CAL年年年月月日日。

（5）定标样品参考值输入：

①在工具栏上找到"Window"下"6 Calibration"，打开"Open Sampleset"对话框，选择上一步保存的**如CAL年年月月日日）文件打开，在表格中将乳脂、乳蛋白、乳糖的参考值按照样品编号依次输入到表格中的"Fat（%）""prot（%）""Lact（%）"（不同仪器此处标示不完全相同）。

②输入后点右键选择Close，会提示保存，选择保存。

（6）运行仪器校准程序：

①在工具栏上找到"Window"下"3 Settings"，打开"Product settings"对话框，点击正在运行中的仪器模块"MilkScan FT+"（根据自己仪器中设定的名称不同），单击"Prediction models"。

②在右侧"Selected prediction models："中找到"Fat, Traditional"（不同仪器标示不相同），双击打开"Fat, Traditional Properties"窗口，单击"Slope/Intercept"。

③点击"Sample set"按钮，选择"Open"，打开保存的文件，会跳出"Select Reference Component"对话框，双击"FatAB（T）"。

④在"Key Figures for Slope Intercept"复选框前打对勾，观察精确度"（abs）"值和"Correlation（R^2）"值。

⑤校准结果判定：首先观察准确度"Accuracy（abs）"值，一般情况下"（Accuracy-abs）"值范围应在该成分值的1%以内[如脂肪含量为3.4%，则Accuracy（abs）0.034%以内，依次核查每个校准点的Accuracy（abs）值]，然后观察"Correlation（R^2）"值是否接近1，R^2值应不小于0.990。[注意：不能为了满足"（CorrelationR^2）"达到0.9990以上而轻易删除数据点，这样会影响不同实验室间测定数据的可比性]

⑥如不符合要求，在"S/I Reference plot"复选框前打对勾，在曲线图中找到显示点

的样品编号[仪器判别标准是：如果该样品的预测误差大于2~2.5倍的Accuracy（abs），则在此数据前显示]，在对输入值、标准物质的质量、仪器工作状态是否正常等进行认真检查后，再检查该数据点的预测偏差是否明显大于该成分浓度的1%。如果经以上确认后确实为"出局点"，可将此样品在"Calibrational sets"列表下剔除。如#8样品需要剔除，则在左侧列表中找到并点击#8，然后右键选择"Deselect"剔除。

⑦从样品集合中删除不合格样品的最大数目不能超过样品集合样品数目的15%。例如12个样品的集合，最大删除的不合格样品个数为1.8个，即最多删除1个数据点；如果多于15%的数据点的误差大于对应浓度的1%，则需要补充新的样品来弥补样品集合，直到满足要求。

⑧点击OK保存。

再次打开"Fat, Traditional Properties"窗口，单击"Slope/Intercept"，检查斜率、截距是否已经改变，数据发生变化说明校准成功。乳蛋白、乳糖的校准与乳脂肪一致，相应选择Prot、Lact即可。

校准结束后，仪器即可用于DHI样品测定。最好再复测一次该套标准物质，看仪器检测值是否与参考值无限接近。

Bentley NexGen-500型仪器校准（定标）操作：

①校准前核查：校准前建议做均质效率核，残留核查，零点核查和重复性核查，以确保仪器工作正常。

②自动清洗仪器在校准之前用烧杯将适量清洗液放在吸样管下端（洗液经过42℃水浴加热）点击图标Routin程序左下角，点击图标Continuous purge自动清洗。随后点击图标Zero，机器进行自动调零操作。

将校准样品进行测定：

①在Main对话框点击图标Batch建立一个批次，进入"Batch/Group identifications"对话框。

②在"identification"下输入批次名称（CAL年年月月日）。

③在"samples"下输入样品数量。

④在"Batch date"下输入待测样品批次日期。

⑤在"Lab date"下输入实验室日期。

⑥在"Batch Type"下选择样品检测类型为Normal。

⑦在"Number of repeats"下选择每个样品的检测次数为3次。

⑧点击"Using the FTIR, Using the Somacount, Autosample Rack Advance"前方空白方框，使其画勾。

⑨点击"OK"，退出"Batch/Group Identifications"对话框，退出后来到"Main"对话框。

⑩开始自动测定，点击相应名称批次文件，将样品放在测样轨道，点击图标"autmatic"进行自动测样数据记录。

选择校准的文件名称，点击"右键"，弹出任务条，点击"referencedates"弹出New对话框。点击"Tools"，点击"New Calibration Set"，弹出"Nameofcalibration set"对话框，输入名称（cal年年月月日日）相应成分下输入校准数值，点击"OK"。在Main对话框下选择相应的样品文件，点击"右键"，点击"QuickCalibrate"快速校准。弹出"QuickCalibrate"对话框，在Field右侧选择相应的成分，出现regression画面，标题为CalibrateforFat，记录表格中数据。点击"Save"，弹出"Confirm"对话框，点击"Yes"。弹出Print对话框，点击"Save"，弹出Save对话框选择要存入的文件夹（C：\jiaozhun）（在Filenam下输入文件名称，在图save astype选择保存文件的类型），输入批次名称，用RTF类型进行保存，点击"Save"进行保存。点击"Close"再点击"Close"退出。

保存记录将校准核查文件保存在校准文件夹中。

结果不符合的响应（如果适用）：

如果在许可范围之内，不用采取任何措施；如果超出了许可范围，再运行一次校准核查；如果仍然超出许可范围，仪器操作人员应向Bentley本司技术代表咨。校准是对仪器的调整，结果的准确性取决于输入的一定的范围内的参考值。校准的目的是为了使仪器的检测值更接近测量的实际结果。仪器产生的数据代表了所测量的响应值，例如电压、计数等。通过校准，就将这些测量值转化成为更具有意义的数据来代表牛奶成分的结果。

三、仪器性能核查

（一）乳成分分析仪的性能核查

1. 重复性核查

新鲜的生奶预热到（40±1）℃，至少连续检测10次。

乳成分检测中，剔除第一次检测结果来去除残留影响，剩下结果中最高的值和最低的值之间不超过0.04%则认为是合格。FOSS仪器默认的重复性检查的限定值为CV（变异系数）<0.5%脂肪、蛋白、乳糖、乳固体；SD（标准差）<1.5mg/dL尿素氮。重复性检查必须每天都进行，当遇到问题时也必须进行检测。另外，每周还要做1次20个不同牛奶样品，每个样品检测两次的重复性检查。

2. 均质效率核查

FOSS仪器

①将生鲜乳放入烧杯中，烧杯放入水浴锅中，温度预热到（40±1）℃，保持10~15min，搅拌均匀。

②将预热后的生鲜乳放置在吸液管下，手动测定4次，清空废液。

③将DischargeTube（废液管）断开，收集20个手动测量样在一个干净的烧杯（烧瓶）中。

④重新连接DischargeTube，清洗仪器1次，将收集到的奶样升温到（40±1）℃保持10~15min，搅拌均匀，手动测量6个样品。

⑤将最先测量的20个样品中最后5个脂肪数据和6次重新测定中最后5个读数输入仪器均质效率工作表。通过比对原始样品检测最后5次结果的平均值与搅拌后样品检测最后5次结果的平均值，其绝对差值不超过误差许可值。也可以用（A1–A2）<（A2×1.43%）计算。

如果在许可范围内（IN），不用采取任何措施。

如果超出许可范围（OUT），再运行1次均质核查。

如果仍然是OUT，管理员需要清洗均质器和膜阀片，再运行一次均质核查。

如果仍然是OUT，管理人员应咨询仪器工程师。均质器更换或维修后需要再次进行校准检测。

3. Bentley仪器

（1）预热150~200mL的新鲜生奶样品，测5次以冲洗管路（即扔掉前5次测试流出的奶样），继续检测15次，同时在废液管处收集排出的牛奶（即连续测试15次的牛奶排出废液），计算脂肪的平均值，作为原始样品的值。加热废液管处收集的牛奶，重新测定5次，计算脂肪的平均值，作为废液的值。

（2）原始样品的脂肪平均值和废液的脂肪平均值差别应该小于废液值的1.43%倍，例如：原始样品值=3.25，废液值=3.29，差值0.04，计算3.29×0.0143=0.047，通过。即（废液值–原始样品值）<废液值×1.43%。

（3）结果不符合的响应（如果适用）

如果在许可范围内，不用采取任何措施。如果超出许可范围，再运行一次均质核查。如果仍然超出许可范围，仪器操作人员需要维护均质阀。可通过均质效率识别坏的均质阀，如果结果没有任何差别，但脂肪的重复性非常差，说明均质阀有问题。如果牛奶通过一个好的均质阀，第二次均质不会改变均质效率。如果牛奶通过一个不好的均质阀，只能部分的均质样品，第二次均质会导致脂肪值的变化，从而导致均质效率的改变。清洗或更换均质阀后，再运行一次均质核查，如果仍然超出许可范围，仪器操作人员应向仪器公司技术代表咨询。美国要求均质效率必须每周核查1次，国内现阶段推荐每2~4周1次。

4. 残留核查

（1）准备10瓶去离子水和10瓶生鲜乳（乳成分含量范围在2%~6%）。

（2）将上述水样和奶样按水—水—奶奶—水—水—奶—奶—水—水—奶—奶—水—水—奶—奶—水—水—奶—奶的次序放置在样品架上。

（3）将水样和奶样放置在水浴锅中升温到（40±1）℃。

（4）操作仪器进行样品测定，可以使用Carry-over程序进行测定，仪器自动计算残留C0。

（5）残留核查结果判定。

若CO≤1%则不用采取任何措施，CO＞1%，则再运行1次残留核；如果仍然大于1%，管理员需要清洗管道、连接软管和取样器，更换干燥剂，用热的洗涤液清洗几遍，再运行1次残留核；如如果仍然大于1%，管理人员应咨询仪器工程师。美国要求残留核查必须每周核查1次，国内现阶段推荐每2～4周1次。

5. 未知样核查

（1）当校准样品到达后，一旦签收立即冷藏，并按照样品分析的一般程序来进行未知样的检测。

（2）打印脂肪、蛋白和乳糖检测结果，并上报有关部门，并上传到未知样管理平台。

（3）收到参考值以后，在未知样核查记录表中输入该校准样品的参考值和仪器检测值检未知样数据的正确性，或者到未知样管理平台上查阅该次的未知样核查结果。

如果在许可范围内（IN），可以不采取任何措施，但为了保证下一个月能够顺利通过未知样检查，建议进行校准。

如果超出许可范围（OUT），应使用标准物质制备实验室提供的参考值进行仪器校准。建议每2～4周进行1次定标校准。

6. 体细胞分析仪的性能核查（FOSS）

（1）重复性核查使用新鲜的生乳并且体细胞值200000～800000/mL的样进行至少10次连续的测试。检测结果的平均值与每个样品之间差异应该在平均值的7%以内。重复性核必须每天都进行。当遇到问题时必须进行重复性核查。

（2）残留核查

①准备10瓶去离子水和5瓶生鲜乳（体细胞数范围在750000个/mL以上）。

②将上述水样和奶样按奶—水—水—奶水—水—奶—水—水—奶水—水奶水水的次序放置。

③将水样和奶样放置在水浴锅中升温到（40±1）℃。

④操作仪器进行样品测定，FOSS仪器也可以使用FC Carry-over程序进行测定，仪器自动计算残留CO。Bentley fcm可以分别对红区和蓝区进行检测。CO＜1%则不用采取任何措施。

（3）仪器计数检验仪器可以定期使用FossmaticAdjustmentSamples（FMA样品）来检验仪器计数的等级水平。建议每月进行1次。FMA样品可以检测仪器的状态是否良好，FMA样品里面的物质是模拟体细胞的一些微粒，很容易被染色，每一盒有1张光盘。点击Add. 就可以把光盘里的内容导入，导入后当运行FMACheck程序时，软件会自动把测量结果和光盘里的结果进行对比，如果不在范围内，将会产生一个报警。

进行FMA检测前需打开电脑FMA Lot Setting，检测光盘信息是否已经录入系统，如果没有录入，在测样前把FMA样品摇匀，至少摇晃20次，打开job type选择运行FMA Check程序检测样品，运行程序得到结果，判定结果是否合格，出现黄色标记为不合格，可与

FMA样品瓶上的标准值范围比对进行原始数据记录。

7. 仪器维护管理

FOSS仪器的维护程序如下：

每天检测工作结束后的维护保持仪器干净并处在干燥的环境中，内部流路中和废液桶里的废液要立即清理干净。

（1）把仪器设定到Standby状态。

（2）把分析结果传输到安全位置。

（3）放一杯加热到40℃的清洗液或者水在取样器下面进行10次测定。

（4）运行3次以上的各项清洗程序。

（5）各类清洗程序及作用如下（其中FMFC代表体细胞仪，MSC代表乳成分分析仪）。

①FMFC Flow Cell Flush

作用：清洗Flow Cell，在开始Flow Cell Flush之前先准备一杯40℃的清洗液（可以是S-470清洗液）放在取样器下面。Flow Cell Flush用于在关机前或任何Flow Cel需要清洗时（如DC值超范围时）。

②FMFC Manualwaste-Flush

作用：清洗体细胞废液管，在开始前准备100mL50～70℃的清洗液（可以是S-470清洗液）放在取样器下面，此清洗用于排废管路堵塞时，如通往废液桶的管路堵塞时。

③FMFC Pipette Back Flush

作用：反冲洗体细胞取样管，运行前放一个空瓶在取样器下面，运行时仪器会泵出清洗液反冲洗取样管，液体会流到空瓶里。

④MSC+ Pipette Back Flush

作用：反冲洗乳成分分析仪取样管，运行前放一个空瓶在取样器下面，运行时仪器会泵出清洗液反冲洗取样管，液体会流到空瓶里。

⑤MSC+Purge

作用：清洗乳成分分析仪内部流路系统，Purge是普通清洗的扩充，比Rinse多清洗次取样管，需要在取样管下放置清洗液，用于流路系统的排气或者加强清洗强度时使用。

⑥MSC+Rinse

作用：清洗乳成分分析仪内部流路系统，Rinse是普通清洗，强度比Purge小，仪器运行时要经常运行普通清洗。

⑦MSC+ Wasteflush

作用：MSC+排废系统清洗，运行前准备500mL热的清洗液，将一段管子一端放在清洗液里，另一端连到废液收集杯（仪器前面火柴盒大小的小白盒）处。

（6）把仪器状态设定到Stop状态，仪器将进行一个清洗程序。

（7）关闭软件，但保持Milkoscan开机状态。

（8）拿掉传送轨道的上盖。用湿布清洁轨道表面、取样器部分和周围的其他部件。

（9）把盖子放回去。

8. 定期运行强力清洗程序

按要求配制强力清洗液。仪器在STOP状态进入Window选项的Diagnostics，右键乳成分部分（FT+为例是右键Mikoscanft+ active），soak，将配好的强力清洗液放在取样管下start. 结束后可关机，保持一夜以后正常开机清洗。建议每周进行1次。取样器过滤器的检查过滤器的作用是阻止样品中的杂质被吸入仪器中，过滤器在测样时会自动清洗，但是还需要每天检查一下是否已经清洗干净，必要时可以用刷子清洁。依据样品的成分和清洗液的质量，过滤器可能会沉积一些物质，是自动清洗无法去掉的。这可以导致样品吸入阻力增大，高压泵会报警，样品量也会减少。如果手动清洗不掉则需要更换。例如报警"：pressurestrokepowerlow"就是压泵吸样错误的一个报警。这就表明在高压泵和取样器间吸样阻力增大，首先要检查的就是取样器过滤器。

9. 硅胶干燥剂检查

干燥剂的作用是阻止空气中的水汽进入光学传输空间的，保持这个空间的空气稳定。所以干燥剂盒要正确安装，每次打开更换后需要至少6h才能达到光学传输空间的空气稳定。

干燥剂盒有水汽指示颜色，如果是蓝色的，则表明干燥剂正常不需要更换；如果变为粉色，则需要更换。

干涉仪的干燥剂可以重复使用，当指示纸片变为粉色时可以把里面的硅胶倒出，然后在烘箱里120℃干燥12h，也可以用微波加热几分钟。

注意：不能把整个干燥剂盒放入烘箱，因为外壳有的部分最多可以加热到55℃。

10. 蠕动泵管更换

乳成分分析仪有两个蠕动泵，分别是吸取清洗液，调零液和排废液用的。建议每20万个样品或者3个月更换1次。

注意：在更换时做好标记，防止安装错误造成仪器故障。

11. 注射器活塞更换

建议每4~6个月更换1次。

针筒：一般不需要更换。

活塞：染色剂活塞寿命4个月，样品注射器活塞6个月，测量注射器活塞6个月。注意：更换前需要戴手套。

（二）体细胞分析仪的维护

1. FOSS仪器

（1）工作结束后清洗。

（2）染液流路清洗：如果关机时间长于7d或仪器需要拆机，运输前需要清洗仪器染液流路，建议每月清洗1次。

①首先把仪器设定到"Stop"状态；

②在诊断界面（Diagnosticslayer）在Fossomatic FC点鼠标右键选择额外清洗（ExtendedRinse）

③自动清洗清空程序开始运行，所有流路尤其是有染液的流路会进行清洗；

④清洗染液流路系统需要把染液更换为清洗液，也可以把清洗液装进用完的染液袋子。

⑤为了防止buffer液进入流路，把buffer吸液管放入rinse/sheath液桶。

⑥染液混合腔将进行3次清洗。

2. Bentley仪器如出现以下问题时

（1）测水的值不是0

首先检查水的值是否重复性好，虽然不是0。

如果蛋白质的值持续升高，说明样品室有残留，应该清洗仪器。观察泵吸样是否正常。

检查主菜单上方图标center burst（CNTR）的值是否超过1000，超过则表示正常，反之不正常。

（2）测奶的值是0

检查是否误操作，测完奶后做了归0。检查样品是否进了样品室。

检查主菜单上方图标center burst（CNTR）的值是否超过10000，超过则表示正常，反之不正常。

检查吸样量：从泵出来应该有7.5mL/样，其中5mL进废液管，2.5mL进样品室，从废液管出来的应该是5mL/样，从样品室出来是应该有2.5mL/样。

（3）如果仪器发生堵塞

如果泵有吸样的声音，但样品没有吸进仪器，检查均质阀。

如果泵吸样正常，检查泵出来的吸样量，泵每吸一次是抽取0.5mL，一般设置的是一个样品泵先吸取10次排到废液管，用于冲洗管路，这样就避免了上个样品的残留，然后吸取5次进入样品室，总共吸取7.5mL。如果进样管堵塞了，就会使均质阀压力上升，泵吸入样的量下降。

如果泵的吸样量正常，说明进样管正常，然后检查样品室，如果样品室损坏，更换样品室；如果样品室正常，检查进样品室的管路。

（4）如果发生死机

观察是否属于程序忙，如果属于程序忙，等待程序执行完命令。

如果程序停滞没有反应，退出程序，并关闭仪器，然后手动重新启动。

3. 仪器常见故障及排除（FOSS）

（1）Accumulator normal timeout（成分）

原因是蓄能器（accumulator）液体未充满。

①重新做1次purge。

②强力清洗。

③调整蓄能器sensor。

（2）DC Valve out of limit

一般比较黏稠的牛奶或者变质的牛奶会出现这个报警。

①确认样品是否有问题。

②多做几遍Flowcellclean。

③强力清洗。

（3）Int. RS empty

清洗调零液空。

①检查清洗液调零液桶是否有液体。

②检查蠕动泵管是否需要更换，更换时儒用力拉一拉再安装。

（4）Low/Highconcentratewastecontainerfull

排废Sensor故障

①如果确实没有排掉，更换蠕动泵管。

②如果里面没液体报警，拿试管刷清洁排废缸。

（5）在线过滤器有奶垢

在线过滤器的孔径是flow cell的1/2而且在自动清洗时会有清洗液反冲洗，但是有时候还是会有奶垢。可以拿注射器用去离子水冲洗。

（6）在测样过程中报警样品瓶空

如果有很多样品报空，则需要校正取样器高度及感应Sensor。

4. DHI实验室质量控制

DHI实验室检测结果的准确性和有效性受很多因素的影响，如牛只信息的准确性和完整性、采样的准确性和样品质量、实验室管理和技术人员水平、检测方法、仪器设备性能、标准物质及试剂耗材质量等。

（1）测定采用的方法

参考方法（Reference Method）

以对仪器校准所使用的标准样品进行定值的方法。国家标准方法。

脂肪测定采用GB 5413.3—2010；蛋白质测定采用GB 5009.5—2010；乳糖测定采用GB 5413.5—2010。

（2）国际标准方法（依据ICAR）

（3）常规方法（仪器法）

①国内标准

NY/T 2659—2014牛乳脂肪、蛋白质、乳糖、总固体的快速测定红外光谱法。

NY/T 800—2004生鲜牛乳中体细胞的测定方法。

②国际标准

脂肪、蛋白质及乳糖（中红外光谱）：ISO9622/IDF141。

体细胞计数：ISO13366/IDF148。

尿素（中红外光谱）：ISO 9622/DF 141。

（三）DHI分析样品的特殊要求（依据ICAR）

样品质量是关系到能否得到全国一致的检测结果的首要要求，是检测质量能否达到要求的先决条件。

1. 采样瓶

总体上说，瓶子和瓶塞必须适合于它们的用途（将牛奶没有损失和损坏地带到实验室）。比如说，一个乳上方留有太大空隙的瓶子在运输时可能比较容易发生扰动，尤其是对于未冷却的乳。乳上方留的空隙太小在样品检测前摇匀或混匀时就会有困难。瓶塞不紧时就会有脂肪损失。

2. 防腐剂

DHI奶样使用的化学防腐剂应保证。

在常温处理和运输的条件下，保证乳在采样到检测过程中的物理和化学性质不发生变化。

对参考方法的分析结果没有影响，或者对常规的仪器分析方法只有有限的影响（通过校准补偿后只有有限的影响）。

根据当地健康法规，对DHI和实验室人员无毒；根据当地环境法规，对环境无毒。

注：①清洁的挤奶和采样设备有利于样品的保存，在运输过程中贮藏在低温下，尽量减少振动。

②相关的标准中（ISO9622，IDF141以及ISO13366，IDF148）提到了适宜的防腐剂。然而，出于谨慎应该关注防腐剂的辅料：纯品状态和加入牛奶后对中红外光谱的影响（例如重铬酸钾和溴硝丙二醇在牛奶中的中红外光谱和纯物质形式下会出现不同）。使用的一些染料可能会对仪器响应产生干扰（吸收光或者和DNA结合），可能会降低方法的敏感性和精度。这样的染料应该避免使用。

3. CNAS-CI01：2006年检测和校准实验室能力认可准则提供了常用的5种实验室质量控制方法。

（1）定期使用有证标准物质进行监控和/或使用次级标准物质开展内部质量控制。

（2）参加实验室间的比对或能力验证计划。

（3）使用相同或不同方法进行重复检测或校准。

（4）对存留物品进行再检测或再校准。

（5）分析一个物品不同特性量的结果的相关性。

4. 定期使用有证标准物质开展内部质量控制

有证标准物质的概念及选择条件有证标准物质（Certified Reference material，CRM），指附有证书的标准物质，其一种或多种特性值用建立了溯源性的程序确定，使之可溯源到准确复现的用于表示该特性值的计量单位，而且每个标准值都附有给定置信水平的不确定度。

有证标准物质（CRM）的证书给出了标准物质的量值及其不确定度。利用CRM（包括次级标准物质）开展内部质量控制，相当于"测量审核"或未知样试验，即实验室对被测物品进行测量，将其结果与参考值进行比较的活动，而参考值就是CRM或次级标准物质证书提供的已知量值。通常实验室选择所使用的标准物质应考虑以下几点：

（1）量值（或含量水平）应与被测物品相近。

（2）基体应尽可能与被测物品相同或相近。

（3）形态（液态、气态或固态）应与被测物品相同。

（4）保存应符合规定的储存条件，并在有效期内使用。

（5）标准物质量值的不确定度小于被测物品测量结果的不确定度。

DHI测定中使用的标准物质DHI测定中，通常在仪器校准时使用标准物质，以保证在两次校准之间仪器的准确性和稳定性。使用的标准物质可以是：由被认可的官方组织提供的已被证明合格的标准物质；由外部供应商提供的次级标准物质；实验室自己准备的，并与已认可的标准物质、次级标准物质或实验室内部的能力验证结果建立可追溯性的内部标准物质。

现在我国的DHI标准物质由全国畜牧总站奶牛生产性能测定标准物质制备实验室统提供。该实验室是2004年9月20日经农业部《关于全国奶牛生产性能测定标准物质制备实验室建设项目可行性研究报告的批复》（农计函[2004]368号）批准立项，经过一期和二期项目建设，于2010年投入使用，并于2011年5月通过农业部组织的项目验收。

实验室现有国际先进的DHI标准物质生产线1条，生产及检测仪器设备80余台（套），检测使用的FOSSFT+乳成分及体细胞分析仪与生产使用的PALL陶瓷膜过滤系统，均为国际上最先进的设备。

我国DHI标准物质制备参照美国DHI标准物质制作的先进工艺，采用改良DHI标准物质调配方法，按照正交方法制作12个标准物质，其中包含脂肪含量12个梯度，蛋白含量6个梯度，乳糖含量4个梯度。研制的DHI标准物质于2010年11月顺利通过了行业专家的技术鉴定，在国内首次采用陶瓷膜浓缩蛋白工艺生产DHI标准物质，产品的均匀性和稳定性达到了国家相关产品要求，采用的技术工艺具有创新性，达到了国际先进水平，为我国DHI测定体系的健全和完善提供了有力保证。

经过5年多的实际运转，实验室基础设施完善，仪器设备运转正常，技术体系及管理制度健全，生产及检测等各项工作规范正常。截至2015年年底，共组织DHI标准物质生产50次，发放标准物质共4600余套，产品质量稳定，定值准确，校准效果优良，发放及时，服务周到，各使用单位反映良好，满足了全国22家DHI测定实验室每月1次的能力比对及仪器校准工作需要，使全国DHI测定数据的准确性、可靠性和一致性有了明显提高，真正起到了"同一把标尺"的作用，为我国DHI测定工作的开展奠定了坚实的基础。同时，为满足全国DHI工作的需要，实验室也积极开展新的DHI标准物质的研发，2015年完成了体细胞标准样品的研发和试生产工作，现进入试用和效果评价阶段。

（四）参加实验室间的比对或能力验证计划

能力验证（proficiency testing，PT），是利用实验室间比对（Inter-laboratory comparison）确定某实验室检测能力的一项活动，包括由实验室自身、顾客、认证或法定管理机构等对实验室进行的评价。

能力验证对于识别实验室可能存在的系统偏差并制订相应的纠正措施、实现质量改进、进一步取得外部的信任，具有明显的作用。由于能力验证是通过外部措施来补充实验室内部质量控制的手段，当实验室开展新项目以及对检测/校准质量进行核验时，就显得尤为重要。《GB/T 27043—2012合格评定能力验证的通用要求》（等同采用ISO/IEC指南17043：2010），是开展该项活动的指导性文件。

参加生产性能测定的每一个实验室都应该定期开展实验室间比对或参加能力验证计划，最低频率是一年4次。在我国，该项活动由全国畜牧总站和中国奶业协会组织，每月1次，一年共12次。参加生产性能测定的实验室每个月都会收到由DHI标准物质制备实验室发出的、由经过认证的检测机构定值的、均匀性和稳定性都非常好的统一样品（一套共12个不同梯度的样品），各实验室将仪器测定值上传至管理平台，系统即可自动给出该实验室各台仪器的脂肪、蛋白、乳糖的检测值与标准值的差值，依据一定的判断标准即可知本实验室的检测偏差是否在许可范围内。

根据NY/T 26592014脂肪、蛋白、乳糖的仪器值与标准值的偏差许可范围：一套12个样品的平均偏差0.06%≤MD≤0.06%；12个样品差值的标准差SDD≤0.45%。

1. 使用相同或不同方法进行重复检测

DHI实验室可以对一定数量的样品，采用相同的方法、利用同一台仪器或不同仪器进行重复检测。判断指标为脂肪、蛋白、乳糖同一样品2次测定的绝对差值在0.06%以内。体细胞同一样品2次测定的差值除以平均值在10%以内即为正常。

2. 对存留样品进行再检测

在实验室每天的测定样品中，可以每隔100～200个样品，选取2～4瓶样品进行留样再检。判断指标为同一样品2次测定的绝对差值在0.03%以内即为正常。

3. 分析一个物品不同特性量的结果的相关性

利用同一物品不同特性量之间存在的相关分析，可得出相关量之间的经验公式，进而可以利用相关关系间接地用一个量的值来核查另一个量的值。

例如，脂肪+蛋白质+乳糖+0.7=干物质。

4. DHI测定中特殊的质量控制方法

DHI实验室中控制样（Pilot Sample）的制作和使用

（1）控制样制作：采集当天的新鲜牛奶，也可以利用完成测定后的样品混合在一起，加入一定量的防腐剂，水浴加热至42℃左右，在加热过程中轻柔搅拌使脂肪充分融化并混合均匀，然后快速分装至样品瓶中，贮存于4℃冰箱或冷库中供1周内使用。控制样需要每周至少制备1次。需要使用一个有代表性的牛奶样品，并且进行合适的储存和分装。

如果进行IR分析，则需要生乳或者均质牛乳。如果用于体细胞检测仪器，需要生乳脂肪、蛋白质和体细胞数量的标准值在样品准备完毕后立即测定。记录以下控制样制备信息：制备时间，样品来源，检测的标准值和计算出的平均值，制备人员。

（2）控制样均匀性检测：为考察控制样分装的均匀性，可按照均匀间隔抽取至少10%数量的小瓶，并确保等距抽取样品。比如，分装100个小瓶，每10个小瓶抽取1个进行均匀性检测。均匀性检测的平均值作为该批控制样的标准值，其后使用控制样时都和该值进行比较以判断是否在许可范围内。

检测抽取样品的脂肪、蛋白质和体细胞数。要求蛋白质和脂肪的极差不超过0.03%体细胞数需要在平均值的7%以内。如果超出范围，需检查奶样状态，搅拌分装过程。重新制备控制样。应该保存控制样均匀性检测的记录。

（3）控制样使用：在每天开始测定样品前，先测定6个控制样，每个样品测定3次，此举即可作为仪器重复性核查，也可作为控制样核查。在测定过程中间，可以每隔100～200个样品（或1h）使用2瓶控制样，在测定结束时也要使用2瓶控制样，如果全部控制样测定值与标准值的偏差都在许可范围内，即可证明全天的测定数据都是可信的。一个批次测试之后或者出现问题时也要进行控制样检测。

（4）判断标准：乳脂肪、乳蛋白质测定值与标准值的差值不超过0.03%（FOSS推荐），美国规定控制样乳脂肪和乳蛋白允许差值不超过±0.05%，如果漂移超过±0.03%，需要进行零点重置；体细胞数差异不能超过10%。

（5）如果仪器检测控制样结果超出可接受范围，需要检测第二个控制样来确认结果。如果第二个控制样检测结果确定在检测值和控制样标准值之间存在差异，那么仪器应该进行清洗、调零和检查。如果问题依然存在，那么将仪器关闭并对其进行维修。

DHI测定仪器的性能核查根据ISO8196/IDF128，常规测定方法主要的性能核查指标：

重复性核查：推荐每日1次。

仪器的每日及短期稳定性：可通过控制样核。

校准：使用标准物质进行校准，推荐每2～4周1次。

此外，中红外测定仪器方面的性能核查如下：

零点核查：每天开机清洗后、每测定200个样清洗后及需要时。

残留核查：推荐每2～4周1次。

均质效率核查：推荐每2~4周1次。

内部修正（即标准化）：推荐每月1次，在校准前进行（仅适用于FOSS）。

第六节　奶牛生产性能测定数据处理

一、基础数据采集

DHI基础数据准备

要使用DHI记录并最大限度地提高牛群的经济效益，首先要确保参加测定的每个牛场所提供的基础数据准确而规范。基础数据的准备是一项具体而又单调的工作，但又是一项极其重要的工作。基础数据的准确性直接关系到指导牛场实际生产的DHI报告可靠性，是牛场一切工作的奠基石。我们一定要以高度的责任心、非常的耐心、万分的细心做好原始数据的收集记录工作。

DHI基础数据主要包括奶牛的牛场信息、生只系谱、生产性能测定记录、繁殖记录、干奶明细、淘汰转群明细。

1. 系谱数据

（1）牛场信息登记。牛场信息的登记内容包括牛场编号、牛场名称、奶牛品种、负责人、联系电话、牛场地址等。

牛场信息表中主要项的填写要求如下（表3-6-1）。

表3-6-1　牛场信息表填写要求

名称	类型	长度	必填项	唯一性
牛场编号	字符	=6	是	是
牛场名称	字符	<60	否	否
奶牛品种	字符	<30	否	否
负责人	字符	<40	否	否
联系电话	字符	<50	否	否
牛场地址	字符	<50	否	否

牛场信息中唯一终生不变的信息是牛场编号，牛场编号按照《GB/T 3157—2008中国荷斯坦牛》规定进行编号，其他信息可以根据实际情况随时进行维护更改。登记方法：将完善的牛场信息表报送当地DHI测定中心或直接登录《中国荷斯坦牛育种数据网络平台》进行在线申报。具体操作如下：

打开中国奶牛数据中心网站http：//www.holstein.org.Cn，首页右上栏输入自己的账户名和密码点击"登录"并"进入平台"。《中国荷斯坦牛育种数据网络平台》的账户可以向当地的DHI测定中心索取，也可以自己注册后联系当地DHI测定中心或中国奶牛数据中心获取相应的数据权限。依次点击"品种登记—母牛登记—奶牛场信息"，点击"申报"，在线填写下图相应的信息并"保存"。

①选中要申报的牛场记录点击"申报"即可将牛场信息直接报送中国奶牛数据中心。

②牛只系谱信息登记牛只系谱需要登记的信息包括牛只编号、当前场编号、牛舍编号、生日期、出生重、父亲编号、父国别、母编号、母国别，标准耳号，场内普理号等。

牛只系谱信息表中主要项的填写要求如下（表3-6-2）。

表3-6-2　牛只系谱信息表填写要求

名称	类型	长度	必填项	唯一性	备注
牛只编号	字符	12	是	是	由数字或数字和英文字母组成
当前场号编号	字号	6	是	是	由数字或数字和英文字母组成
牛舍编号	字符	<10	否	否	
出生日期	日期	<10	否	否	yyyy-mm-dd，如2012-01-12
出生重（kg）	效字	<10	否	否	保留1位小数，如30.6
父亲编号	字符	<30	否	否	
父国别	字符	3	否	否	例如CHN，USA
母亲编号	字符	<30	否	否	
母国别	字符	3	否	否	例如CHN，USA
标准耳号	字符	6	否	否	场内唯一
场内管理号	字符	<50	否	否	场内唯一

牛只编号在牛只系谱信息登记中是不允许重复的，牛只编号由牛场编号和6位标准耳号组成，按照《中国荷斯坦牛》标准规定进行编号。父亲编号，必须填写完整的公牛编号。中国公牛完整编号是由8位阿拉伯数字组成，其中前3位代表公牛站号（可登录中国奶牛数据中心网站进行站号查询）。国外公牛编号对位数没有限制。特别强调父亲编号要求填写的是公牛编号而非冻精编号。中国公牛编号和冻精编号是一个号，但国外公牛编号和冻精编号是完全不同的两个号，而国外冻精销售商提供的很多是冻精编号。类似这种公牛编号不确定的情况需要通过中国奶牛数据中心网站进行正确公牛编号的查询。具体的查询方法如下：

打开中国奶牛数据中心网站http：//www. Holstein.org. cn.

首页中下栏输入牛只的部分已知信息（图3-6-1）。

以找冻精编号0200HO04424对应的公牛号为例，可以在图3-6-1所示界面中"冻精编号"一项后输入"04424"或"HO04424"等，对于记录不完整的冻精编号只需输入其后几位就可以（牛号类同，牛名则需输入开头的部分字符），点击"查询"按钮结果如图3-6-2所示。

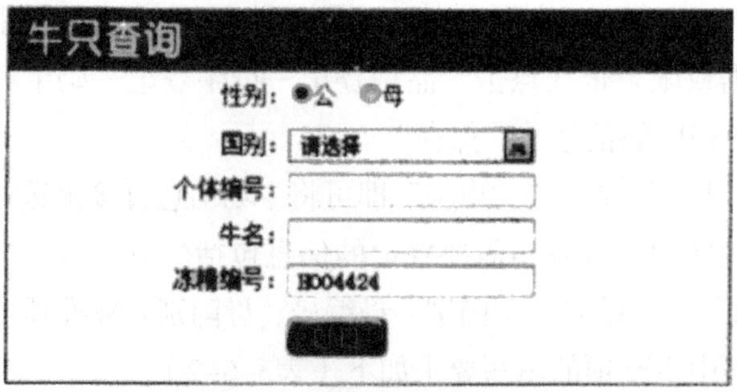

牛只查询

性别：●公 ○母

国别：请选择

个体编号：

牛名：

冻精编号：HO04424

图3-6-1　牛只查询1

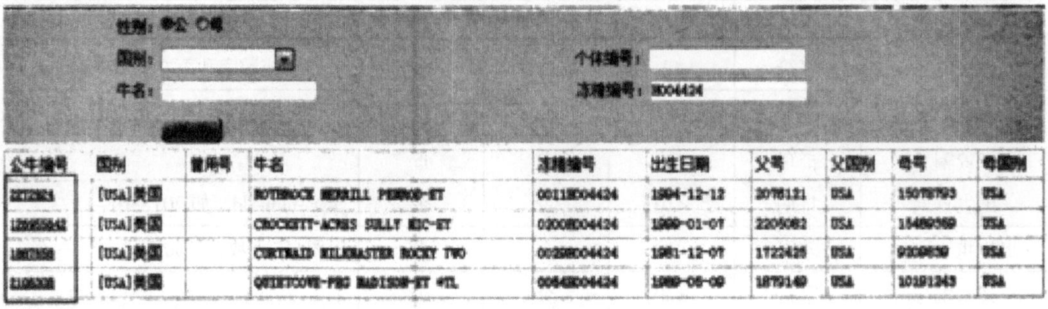

性别：●公 ○母　　　　　　　　　个体编号：

国别：　　　　　　　　　　　　　冻精编号：HO04424

牛名：

公牛编号	国别	曾用号	牛名	冻精编号	出生日期	父号	父国别	母号	母国别
2272824	[USA]美国		ROTHROCK MERRILL PERROD-ET	0011HO04424	1994-12-12	2076121	USA	15078793	USA
122950842	[USA]美国		CROCKETT-ACRES SULLY KOC-ET	0200HO04424	1989-01-07	2205082	USA	15489359	USA
1967858	[USA]美国		CURTRAID KILKASTER ROCKY TWO	0029HO04424	1981-12-07	1722425	USA	9008859	USA
1105328	[USA]美国		QUINTCOVE-PBG MADISON-ET 4TL	0043HO04424	1989-06-09	1879140	USA	10191343	USA

图3-6-2　牛只查询2

（2）按照自己手上已有的资料来确认哪头牛才是自己母牛的父亲，其中"公牛编号"一列所显示的号码才是正确的编号。点击具体的公牛编号值可以打开对应牛的谱系。

①母亲编号，国内母亲编号的记录如同牛只编号，一定要登记其12位的编号，不能填写标准耳号或场内管理号。

②场内管理号，这是牛场管理人员给牛只的自行编号，目的是区分本场内的不同牛只，故只用保证本场内没有重复编号，其他规则没有特别限制。

国别无论是牛只自身的国别还是父、母亲的国别，一律用国家代码即3位大写的英文字母来记录。牛只系谱记录的准确性直接影响牛场自身群体改良计划的制订。记录人员应尽量提供真实的、详细的、完整的系谱资料。系谱资料可以直接录入FreeDMS或整理成固定格式的Excel文件向当地DHI测定中心报送，也可以直接登录《中国荷斯坦牛育种数据网络平台》在线上报（操作提示：登录平台—品种登记—母牛登记—奶牛档案管理）。

中国奶牛数据中心数据库中对系谱信息采取"只补充不修改"原则：即如果数据库中已经有这头牛的信息则用户只能对其缺失的信息进行补充，对于已经存在的项是不允许修改的。系谱记录人员如果发现系谱错误，除了更改自己数据库的记录外，还需要给中国奶牛数据中心发一份系谱更改的声明，并提供固定格式的Excel文件。格式中的第一列"原12位牛只编号"是必须要记录的。

牛场进行重新编号必须由当地DHI测定中心协助完成，同时当地DHI测定中心需要给中国奶牛数据中心发一份系谱更改的声明和如上格式的Excel文件。

牛只编号不得重复使用，即新增加的登记牛只不得使用已淘汰牛只的编号。

2. 生产性能测定数据

生产性能测定记录项包括牛号、场内管理号、牛场编号、牛舍编号、采样日期、胎次、产奶量、乳脂率、乳蛋白率、乳糖率、尿素氮、体细胞数。

场内管理号、牛场编号、牛舍编号、胎次、采样日期、产奶量，这几项内容由奶牛场数据人员记录完成。每次取样时牛场记录人员要登记。

DHI测定中心或牛场的数据人员可以通过《中国荷斯坦牛育种数据网络平台》自查可能漏报的繁殖记录，具体操作如下：

（1）登录《中国荷斯坦牛育种数据网络平台》。

（2）依次点击DHI—测定年度总结—不符合条件数据明细，输入所查牛场编号、年度及月份，选择"泌乳天数异常"后点击"查询"，在所列出来的牛只中泌乳天数超大的牛只就要考虑是否漏报了该牛只的产犊记录。

3. 干奶牛明细

对于干奶的牛只一定要及时上报干奶牛明细，这一项对于计算牛只胎间距很重要。其主要内容包括测定场编号、采样日期、场内管理号、标准耳号、胎次、干奶日期。

4. 数据处理方式及过程

DHI数据传输的过程包括奶牛场、DHI测定中心和中国奶牛数据中心数据上传和下载两个过程，其中数据上传方式包括以下两种：

（1）牛场将基数数据传送给DHI测定中心，DHI测定中心把牛场基础数据和DHI测定日记录整合后，一起传送至中国奶牛数据中心。

（2）牛场和DHI测定中心分别将牛场基础数据和DHI测定日记录传送至中国奶牛数据中心。

5. 数据下载方式包括以下3种：

（1）牛场从中国奶牛数中心的《中国荷斯坦牛育种数据网络平台》直接获得DHI测定日记录和DHI报告。

（2）DHI测定中心从中国奶牛数中心的《中国荷斯坦牛育种数据网络平台》获取牛场基础数据。

（3）牛场从中国奶牛数中心的《中国荷斯坦牛育种数据网络平台》直接获得DHI测定日记录和DHI报告。

DHI测定中心按照要求在规定时间内完成样品测定和数据处理、报告发放、数据上报等工作。数据处理员检查牧场奶样和采样数据，对牛群资料遗漏或数据有误的牧场及时通过电话、传真或Email联系进行补充或更正，审核后奶样交由实验室检测。实验室检样品质量，将符合检测标准的样品检测；检测后的奶样留存，待质量负责人审核合格后，方可弃去。实验室将审核合格后的结果传至数据处理室，数据处理员审核牧场采样数据和实验室检测数据，通过审核的数据导入CNDHI软件生成报告。数据处理员和质量负责人审核DHI报告，技术负责人签发。DHI报告以信件或邮件方式发送给牧场，并及时询问牧场报告收到与否，如未收到或遗失，及时补寄。对有上网条件的牧场，可以利用Email等电子形式发送，确保DHI报告能及时准确地反馈回牧场。

二、奶牛生产性能测定未知样及校准数据处理

各DHI测定实验室在中国奶牛数据中心http：//www.holstein.org.cn/登录进入中国荷斯坦牛育种数据网络平台（以下简称"平台"），登陆后进行未知样测定值上传、标准值获取、数据分析报告查阅。

（一）信息登记

首次登录平台需进行信息登记，进入平台后在DHI测定中心、实验室人员管理、设备管理、测定量管理和个人设置输入本实验室的人员、设备和检测等基本情况。

每月完成由全国畜牧总站制备的12个样品的未知样检测以后，登录平台进入未知样数据模块，选择正确的年月及仪器型号，按编号大小顺序依次输入样品编号及对应乳脂肪、乳蛋白和乳糖（每3个月校准1次）测定值，编号格式为"#1，#2，……"。

（二）标准值查阅

在上传本实验室所有仪器的未知样检测数据并保存后，即可查看当月全国畜牧总站上传到平台的12个校准样品的标准值，使用标准值进行仪器校准。

（三）数据分析

完成每月未知样上传工作后，进入平台点击数据分析，可查阅本实验室每台仪器检测的未知样测定值与标准值之间的平均差值MD，差值的标准差SDD和滚动平均差值RMD数据。借鉴美国标准：美国虽然每个月进行1次未知样（盲样）检测，但大多数中心每周都购买一套标准样品进行校准，以防未知样检测不通过造成严重后果。MD（%）：测定值与标准值差值的平均值，要求在±0.05%以内。SDD（%）：测定值与标准值差值的标准差，要求在0.06%以内。RMD（%）：指每台仪器前6个月MD的平均值，要求在±0.02%以内。

（四）图表分析

进入平台点击图表分析，选择需要查阅的测定中心、成分类型和设备，查阅本实验室当月每台仪器检测未知样测定值的散点图和曲线图，更直观地看到本中心的未知样检测情况。

（五）图表比较

进入平台后点击图形比较选项，选择上报年月和成分类型查看本中心在全国各测定中心所处的位置。超出检测数据合理范围的数据不在图中显示，其中MD的合理范围是–0.15～0.15，SDD的合理范围是0～0.2。

（六）分析报告与绩效评价

平台的数据分析功能目前还在完善中，后续将逐步实现系统各测定实验室月度测定报告、年度测定报告、年度绩效评价报告自动生成、一键打印等功能。

第七节　奶牛生产性能测定报告解读与应用

通过测定奶牛的日奶量、乳成分、体细胞数等指标并收集相关资料（奶牛系谱、胎次、分娩日期等资料），对其进行系统的分析后，获得一系列反应奶牛群配种、繁殖、营养、疾病、生产性能等方面信息，将这些信息按照规定的格式形成的系统文件即为DHI报告。DHI报告是牛场发现饲养管理问题、不断提高技术水平，增加养殖效益的有效工具。

一、DHI报告常用名词及算法

（1）牛号

对一个特定的奶牛来说这是唯一的号，是按照国家标准规定的12位编号，在中国没有别的奶牛与它重号，这一点是很重要的，这可以使信息用于不同的方面。

（2）出生日期

是个体牛只出生日期。

（3）产犊日期

是个体牛只某一胎次的产犊日。

（4）产犊间隔

是相邻两次产犊日期相差的天数，即本次分娩日期–上次分娩日期，单位为天。

（5）分组号

牛群分群管理分组号，是由牛场提供的数据，数据分析中重要分组类别之。

（6）采样日期

是DHI测定采样日期。

（7）测定头数

指有效采集奶样参加DHI测定牛头数。

（8）泌乳天数

指测定牛只当前胎次从产犊到本次采样日的实际天数，即采样日期–分娩日。

（9）平均泌乳天数

指当月参加DHI测定牛只泌乳天数的平均值。

（10）平均胎次

指全群母牛产犊次数的平均数。

（11）日奶量

指泌乳牛测定日用当天24h的总产奶量。

（12）同期校正

是以某一个月的泌乳天数和产奶量为基础值按泌乳天数对其他月份的产奶量进行校正。计算公式：

同期校正=基础月的日产奶量–（校正月的泌乳天数–基础月的泌乳天数）×0.07

（13）乳脂率

指泌乳牛测定日牛奶中所含脂肪的百分比。

（14）乳蛋白率

指泌乳牛测定日牛奶中所含乳蛋白的百分比。

（15）脂蛋比

指测定日奶样乳脂率与乳蛋白率的比值，即乳脂率/蛋白率。

（16）体细胞数

指泌乳牛测定日牛奶中体细胞的数量，体细胞包括中性粒细胞、淋巴细胞、巨噬细胞及乳腺组织脱落的上皮细胞等。

（17）体细胞分

该牛只体细胞数的自然对数，分值为0～9分，体细胞数越高对应的分值越大。

（18）奶损失

指因乳房受细菌感染等原因导致体细胞数（SCC）升高而造成的产奶损失。

（19）奶款差

奶损失×当前奶价。

（20）校正奶（个体）

是将测定日实际产量校正到3胎、产奶天数为150d、乳脂率为3.5%的奶量。具体计算公式如下：

校正奶={0.432×日产奶+16.23×日产奶×乳脂率+〔（产奶天数–150）×0.0029〕×日产奶}×胎次校正系数

（21）校正奶（群体）

0.432×群体平均日产奶+16.23×群体平均日产奶×群体平均乳脂率+〔（泌乳天数–150）×0.0029〕×群体平均日产奶。

（22）高峰奶

指泌乳牛本胎次测定中，最高的日产奶量。

（23）高峰日

指在泌乳牛本胎次测定中，奶量最高时的泌乳天数。

（24）牛奶尿素氮（MUN）

指泌乳牛测定日牛奶中尿素氮的含量。

（25）WHI群内级别指数，是用牛只个体校正奶除以群体平均校正奶得到的，是一个相对值，正常范围为90～110。

即：个体校正奶/群体校正奶×100（注：全群WHI=100）。

（26）前奶量

是本胎次上一个测定日奶量值。

（27）前体细胞数

是本胎次上一个测定日体细胞数。

（28）前体细胞分

是本胎次上一个测定日体细胞数分值。

（29）总奶量

指从产犊之日起到本次测定日时，牛只的泌乳总量，对于已完成胎次泌乳的奶牛而言则代表胎次产奶量。

（30）总乳脂

指从产犊之日起到本次测定日时，牛只的乳脂总产量。

（31）总蛋白

指从产犊之日起到本次测定日时，牛只的乳蛋白总产量。

（32）平均乳脂率、平均蛋白率

平均乳脂率=（总乳脂量/总奶量）×100%

平均蛋白率=（总蛋白量/总奶量）×100%

（33）天奶量

305d预计产奶量指泌乳天数不足305d时预计305d产奶量，达到或者超过305d奶量的为305天实际产奶量。

（34）305d乳脂率、305d蛋白量

305d乳脂量=305d奶量×平均乳脂率

305d蛋白量=305d奶量×平均蛋白率

（35）成年当量

成年当量指各胎次产量校正到第五胎时的305d产奶量。一般在第五胎时，母牛的身各部位发育成熟，生产性能达到最高峰。利用成年当量可以比较不同胎次的母牛在整个乳期间生产性能的高低。

成年当量=305d估计产奶量＜成年当量系数。

（36）首次体细胞

本胎次第一测定时的体细胞数。

（37）干奶天数

本胎次分娩前，奶牛的干奶时间。计算公式：干奶天数=本胎次分娩日期–上胎次干奶日期。

（38）总泌乳日

奶牛在本胎次中总的泌乳天数，计算公式：总泌乳日=干奶日期–分娩日期。

（39）泌乳月

泌乳月=（采样日期–分娩日期）/30.4（数值结果取整）。

（40）胎次比例失调奶损失

期望牛群比例：1胎：2胎：3胎及以上=30%：20%：50%；

期望牛群年产奶量=牛群头数×（1胎305d平均产奶量×30%+2胎305d平均产奶量×20%+3胎及以上305d平均产奶量×50%）；

实际牛群年产奶量=牛群头数×（1胎305d平均产奶量×实际1胎比例+2胎305d平均产奶量×实际2胎比例+3胎及以上305d平均产奶量×实际3胎及以上胎比例）；

损失=期望牛群年产奶量–实际牛群年产奶量。

如果损失＞0，则存在比例失调奶损失。

（41）高峰日丢失奶损失

高峰日丢失奶损失=牛群头数×理想高峰日×（实际高峰日–理想高峰日）×0.07+牛群头数×（实际高峰日–理想高峰日）²×0.07/2

（42）泌乳期过长奶损失

泌乳期过长奶损失=泌乳牛头数×0.07×（实际平均泌乳天数–理想平均泌乳天数）×365

注：此损失表示牧场一年的损失。

（43）胎次间隔过长奶损失

胎次间隔过长奶损失=泌乳群头数×（产犊成活率/2）×［（实际产犊间隔–理想产犊间隔）/理想产犊间隔］×母犊牛价格。

注：计算结果单位为元，表现为损失母犊牛造成的损失。

（44）干奶比例失衡奶损失

理想泌乳周期产奶量=305d产奶量平均×理想非干奶比例（85%）×牛群头数

注：85%由60（干奶期）/365或2/12计算。

实际泌乳周期产奶量=305d产奶量平均×实际非干奶比例×牛群头数干奶比例失衡奶损失=理想泌乳周期产奶量–实际泌乳周期产奶量

（45）体细胞带来的年奶损失

当日奶损失=合计奶损失

年奶损失=本年度合计奶损失

（46）淘汰牛年龄过小奶损失

淘汰牛年龄过小奶损失=淘汰牛平均成年当量×淘汰牛平均胎次×淘汰牛头数。

二、DHI报告与奶牛饲养

DHI报告与奶牛营养

乳腺合成乳脂的主要来源包括瘤胃挥发性脂肪酸（乙酸和丁酸）、饲料中添加的脂肪或油类如（含油籽实的棉籽、膨化大豆）、体脂（尤其在泌乳早期）等。实际测定中如果采样不规范会导致乳脂率测定结果有误差。

乳腺用于合成乳蛋白所利用的氨基酸主要来源于瘤胃菌体蛋白（达60%以上）、日粮中的瘤胃不可降解蛋白或过瘤胃蛋白（RUP）及有限的体组织动员氨基酸。通过比较各月平均乳蛋白率的变化可以评估奶牛瘤胃功能是否正常，日粮中非结构性碳水化合物和粗蛋白是否满足。如果乳蛋白量或乳蛋白率较低，应查找乳腺合成乳蛋白所利用的氨基酸的来源。在实际应用中经常需结合尿素氮进行综合分析。如果蛋白率很低，可能有以下原因：

（1）遗传原因。

（2）干奶牛日粮差，产犊时膘情差。

（3）泌乳早期碳水化合物缺乏。

（4）日粮中粗蛋白含量低，瘤胃非降解蛋白（RUP）和瘤胃降解蛋白RD比例不平衡。

（5）日粮中过瘤胃脂肪偏高（如饲喂过多的脂肪粉）。

（6）热应激或牛舍通风不良。

（7）注射疫苗的应激。

（8）产奶量上升过快，乳蛋白率会相对下降。

以下措施可提高乳蛋白率：

（1）使瘤胃菌体蛋白合成最大化，瘤胃不可降解蛋白最大化。

（2）优化饲喂及能量的吸收（瘤胃微生物生长最大化）：充足的物理有效纤维以避免瘤胃酸中毒，日粮中淀粉量占24%～26%，可溶性糖的总量达到4%～6%。

（3）饲喂可被小肠消化的过瘤胃蛋白（RUP）。

（4）以大豆为主要原料提供氨基酸来源。

（5）加入不同的RUP以平衡日粮氨基酸的组成，保持日粮的稳定性。

（6）喂保护性氨基酸，奶产量及乳成分可以两周发生变化。

（7）鉴于赖氨酸和蛋氨酸是最主要的两个必需氨基酸，当以大豆为主要原料时，赖氨酸达到6.2%～6.6%，当以谷物副产品为主要原料时，蛋氨酸达到2.0%～2.2%，赖蛋比例应为2.8∶1～3∶1。乳脂肪及乳蛋白是牛奶中主要的营养成分，应每月测定其百分含量，并进行相应分析。以下情况值得注意：

（1）泌乳早期乳脂率较高（＞4.5%）：通常指示产后奶牛由于干物质采食量低，长时间处于能量负平衡状态，应首先及时进行酮病检测及相应治疗；其次应该提高早期料营养浓度，尽量添加适口性高的豆粕玉米等饲料原料，减少适口性差的副产品用量，增加量摄入，减少体脂动用。

（2）乳脂肪率与乳蛋白率相差＜0.4%：生产中如果出现牛群乳脂率3.1%，乳蛋白率2.7%时，要及时进行瘤胃酸中毒的检查和治疗。

（3）乳脂肪率较乳蛋白率下降快：首先这种现象表明瘤胃发酵（尤其是纤维的消化）受阻；其次，低蛋白高脂肪说明干物质采食不足及微生物合成受阻，表明代谢紊乱；最后低蛋白也说明能量可能不足。

（4）乳脂肪率低下（＜3.2%）：一般情况可能由于精料喂量太多、比例过大，精料和TMR粒度过小导致奶牛瘤胃处于酸中毒状态，或者日粮中能量缺乏，干物质采食不足导致奶牛消瘦。也可能是饲料中NDF偏低、粗料水分偏高等因素造成。

（5）乳蛋白率低下（＜28%）：最有可能存在以下问题：日粮可发酵的碳水化合物比例较低（非结构性碳水化合物＜35%），影响了微生物蛋白质的合成，或者日粮蛋白质少或氨基酸不平衡；热应激或通风不良；干物质采食量不足。脂肪蛋白比荷斯坦牛脂蛋白比正常情况下为1.22左右，这一指标用于检查体牛营养状况或瘤胃功能情况。脂蛋比偏低，多数是因为牛场采样不规范造成，也有可能是奶牛场日粮结构和调制存在问题；脂蛋比偏高，一般发生在产后，如果脂蛋比＞1.5，表明奶牛大量动用体脂，造成乳脂率偏高，临床可能表现为酮病。许多动物营养专家应用脂蛋比来发现瘤胃和日粮的问题，正常情况下乳脂率应该比乳蛋白率高出0.4～0.6个百分点（如乳脂率为3.6%，乳蛋白率为3.2%，差值为0.4个百分点），如果小于0.4个百分点即表示日粮和饲养管理可能存在问题。随着DHI测定技术的发展，许多DHI测定中心在原来测定乳中粗蛋白的基础上又增加了真蛋白的测定，一般真蛋白率比粗蛋白率低0.2个百分点，所以乳脂率和真蛋白率差值低于0.2个百分点时，即表示日粮饲养管理可能存在问题。群体均值会隐藏许多问题，在判定个体牛是否发生酸中毒时除看脂蛋比是否倒挂外，还要参考以下指标：

① 蹄生长不正常出现畸形。

② 对于蹄病敏感，如易患毛踵疣。

③ 嗜食小苏打。

④ 干物质日采食量变化较大（如每天变化超过1kg）。

⑤ 喜欢食较长的纤维（如爱吃稻草、垫草及粪便）。

⑥ 有舔食脏物及矿物质的癖好。

⑦ 粪便稀，如评分，低于2.5分。

⑧ 饲喂缓冲剂时有反应。

影响乳成分的因素很多，包括品种、遗传、胎次（随着胎次的增加，乳脂率每胎次降低0.1个百分点，乳蛋白率降低0.04个百分点）、泌乳阶段（产后1~3个月，乳成分较低）、体况评分、乳房炎（较低的酪蛋白及乳脂量）、热应激（乳脂率可降低0.3个百分点），如果热应激影响了乳成分，应采取遮阳、通风等降温措施。

乳尿素氮测定牛奶尿素氮能反映奶牛瘤胃中蛋白质代谢的有效性，一般而言，牛奶尿素氮数值过高，说明日粮蛋白质含量过高或日粮中能量不足，日粮中蛋白质没有有效利用，可能会影响奶牛的繁殖、饲料转化率和生产性能发挥等。

三、DHI报告指导优化日粮配方

对于奶牛的日粮来说，所有的配方不是一成不变的。现实中由于提供给配方师的信息有限，导致日粮配方存在不足，造成营养不平衡，奶牛健康受到影响，给牧场带来经济损失。定期做DHI检测有利于牧场掌握牛群状态，有利于牧场营养师配制针对性日粮，降低饲养成本，提高经济效益。DHI测试体系所提供的各项技术指标包括了奶牛场生产管理的各个方面，它代表着奶牛场生产管理发展的趋势，通过阅读DHI报告，可以了解本牧场的实际情况。实践证明，DHI已成为奶牛场标准化饲养管理的标志，正确地解读DHI分析报告，掌握和应用好DHI各项指标，可以更科学地指导奶牛生产，提高奶牛场的管理水平和经济效益。奶牛饲料配方优化是以现有原材料成分和营养需求指标为数据基础，利用数学模型，计算出为达到某一营养要求所需要的各种原料的配比。奶牛饲料的配方精准取决于配方师获得的信息多少，信息越详细所做的配方越精准，营养成分利用率越高，饲养成本越低奶牛的饲料配方的生成不同于单胃动物，需要结合牧场的实际情况（青贮、羊草、苜蓿以及相关牛群的DHI信息）才能做出最优的饲料配方。实践表明，只有充分利用这些信息才能制作出营养均衡的日粮，并且节约饲养成本、增强牛群健康度、提高养殖经济效益。

体细胞的解读与应用

体细胞数是乳房健康的指示性指标，通常由巨噬细胞、淋巴细胞和多形核中性粒细胞等组成。正常情况下，牛奶中的体细胞数在20万~30万/mL。当乳腺被感染或受机械损伤后，体细胞数就会上升，其中多形核中性粒细胞（PMN）所占比例会高达95%以上。如果体细胞数超过50万/mL，就会导致产奶量显著下降。因此，测定牛奶体细胞数的变化有助于及早发现乳房损伤或感染、预防和治疗乳房炎。同时，还可降低治疗费用，减少牛只的淘汰，降低经济损失。因为乳房的健康与否直接关系到牛只一生的泌乳能力、牛奶质量和使用年限等，故SCC既是用来衡量乳房是否健康的标志，也是奶牛健康管理水平的标志。

1. 体细胞数对奶牛乳房健康及牛奶品质的影响

测定牛奶体细胞数是判断乳房炎轻重的有效手段，体细胞数的高低预示着隐性乳房炎感染状态。奶牛一旦患有乳房炎，产奶量、奶的质量都会有相应的变化。患乳房炎的奶牛其乳腺组织的泌乳能力下降，达不到遗传潜力的产奶峰值，且对干奶牛的治疗花费较大。如果能有效地避免乳房炎，就可达到高的产奶峰值，获得巨大的经济回报。

患乳房炎的奶牛所分泌的牛奶与正常牛奶的主要区别是干物质含量减少和乳成分发生变化，随着乳房炎程度的加重，乳房上皮渗透性增加，一些乳成分的含量更加接近血液。高体细胞乳的乳脂、乳蛋白、乳糖、总干物质含量通常降低，来自血液的一些蛋白（如免疫球蛋白）及离子的含量会升高。

2. SCC与泌乳天数的关系

（1）正常情况时，SCC在泌乳早期较低，而后逐渐上升。

（2）泌乳早期SCC偏高，预示干奶牛的治疗、挤奶程序、挤奶设备等环节出现问题。应及时调整和改善这些环节的状况，SCC就会相应下降。

（3）中期SCC高，可能是乳头浸泡液无效、挤奶设备功能不完善、环境肮脏、饲喂不当等，应进行隐性乳腺炎检测，以便及早治疗和预防。但此时治疗成本大，但还是低于因及早治愈而获得的效益。

（4）在泌乳后期SCC偏高，则应及早进行干奶和用药物治疗。

3. 奶牛SCC与生产管理

体细胞数能反映泌乳牛乳房的健康状况，通过阅读测定报告，总结月、季、年度的体细胞数，密切关注产奶量低的牛只明细表、产奶量下降5kg以上的牛只明细表、泌乳20～120d体细胞大于50万的牛只明细表、体细胞比上月上升大于50万的牛只明细表、体细胞跟踪报告、体细胞趋势分析报告表等体细胞相关分析报告，分析变化趋势和牛场管理措施，制订乳房炎防治计划，降低体细胞数，最终达到提高产奶量的目的。

采取措施后各胎次牛只的体细胞数如果都在下降，则说明治疗是正确的。如连续两次体细胞数都很高，说明奶牛有可能是感染隐性乳房炎（如葡萄球菌或链球菌等）。若挤奶方法不当会导致隐性乳房炎相互传染，一般治愈时间较长。体细胞数忽高忽低，则多为环境性乳房炎，一般与牛舍、牛只体躯及挤奶员卫生问题有关。这种情况治愈时间较短且容易治愈。需要注意的是，预防体细胞数过高要比治疗乳房炎获得的回报高得多。

4. 改善高体细胞数的原则及具体措施

如何降低牛群体细胞数，应参考各牛场的实际情况，拟定改善对策，原则如下：

（1）丢弃肉眼可见的不正常的奶。

（2）彻底治疗已感染并有症状的牛只。

（3）对治疗无效的牛，强迫干奶治疗。

（4）淘汰久治不愈，患有乳房炎的牛只。

降低体细胞的具体措施：

（1）改善饲养管理及环境的缺陷，维护环境的干净、干燥。

（2）按照正确的挤奶程序进行操作，维护挤奶器具的性能与质量。

（3）挤奶后及时进行药浴，饲喂，诱其站立，避免乳头感染，保持牛体干净。

（4）治疗干奶牛的全部乳区。

（5）及时合理治疗泌乳期的临床性乳腺炎。

（6）淘汰慢性感染牛。

（7）保存好SCC原始记录和治疗记录，定期进行检。

（8）定期监测乳房健康，制订维护乳房健康的计划。

（9）定期回顾乳腺炎的防治计划。

（10）保证日粮的营养平衡，特别是补充微量元素和矿物质等，如硒、维生素E。

（11）严格防治苍蝇等寄生性节肢昆虫。

（12）落实各部门在防治乳腺炎过程中的责任。

奶牛个体SCC直接反映了奶牛乳房的健康情况，同时也能反映防治措施是否有效。但需要指出的一点是：SCC的高低反映了乳房受感染的程度，并不是超过某一特定值后就表示该牛一定患了乳房炎而需治疗。

四、DHI报告与牛群结构

牛群结构是指牛群的性别、年龄构成情况，奶牛场的牛群结构仅指年龄结构，即不同饲养阶段奶牛头数占总存栏头数的百分比。由于不同生长阶段奶牛的生理特点、生活习性、营养需求以及对饲养环境的要求都各不相同，应根据生长发育阶段对奶牛进行分群，采用不同方法饲养管理。合理的牛群结构是规模化奶牛场规划和建筑设计的前提，也是指导牛场生产管理和牛群周转的关键，反映了牛场生产和管理水平的高低，且直接影响到牛场的经济效益。要使奶牛场高产、稳产，牛群要逐年更新，各年龄段的奶牛头数要有合适的比例，才能充分发挥出其生产能力。

（一）牛群分类

1.成母牛群

成母牛指初产以后的牛，从第1次产犊开始成母牛周而复始地重复着泌乳、干奶、配种、妊娠、产犊的生产周期。根据成年母牛的生理、生产特点和规律，将生产周期分为干奶期、围产期和泌乳期，处于这些时期的奶牛分别称为干奶牛、围产牛和泌乳牛。

2.青年牛群

青年牛指18～28月龄的牛，即从初配到初产的牛。

3. 大育成牛群

大育成牛指12～18月龄的牛，即12月龄到初配的牛。育成母牛一般12月龄达到性成熟，但体成熟晚于性成熟，所以在14～16月龄、体重达到360～380kg时进行初次配种。

4. 小育成牛群

小育成牛指6～12月龄的牛。

5. 犊牛群

犊牛指出生到6月龄的牛。对于出生的母犊牛要根据其父母代生产性能和本身的情况进行选留，作为后备母牛进行培育，留作后备母牛的犊牛群占整个牛群的9%。原则上对于其他犊牛应尽快进行销售或单独进行育肥。

一个规模稳定奶牛群的合理结构应为成母牛60%，青年牛13%，大育成牛、小育成牛以及犊牛各占9%。

（二）DHI数据与牛群结构调整

1. 利用DHI数据判断牛群结构

是否合理DHI数据除了包括泌乳牛的测试数据外，还包括全群的基础数据，对于连续参测的牧场而言，DHI报告能够反映出全群各阶段牛只的数量，从而可判断牛群结构是否合理。

2. 利用DHI数据对泌乳牛进行分群管理

成母牛根据生产周期的不同可分为干奶牛、围产牛和泌乳牛。其中，泌乳牛又可按生产性能测定的结果，分为高产、中产和低产群。牧场管理者应根据DHI报告，及时调整牛群的分布，将处于同阶段、产量相近的牛只集中饲养，便于进行合理的日粮配方调整。此外，对于低产群，管理人员可根据DHI报告来分析造成低产的原因，想办法予以解决，对产奶收益小于饲养成本的牛只应及时给予淘汰。

3. 利用DHI数据建立核心群

核心群是带动全群发展的核心，是指导后备牛选留标准的重要依据。利用DHI数据可计算出测试牧场成母牛的育种值，根据牛群的育种值和生产性能数据，选出30%的牛作为核心牛群，选育出其优良的后代作为后备母牛。在核心群中，不同胎次牛的比例应为1～2胎占60%，3～5胎占25%，6胎以上占15%。

利用DHI数据制订牧场牛只周转计划，在生产过程中，由于一些成年母牛被淘汰，出生的犊牛转为育成牛或商品牛出售，而育成牛又转为生产牛或育肥牛屠宰出售，以及牛只购入、售出，从而使牛群结构不断发生变化。一定时期内，牛群组织结构的这种增减变化称为牛群的周转（更替）。牛群周转计划是养牛场的再生产计划，它是制订生产计划、饲料计划、劳动力计划、配种产犊计划、基建计划等的依据。为有效地控制牛群变动，保证生产任务的完成，必须合理制订牛群的周转计划。合理的周转计划的制订离不开一些重要的生产技术参数。其中，全年的总淘汰率主要包括以下两部分：①体弱多病，丧失治疗价值的牛只，占全年总群的14%左右。②DHI测试表明生产水平低下的牛只，占全年总群的11%左右。成母牛疾病淘汰率应小于5%（头胎2%~3%，3胎以上5%）；青年牛疾病淘汰率应小于1%；育成牛疾病淘汰率小于1%；大犊牛疾病淘汰率小于2%（2.5~6月龄）；小犊牛疾病淘汰率小于5%（出生3d至2.5月龄）。乳房炎报废乳区数小于1%。以某一成母牛为1000头规模的牛场为例，其牛群结构为全群1667头，成母牛为1000头，青年牛217头，大育成牛150头，小育成牛150头，犊牛150头。全年总淘汰牛头数：1667×25%=417头，其中病淘234头（根据不同牛群挑选出淘汰的牛只：成母牛1667×5%=83头，青年牛1667×1%=17头，育成牛1667×3%=51头，小犊牛1667×5%=83头），根据DHI数据淘汰的牛约1667×11%=183头。全年死亡头数：1667×3%=50头。年总受胎率：1000×90%=900头。犊牛断奶时成活数1000×90%×85%=765头。

五、DHI应用与繁殖管理技术

繁殖工作是奶牛场饲养管理中的核心工作，是关乎奶牛场经济效益的重要指标。奶牛场繁殖管理中的重点目标就是提高怀孕牛只的数量，优化牛群结构，使牧场获得最大的经济效益。在牧场管理中，需要将产后一定时间内的空怀奶牛尽快变成怀孕牛，而这一目标的顺利实现需要合理的量化指标。

（一）牧场的繁殖管理

影响牧场繁殖性能的因素很多，通过对美国50年来的数据进行分析发现：环境和管理因素占96%，奶牛的个体差异因素占3%，配种因素占1%。这个统计表明，牧场的繁殖管理是一个系统性工程，不是单独某一方面能够决定的。所以当我们发现牧场中繁殖存在问题时，要对牧场整体进行评估，及时发现牧场的短版，搞清楚影响牧场繁殖的第一限制因素是什么，是我们的配种员的问题、是饲养员管理的问题，还是新产牛的保健问题。

在牧场管理中，许多牧场在考核繁殖工作时，最常使用的指标是情期受胎率和胎间距。这两个指标在某种程度上可以评估牛场的繁殖状况，但也存在较大的缺陷。其中，情期受胎率是怀孕牛只占配种牛只总数的百分比，这就造成部分未配牛只信息的缺失。如果配种人员只挑选发情良好的牛只配种，虽然情期受胎率很高，但实际怀孕牛比例较低，造成空怀牛只增多，繁殖效率下降，同时由于部分牛只空怀期的延长，造成牛只过肥，容易造成淘汰或产后疾病的增加，从而缩短牛只的使用年限和影响泌乳期产奶量，造成巨大经济损失。胎间距是一个较好的评估牛场繁殖水平的指标，然后该指标有较大滞后性，反映的是上一年度的繁殖工作，同时仅包含了产犊牛只，缺失了未产犊和淘汰牛的信息，也不能较好地反映牛场的繁殖工作。目前世界上公认的评估牛场繁殖工作的指标为21d妊娠率，该指标是指牛场在21d的时间阶段内，空怀牛被配种并怀孕的牛只数与空怀牛数量之比，约等于参配率与情期受胎率的乘积。该指标的滞后性为1～2月，可以及时地反映牛场的繁殖情况。由于计算上的复杂性，可能部分牛场计算该指标比较困难，可以通过空怀天数来计算。

此外，DHI生产性能测定中的泌乳天数，也可以直接反映牛场的繁殖状况。在牧场的日常生产中，我们希望牧场的平均泌乳天数处在170～185d的理想范围，这是由于只有在这个范围时牧场才能获得最大的经济效益。我们分析泌乳曲线发现低的产奶量会造成牛场的经济损失。奶牛的泌乳高峰期出现在产后60～90d。奶牛在产后60～150d是奶牛产生最大经济效益的阶段，随后在150～250d，奶牛进入盈亏平衡阶段，即生产成本等于产奶收益。因此，越多的奶牛怀孕，在使用年限内奶牛拥有越多的盈利期。换句话说，如果怀孕牛较少，那么更多的牛出现在泌乳末期，将导致经济损失。

不理想的繁殖管理会造成牛场巨大经济损失。牛场的繁殖效率可以通过妊娠率或空怀天数（配准天数）等进行评价。产犊间隔直接影响了平均泌乳天数，而后者影响了平均头日产。一般来说，产犊间隔的增加意味着平均泌乳天数的增加。问题是平均泌乳天数增加导致的最坏结果是什么？答案是平均泌乳天数和头日产呈负相关，也就是泌乳天数越大，产奶量越低。然而，这只是表面现象，实际生产还会表现为产犊数量减少，淘汰概率增加，产后疾病增加，对牛场经济效益的影响是非常巨大的。

（二）DHI数据评估牛场繁殖水平

繁殖工作一直是奶牛场最关心的工作，在牧场的实际管理中，不同的牧场会采用不同的指标来评价牧场的繁殖水平。对于一个群体大小稳定的牧场，每个月应该有大约10%的成母牛产犊，即每个月产犊数量=（泌乳牛+干奶牛）/产犊间隔。例如，年平均100头的泌乳牛和20头干奶牛，产犊间隔为13个月，那么每个月产犊数量是120/13=9～10头。当然由于怀孕牛的流产或淘汰需要对其进行校正，如果怀孕后的胚胎损失率为8%，怀孕牛淘汰比例为2%，那个总的妊娠牛损失率为10%，那么每个月10个妊娠牛需要校正为10/（1-0.1）=11。如果实现这一目标，每个月配种的数量=怀孕数量/当前的受胎率。假设受胎率为35%，那么每个月至少需要配种31头牛（不包括青年牛）。这是一个简单的预测牧场繁殖情况的指标，从该指标可以看出，随着产犊间隔的增加，产犊数量会降低。因此，繁殖工作出现问题不仅影响牛群的产奶量，同时影响整个牛场的增群问题。

评估奶牛场的繁殖指标包括情期受胎率、21d妊娠率、空怀天数、每次妊娠的输精次数和产犊间隔等。然而，我国目前DHI数据资料中关于繁殖的指标仅包含了泌乳天数。在群体结构稳定的牛场，泌乳天数是反映牧场繁殖状态的较好的指标，但对于牛场结构不稳定，有新购入的牛群，不适合于用泌乳天数来衡量牧场的繁殖状态。

如果应用泌乳天数评估牛场的繁殖水平，并指导繁殖管理工作，那就需要了解泌乳天数与繁殖指标的关系，才能达到应用的效果。泌乳天数与配准天数之间的关系，随着配准天数的增加，泌乳天数随之增加。根据关系公式我们可以推算，配准天数=0.377×泌乳天数+53.4。也就是说，如果一个牧场的平均泌乳天数为180d，那么成母牛平均配准天数大约为121d，如果平均泌乳天数增加到200d，那么成母牛平均配准天数大约为129d。如果对于记录体系不太完善的牛场，我们通过公式$Y=0.377×+53.4$进行推断配准天数。通过配准天数可以估计出该牛场的21d妊娠率。公式如下：21d妊娠率（PR）=[21/（配准天数-自愿等待期+11）]×100。牛场管理者可以通过该指标迅速了解每个21d的时间段内牧场的繁殖情况，有多少牛怀孕，多少牛只未孕。该指标已经在世界范围内得到广泛应用，它与其他繁殖指标相比可以更加快速地知道牛群的繁殖状况，而且计算相对简单。如果自愿等待期设定为60d，配准天数为133d，那么21d妊娠率为25%；配准天数为154d，那么21d妊娠率为20%。当然，该值为推断结果，与实际计算21d妊娠率还存在一定差异。如果我们以产犊间隔390d为理想值，那么21d妊娠率的理想值为34%。如果对于目前的高产牛场来说，产犊间隔在410d，那么21d妊娠率为26%。因此，牛场管理者可以根据自己预期的产犊间隔，来预算自己的21d妊娠率。当然这只是在没有繁殖的完整记录条件下根据配准天数估计的21d妊娠率。建议广大奶农朋友完善自身的记录体系，计算准确的数值，从而更加有效地指导生产实践。

（三）如何改进牧场的繁殖水平

如果通过评估发现21d妊娠率的繁殖指标没有达到期望的水平，我们需要去进一步发现牛场实际存在的问题。根据三十多个牧场十几年的数据分析发现，影响奶牛繁殖水平的因素非常复杂，主要是饲养管理、牛群健康及配种人员的技术水平。根据科学的数据分析，我们就需要检查牧场的关键环节。首先需要调整的是牛场的新产牛管理的问题。众所周知，如果新产牛管理不好，牛群体况及健康得不到保障，从而造成受胎率下降，极大地影响了奶牛的繁殖。通过DHI我们如何发现新产牛饲养管理是否出现问题，通常我们可以通过泌乳曲线去发现牛场是否存在问题。从泌乳曲线可以判断，该牛场新产牛管理是存在问题的。

发现新产牛的问题后，下面就需要分析牛场造成新产牛问题的主要原因。首先要考虑分析牛群的分群管理是否合理，因为不合理的分群会影响整个牛群的饲养管理，尤其新产牛和头胎牛如果没有单独分群，容易造成新产牛采食量不足，影响牛群健康。同时围产期日粮和密度也会影响牛群的健康状况。如果有新产牛发病记录，我们可以去分析新产牛发病记录，从而发现是什么原因影响了牛群健康水平。除此之外，还要特别关照分娩管理，往往不当的接产容易造成产后牛只的子宫感染，影响后期的繁殖工作。

在对新产牛饲养管理各因素进行分析后，还要对配种技术人员的工作进行评估。虽然影响繁殖效率的因素中，配种技术人员的因素占的比例最小，但不可小视。因为，在饲养管理条件一定的情况下，配种技术人员的技术水平和责任心对繁殖工作起着决定性的作用。对于配种员的技术水平主要通过情期受胎率来评估，但这往往比较难以改变，要通过加强配种操作来提高其技术水平。但配种技术人员的责任心，即发情鉴定效率，是我们必须关注的问题。那我们该如何评估牛场的发情鉴定效率呢？

根据繁殖工作的工作程序，首先要评估配种技术人员的始配天数。根据牧场的管理及奶牛的生理条件，每个场都会设定一个自愿等待期，即奶牛产后不能进行配种的时间。通过牧场始配天数的散点图，可以评估多少牛只现过早配种现象，多少牛只的配种过晚。

除配天数外，另一个评估牛场发情鉴定水平的指标是输精间隔。输精间隔可以对配种技术人员发情鉴定准确性及是否存在漏情现象进行很好的判断。奶牛的正常生理发情周期为18~24d，平均为21d，如果不在正常的发情周期配种，往往会存在问题。通常来讲，如果输精间隔在5~17d，说明可能存在发情鉴定不准确的现象，即配种人员对牛只的发情判断不准，因此如果这个阶段牛只所占的比例较大，就需要注意配种人员发情鉴定的准确性。如果输精间隔在18~24d占的比例较高（50%以上），这是较为理想的现象。如果输精间隔在25~35d，说明存在早期胚胎死亡的牛只，如果这个阶段的比例较高，我们需要注意奶牛的健康和营养水平。如果输精间隔在36~48d或者更高，而且比例较大，这说明配种技术人员存在漏配现象。通过输精间隔的分析，我们可以了解到配种人员的问题出现在哪，这样可以有方向地去调整我们的饲养管理。

总之，通过DHI数据资料管理牛场的繁殖工作，是一个非常好的管理工具。通过对DHI的数据分析，我们可以发现牛场中影响繁殖工作的主要问题，从而有的放矢，提高牛场的繁殖效率。

（四）科学目标设定与有效的绩效方案

出于生产实际需要，美国奶牛临床繁殖领域于20世纪80年代引入21d妊娠率（21-Day Pregnancy Rate）的概念，以弥补情期受胎率（Conception Rate）的不足。21d妊娠率的定义是：在21d期间，全部应配种母牛的实际妊娠率，其计算公式：实际妊娠牛总数÷21d内全部应配种牛总数=21d妊娠率。读者需特别注意计算式的分母，这里强调的是应配种牛总数，而不是已配种牛总数。21d妊娠率受下列5项因素制约：发情检出率、母牛繁殖力、发情观察准确率、公牛繁殖力、输精技术。分析上述5项制约因素，显而易见，21d妊娠率不仅可度量情期受胎率，还能度量与提高奶牛群体繁殖效率至关重要的发情检出率。如果经产牛都于产后50d开始配种，产犊间隔要求为13个月，即390d，年终受胎率为85%。那么，我们期望21d妊娠率达到22.5%，就比较理想。

（五）常见奶牛发情监测辅助手段

1.涂彩色蜡辅助发情观察

这种方法方便、便宜，与配种相结合，鉴定出发情牛只后当即进行配种，大大提高了发情鉴定工作效率。Pennington and Callahan（1986）就比较了肉眼观察和尾部涂蜡笔法的发情鉴定率，肉眼观察发现63.6%的发情牛，而涂彩色蜡笔则发现了93.9%的发情牛。美国规模化牧场早已普及使用，而国内已有少量大型牧场使用涂蜡笔法。所需工具包括彩色蜡笔、头灯、繁殖记录表、手持电脑、记录本等。所有的牛只，包括待配牛和配过的牛。对于妊娠诊断确认妊娠的牛只，建议转群，单独饲养，也可以减少发情鉴定的工作量。每天坚持对所有的牛只涂蜡笔，每天1～2次，以早上为佳。第一次涂3～4个来回，之后只需要1～2个来回，补充颜料，使其保持新鲜。涂的部位在尾椎上面，从尾部到十字部，长30～40cm。

需要仔细分辨牛尾部涂蜡染料颜色变化是由于爬跨引起还是其他原因引起的。区别爬跨和舔舐：一些奶牛喜欢舔舐其他牛只，这种情况在新采用涂蜡笔的牧场非常普遍。另外，青年牛也喜欢相互舔舐。奶牛被重达600kg的其他奶牛爬跨后，毛发被重压向下压实。而舔舐后，毛发侧立，倒向一侧。对于鉴定为发情的牛只，做好记录和标记。在尻部两侧标记当天的日期。这样做有两个好处，一是便于配种时找牛，二是便于第二天识别已经配过的牛只个体（有的牛会在第二天表现发情，或是发情晚期，或是发情盛期）。

2. 计步器与发情鉴定系统

自动控制的发情监测系统被大型牧场越来越多地使用，发情监测系统主要由计步器和感应器组成。计步器很小，但是这种耐用的装置同时具备两种功能，即身份识别和奶牛活动量记录。研究表明奶牛的正常发情直接表现为活动量的增加。计步器能够记录奶牛在每个班次所走的步数，从而得出一个正常情况下活动量的平均值。如果在某个班次，牛的活动量比平均值高很多，说明奶牛可能发情。同时，如果活动量下降，则说明这头牛可能现肢蹄病或消化疾病等。该系统主要有发情监测、肢蹄病检测、繁殖疾病监测、流产检测等功能。由固定在牛腿上的计步器和固定在安装于奶厅通道或其他奶牛需要经过的通道的感应器组成，每次挤奶时计步器与感应器自动发生感应，从而实现牛号的自动识别。同时，计步器上记录的牛的活动量信息自动传输到电脑数据库，实现与"奶牛场管理系统"对接，可以对发情奶牛数据快速调阅，方便管理者提出奶牛具体配种方案，传感器每2小时存储一次运动数据，发情精度可以提升到以小时为单位。系统监测到奶牛发情信息，可以立即发送手机短信到相关人员手机，确保工作人员第一时间了解奶牛发情情况，避免人为漏配情况发生。

六、尿素氮指标及其应用

为了提高奶牛业养殖效益，牛奶尿素氮测定受到越来越高的重视。自20世纪90年代中期以来，欧美等奶业发达国家的奶牛生产性能测定（DHI）实验室就将MUN作为检测的重要指标之一。随着乳尿素氮测定自动化仪器的研发，人们对MUN这一指标的关注更加密切。

（一）尿素氮的产生及其生物学意义

奶牛摄入的日粮蛋白质分为瘤胃降解蛋白（RDP）和瘤胃非降解蛋白（RUP），其中RDP在瘤胃细菌、原虫和真菌的作用下分解为肽和氨基酸，随后一些氨基酸可通过脱氨基作用进一步降解为有机酸、二氧化碳和氨，氨又可被瘤胃微生物利用合成微生物蛋白或通过瘤胃壁吸收。如果日粮蛋白质含量过高，降解速度过快，而能量供应有限，瘤胃氨水平超出瘤胃微生物的利用限度，则过量的氨可经瘤胃壁进入血液，随着血液循环到达肝脏后脱氢形成尿素，尿素进入血液后可通过唾液的分泌进入瘤胃或经尿液排出，在泌乳过程中血液中的尿素也可通过乳腺上皮细胞扩散进入乳中成为乳尿素氮（Milk Urea Nitrogen，MUN）吸收到体内的氨基酸和体组织蛋白分解产生的氨基酸除用于体内蛋白质合成外，一部分被分解或用于合成葡萄糖，这部分氨基酸中的氨基在肝脏和其他体组织中转变为尿素，也可经血液循环回到瘤胃或经尿液、乳汁排出。因此，MUN有RDP瘤胃降解和体内氨基酸分解代谢两个氮源。

乳尿素氮（MUN）和血液尿素氮（BUN）密切相关，两者都可以作为反映日粮蛋白供需平衡和日粮能氮平衡的指标。MUN测定采样方便，不会造成动物应激，在国内外研究中多采用MUN值来监测奶牛蛋白质营养状况。

（二）影响牛奶尿素氮含量的因素

了解牛奶尿素氮含量的影响因素，对其在生产实践中的应用十分重要。MUN的变化主要受日粮营养因素影响，其次是由其他因素引起。在营养因素中，蛋白质（摄入量和质量）对MUN影响作用最大。另外，营养水平、日粮组成、饲喂方式、水摄入量等都对MUN有较大影响。

1. 营养因素

日粮蛋白质水平MUN变异的约87%来自营养因素，日粮蛋白水平又是影响MUN的主要营养因素。试验证明，日粮粗蛋白质水平超过奶牛营养需求，并不能改善其生产性能，只是提高了MUN含量。因此，畜群需要合理的蛋白摄入量，若日粮蛋白质摄入过多，会导致畜群体内能氮失衡，使得蛋白质不能被充分消化利用，从而产生过多的氨，造成MUN值升高。

众多研究表明，MUN水平与日粮中粗蛋白的水平成正相关，而与能量或能氮比成负相关。分析MUN值可作为衡量牛场营养水平，调整日粮结构的依据。有学者认为，当MUN值＞18mg/dL时，日粮蛋白过剩，饲料成本过高，应当对日粮做适当调整；当MUN值＜14mg/dL时，表明日粮中粗蛋白不足或者含有过多的瘤胃非降解蛋白，MUN过低通常还伴随着奶产量和乳蛋白的降低。然而，可能由于不同研究中日粮组成、蛋白水平差异程度和奶牛品种等有所差异，一些学者在相同的差异水平下并没有发现蛋白质对MUN的影响。

2. 能量

能量是动物日粮中的重要组分，在日粮中添加脂肪、减少中性洗涤纤维（NDF）、增加非纤维性碳水化合物（NSC）等都可以提高能量水平。在相同蛋白质水平下，提高日粮NDF水平可能小幅度增加MUN浓度，提高NSC水平则可能小幅度降低MUN浓度。瘤胃微生物不能利用脂肪中的能量，因此通过添加脂肪提高日粮能量水平只能引起MUN增加，不会引起MUN下降。在日粮提供满足微生物生长需要充足能量的前提下，进一步提高日粮能量水平不能使MUN下降。日粮能量不能满足微生物需要时，提高日粮能量水平有降低MUN的效果。

3. 蛋白质降解率

关于蛋白质降解率对MUN的影响，许多研究中均有报道，但不尽相同。有研究发现，日粮中蛋白降解率不同处理组的MUN值之间没有太大差异。但还有试验表明，随着RDP的升高，MUN显著升高。降解率高的饲料蛋白通常降解速度较快，若日粮中无降解快的能量饲料相匹配或可降解能量不足，则MUN升高；若有快速降解的能量且可降解能量充足，则MUN不受影响。

4. 氨基酸组成

反刍动物摄入的饲料蛋白大部分转变为菌体蛋白，这使得反刍动物蛋白质营养研究较单胃动物更复杂。在饲料中添加一种氨基酸，若没有采取瘤胃保护措施，未必会增加动物对该氨基酸的吸收，原因是添加的氨基酸可以在瘤胃中转化为其他氨基酸。蛋白质营养的本质是氨基酸营养，如果进入牛体内的氨基酸比例组成并不满足奶牛的实际需要，必然会降低氮的利用效率，从而使氮排放增加，MUN值升高。而且有研究表明，即使瘤胃微生物蛋白合成达到最大程度，进入小肠的蛋白质和氨基酸仍不能满足高产奶牛的营养需要，由此可以看出，奶牛对过瘤胃蛋白和氨基酸的依赖较瘤胃降解蛋白要更高。

5. 能氮平衡

主要是瘤胃中的能氮平衡，包括数量和质量两个方面。数量上可降解氮高于可降解能量则降解但不能有效转化为菌体蛋白，引起MUN加；质量上氮的降解速度高于能量也会引起MUN增加。因此，保持反刍动物日粮中蛋白质和能量平衡十分重要，可以促进瘤胃微生物同步利用非蛋白氮和能量。

6. 粗饲料组分与饲喂方式

粗饲料的种类也对MUN有重要影响。用3种不同的粗饲料饲喂奶牛，结果发现，奶牛在摄食100%玉米青贮饲料和100%牧草青贮饲料时，总氮的分泌量与排泄量相同，而前者MUN浓度显著高于后者，因此，MUN含量因粗饲料而异。

7. 其他因素

影响MUN值的非营养因素有品种、胎次、泌乳周期、挤奶次数、产犊季节等，诸多学者的研究结果不完全一致，这种差异性可能由试验因素导致。

（1）奶牛不同品种间的遗传因素以及身体机能存在差异，可能会导致不同奶牛采食相同的日粮而MUN值存在较大差异，奶牛品种的差异可以显著影响乳中非蛋白氮（NPN）和血浆尿素氮（PUN）。

（2）胎次对于不同胎次间MUN的影响，目前还没有统一的结论。有研究表明，第二胎牛MUN值最高，头胎牛的MUN值高于第三胎；但也有人指出第二胎牛的MUN值最高，但头胎最低；还有研究认为第一胎MUN值最高，第三胎最低。

（3）产犊季节对MUN的影响目前也没有明确结果。有研究表明，产犊季节在春季与冬季时，MUN值显著高于夏季和秋季。但也有研究认为，在不同的季节产犊，MUN含量差异不明显，但夏季最高，春季最低。若依据生理代谢机制预测MUN值在不同季节的变化，夏季高温导致畜群体内消化酶活性降低，使蛋白摄入量降低，而冬季畜群为抵抗低温需要消耗更多的能量，从而使蛋白摄入量增加，氨量也增加，以此推测出MUN值应在夏季最低，冬季最高。

（4）泌乳天数（DIM）MUN与DIM的关系，不同的研究结果间存在差异性。Carlsson等人首先提出MUN值在泌乳60~90d时最高；Godden等人指出，初产牛的MUN值在泌乳120~150d时最高，经产牛在泌乳60~89d时最高；Arunvipas等认为，MUN值在泌乳90~120d时最高；杨露等研究发现，MUN变化趋势与产奶量类似，在产奶前30d比较低，随后增加，在60~70d达到高峰，之后又下降。

（5）饲喂后的时间、每天挤奶次数、挤奶时间一定条件下，MUN浓度主要受饲喂时间的影响。Rodriguez等报道，MUN值在饲喂之后呈增加的趋势，但MUN值在早晨10点饲喂2h后增加，而下午14点饲喂6h后降低。Gustafsson等研究表明，奶牛饲喂后5h或6h到达最高值，之后随着饲喂—采样的间隔延长而逐渐降低。奶牛典型的饲喂—挤奶间隔在下午时为0~6h之间，而在上午的时间间隔则一般会超过6h，间隔时间越长，MUN浓度越低。奶牛MUN浓度在一天中相同时间点的变化趋势不同，大多数奶牛饲喂时MUN值相对较低。挤奶前期MUN含量大于挤奶后期MUN含量，早晨奶样MUN含量大于晚上奶样MUN含量。因此，在进行乳尿素氮检测时，应该注意样品样时间对MUN含量的影响。

另外，高分解代谢状态、缺水、肾缺血、血容量不足及某些急性肾小球肾炎，均可使血尿素氮增高；而肝疾病常使血尿素氮降低。

七、MUN检测在奶牛生产中的应用

目前，国内外对MUN的检测主要用于评价奶牛日粮的蛋白质水平、瘤胃降解蛋白和非降解蛋白含量、能量水平、产奶量及乳成分、繁殖性能、氮排泄量及疾病诊断等，MUN的测定对奶牛养殖具有重要意义。

（一）可以调整奶牛日粮的蛋白质水平，降低日粮成本

一方面，目前奶牛养殖的利润率较低，而饲料成本是奶牛场最大的一项开支，同时

奶牛日粮中蛋白质需求较大且蛋白质饲料价格不断走高；另一方面，为了最大限度地提高奶产量，奶牛蛋白质的摄入量不断增加，结果是高产奶牛消耗了远超过其需要量的蛋白质，尿素的浓度也随着蛋白质摄入量的增加而上升。通过测定尿素氮，不但可以用于评价奶牛的日粮能氮是否平衡，了解奶牛的蛋白质是否过量，判断日粮中粗蛋白含量、淀粉含量以及糖含量是否合理，从而对奶牛日粮进行调整，还有助于选择物美价廉的蛋白饲料以降低饲养成本，达到科学饲养，提高奶牛养殖效益的目标。

正常情况下日粮中可溶性蛋白含量应占到日粮干物质的3%～6%、日粮粗蛋白的30%～35%；瘤胃降解蛋白（RDP）占到日粮干物质的10%～12%、粗蛋白的60%～66%；过瘤胃蛋白（RUP）占到日粮干物质的5%～7%DM、粗蛋白的34%～40%；瘤胃微生物的N需要量的任何时间内都不能超量。

MUN能下降到多少？

（1）管理得非常好的牛群能够达到7～12mg/dL。

（2）要做到MUN含量低且没有产奶量损失，主要取决于几个因素：劳动力、设施和管理。

MUN太高：RDP过量、氨基酸不平衡、发酵碳水化合物缺乏、瘤胃微生物环境差（导致酸中毒、利用率低的纤维）。高MUN能够降低受胎率。当MUN>20mg/dL时，约损失3.2kg的牛奶。

MUN太低：瘤胃中氨太少、日粮蛋白不足、碳水化合物与蛋白的比例太高。

（二）乳尿素氮对奶牛泌乳性能有较大的影响

乳尿素氮含量对产奶量的影响。一般认为，具有相同饲养水平，处于同一泌乳阶段奶牛，MUN含量正常范围为10～16mg/dL，个体牛MUN典型的范围是群体牛平均值±6mg/dL，平均值约14mg/dL，群体牛范围为11～18mg/dL。MUN值应该仅在群体的基础上解释。MUN含量低于这个范围，则表明日粮中蛋白质缺乏，瘤胃降解蛋白含量不足，可能导致奶牛干物质摄入量及消化率下降，最终造成产奶量下降，所以这时奶牛需要较多的降解蛋白质，满足微生物蛋白质合成所需要的氮，从而生产出更多的牛奶。当RDP过多或奶牛摄入能量不足时，瘤胃产生的多余氨则在肝脏形成尿素，而转换成尿素也需要能量，对于泌乳期200d以上的产奶牛，如果MUN含量过高，表明日粮蛋白质部分被浪费，造成产奶量降低。

（三）乳尿素氮含量对乳成分的影响：乳蛋白率与乳尿素氮含量之间具有负相关性

MUN含量升高而乳蛋白率下降，则表明奶牛虽然从日粮中摄取较多的蛋白质，但是由于摄入的能量不足，造成了瘤胃内氨的利用率下降，不能被利用的氨则通过代谢致使MUN含量升高，同时导致乳蛋白率下降，但是MUN含量升高，而乳蛋白率正常，则表明只是瘤胃降解蛋白过剩而已，而能量水平合适；MUN含量过低，同时乳蛋白率也降低，则说明瘤胃降解蛋白和能量摄入同时不足，这时如果乳蛋白率正常，则表明瘤胃降解蛋白不足或摄入了过多的能量。据报道，MUN含量与乳蛋白率之间具有二次回归关系，即MUN含量在10mg/dL以下或17mg/dL以上时，乳蛋白率有降低的趋势。

当对乳尿素氮含量与乳脂率进行奶牛个体水平分析时，二者存在负的非线性相关；当对群体平均水平进行分析时，二者存在正的相关性。但有报道称，乳脂率与MUN含量的相关系数为0.21，二者之间没有较强的相关关系。

（四）乳尿素氮对繁殖性能有影响

一般认为，过量蛋白质的代谢产物，如氨、尿素或其他有毒产物直接或间接干扰了受精和妊娠建立过程中的一步或者几步，这些步骤包括卵泡发育导致的排卵、卵母细胞增殖、胚胎的运动和发育、母体确认和着床等，胚胎的形成和发育是涉及了生殖道所有不同组织的一个有序过程，任何一步或几步受到干扰，繁殖性能就会受到影响。有研究表明，随着营养管理的改善和牛群规模的增加，奶产量的不断提高伴随着繁殖性能的下降。目前普遍认为，MUN影响奶牛繁殖性能可能有以下3个原因：第一，泌乳早期高MUN一定程度上能反应产后能量负平衡的加剧，能量负平衡对繁殖性能有损害。第二，MUN直接反应BUN水平，过高的BUN浓度对奶牛生殖系统有影响，从而损害繁殖性能。第三，过低的MUN反应奶牛日粮中摄入蛋白水平偏低，低营养水平影响产后恢复，损害繁殖性能。

随着日粮中CP的增高，奶牛体内BUN、血氨浓度以及子宫内尿素含量升高，子宫分泌物中钾、镁、磷元素的浓度有所增加。有研究表明，在不考虑日粮影响的条件下，子宫内pH与血浆尿素氮（PUN）呈负相关。以上这些因素共同的作用结果将导致孕酮对子宫内微环境的作用受阻，从而使胚胎发育处于亚健康的环境中，影响繁殖性能。此外，子宫内膜细胞体外培养的试验表明，尿素浓度增加直接反应前列腺素分泌（PGF2a）的增加，而前列腺素的增加会直接影响到胚胎发育和存活，这也为过高的BUN引起繁殖性能降低给出了合理的生理学上的解释。相反，当MUN过低时，可能代表日粮中RDP过少，日粮中蛋白质缺乏、营养水平过低会影响奶牛健康，在产后表现为易造成胎衣不下，延迟卵泡发育，对正常发情和受胎造成影响，从而影响繁殖性能。

大多数的研究表明，上升的PUN浓度与奶牛繁殖性能降低有关。PUN和MUN可用来监测奶牛的妊娠率，当高产奶牛PUN高于19mg/dL或MUN高于17mg/dL时，可导致繁殖率降低。人工授精当天MUN的浓度超过了20mg/dL，受胎率就会降低，说明过量瘤胃蛋白质降解可能导致不孕。研究发现，在某一阶段，妊娠奶牛和未妊娠且孕酮浓度高的奶牛有相似的MUN值，暗示了未妊娠且孕酮浓度高的奶牛体内可能有胚胎出现，只是推迟了黄体的功能，使胚胎的发育停止。因为较低的MUN值是子宫的环境适于胚胎早期发育的标志，怀孕时较高的MUN浓度导致不孕或者使早期的胚胎失去优先被母体确认妊娠的机会。孕酮由黄体或胎盘分泌，其主要作用是为受精卵着床作准备，抑制子宫运动，维持妊娠，促进乳腺细胞发育、调整性腺激素分泌等。研究表明孕酮的分泌受日粮蛋白水平影响，高蛋白日粮及氨水平升高，会导致生殖道组织和黏液中氨浓度增加，从而改变代谢反应，影响血液中葡萄糖、乳糖和游离脂肪酸的浓度，进而影响黄体功能及孕酮的分泌。在奶牛人工授精后第10天测试MUN与孕酮含量，表明MUN含量小于9.7mg/dL或大于9.7mg/dL时孕酮含量分别为20ng/dL或14ng/dL。PUN浓度超过19mg/dL时，子宫pH改变，繁殖性能降低。对美国俄亥俄州的24个牛场数据做的分析表明，在配孕的可能性上，MUN<10mg/dL的组是MUN>15.4mg/dL的组的2.4倍，而MUN在10mg/dL与12.7mg/dL之间的组是MUN>15.4mg/dL组的1.4倍，这里的MUN使用的是每个月的奶样MUN平均值。来自以色列的数据也表明，在MUN水平和怀孕率之间存在显著负相关关系。

相反，一些学者得到的结果与上述不同。Trevaskis等（1999）采集了4个放牧牧场输精日当天的556头牛奶样并跟踪发现，配后不返情的概率与牛奶中尿素（MUN）含量之间没有显著关系。Melendez等（2000）对佛罗里达州1073头奶牛做了研究分析，认为MUN值与产后第一次配种不孕率之间没有直接的相关关系，但发现MUN值与配种季节之间存在显著性交互作用，高MUN值协同热应激能对奶牛繁殖性能产生负面影响。此外，Rehank等（2009）采集了捷克6个商业化牛场2000—2003年的数据，使用混合线性模型及回归分析，发现牛奶尿素（MUN）浓度对首次配种怀孕率没有影响。

造成研究结果不尽相同的原因可能包括地区不同、分析使用模型不同、研究牛数量不同、进行分析用的奶样采集时间和方式不同等。尽管有不少国家和地区已经开始使用MUN值来检测当地牛场的繁殖水平，但新西兰人似乎不太赞成这种做法。Westwood等（1998）认为，用MUN来反应能量和蛋白的摄入水平以及繁殖性能有很多疑问，在对大量数据进行分析（Meta-analysis）之后，发现牛群妊娠率变异的产生只有25%来自体液中的尿素。他们并不赞同澳大利亚及新西兰的牛场采用其他国家的研究结果——高日粮蛋白与繁殖性能之间存在负相关关系，因为奶牛本身具有适应能力，能够适应高蛋白水平日粮带来的尿素代谢上的改变，只使用MUN作为反应牛群营养或繁殖水平的指标价值不大。

我国这方面的研究起步较晚，翟少伟等（2005）认为过量的RDP和RUP降低繁殖性能：过量的蛋白质使机体增加对能量的消耗，使体内的能量平衡状态遭到破坏或进一步恶化，还可使体液中的尿素浓度增加，尿素浓度的上升促进子宫分泌前列腺F2a，前列腺F2a量的增加，引起黄体溶解，孕酮的分泌量下降，不利于维持妊娠状态，也会使奶牛的子宫分泌物的组成发生改变，pH降低，子宫的内环境发生不利于胚胎发育的变化，最终共同导致繁殖性能降低。刘坤等（2013）对海丰牧场1932头头胎牛做了MUN与产后繁殖性能之间关系的研究，结果显示，MUN大于15mg/dL时，对个体情期受胎率有显著影响，对产犊至初配间隔有极显著影响。

（五）MUN可监测奶牛氮排泄量

畜牧业中已经确定氮的排泄是造成水污染的重要原因之一。乳尿素氮已经成为泌乳奶牛尿素氮排泄和氮有效利用率检测的有用工具。试验表明，畜舍氨气量可由RDP控制，MUN主要来源于RDP，因此，MUN可以作为控制氨气的一个重要指标。通过检测大量日粮粗蛋白质水平结果发现，当MUN浓度≥25时，MUN与尿液尿素氮（Urine Urea Nitrogen，UUN）的排泄呈线性相关。日粮蛋白质摄入量的增加导致尿氮浓度的升高，超过动物蛋白质需要量的氮，都通过尿液排出，而检测乳尿素氮，可以有效控制尿氮的排泄，以减少环境污染。

（六）国内外牛奶尿素氮参考标准研究进展

国内外科研工作者根据对MUN的研究，提出了适合本国奶业发展的实际情况的MUN标准浓度参考值。

1. 外MUN参考标准

美国MUN标准浓度。在奶业发达的美国，关于牛群MUN的标准浓度范围至今还存在争议。美国科学家和各高校有着不同的看法，康奈尔大学和伊利诺伊州立大学的MikeHutjens和Larry研究表明，正常的MUN值的范围是10~14mg/dL。同时，他们提出在此基础上给牛群MUN浓度提出一个底线（8~16mg/dL）。

肯塔基大学的Laranja和Amaral-Phillips研究认为，在奶牛饲养和干物质采食量处于最佳状态时，MUN值主要集中在10~16mg/dL。具有相同采食量的个体牛MUN浓度范围=牛群MUN浓度平均值±6。例如，牛群平均MUN值为12mg/dL，则牛群中95%的牛MUN值处于6~18mg/dL。这一结果同样被密歇根州立大学的研究所证实。尽管科学家对于MUN的正常范围有着不同的建议，但一般的经验法则认为牛群的平均MUN浓度应处于10~16mg/dL。采集样本计算群体平均MUN浓度时，样本量应至少达到10头。内布拉斯加大学的Dennis Drudik等研究表明，12-18mg/dL才是正常的MUN浓度范围。同时还研究得出，个体牛MUN浓度范围处于8~25mg/dL。宾夕法尼亚州立大学的研究人员推荐范围为10~14mg/dL，另一些则建议在范围8~12mg/dL，而Virginia Ishler认为最合适的范围应为8~14mg/dL。近期检测的MUN浓度范围反映出奶牛对日粮蛋白质、蛋白质平衡、蛋白组分和碳水化合物的需求量。MUN值通常关系到日粮蛋白质水平，大约为16%威斯康星大学的研究人员估计，当蛋白质水平位于15%~18.5%时，蛋白质含量每变化1%，MUN浓度会相应改变2mg/dL。MUN浓度高于12~14mg/dL时牛群尿素氮排泄物会增加。当MUN浓度变化大于2~3mg/dL时，问题很有可能出在饲料配方和饲喂管理方式上了。

2. 加拿大MUN参考标准

根据安大略奶牛群改良计划，MUN浓度的正常范围是10~16mg/dL。MUN浓度低于这个范围时，可能需要更多的降解蛋白质，以满足蛋白质合成所需的微生物氮。对日粮做这种改变，母牛会生产出较多的奶；MUN浓度超出正常的范围，可能是喂的总蛋白质或RDP太多，或能量太少。

但据Steve Adam研究，当MUN浓度处于8～14mg/dL时，产奶量和蛋白质为最大值。如今，这已成为加拿大新的目标范围。可能是由于缺乏RDP，当MUN值低于8mg/dL时不可能有最大的产奶量。然而，当MUN值高于14mg/dL时，将不会有高产奶量。

3. 欧洲MUN参考标准

在欧洲，据Marenjak研究，MUN值在10～30mg/dL变化。同时，据Young报道，推荐使用的MUN浓度处于12～16mg/dL。MUN和牛奶中蛋白质含量是检测能氮是否平衡的指标，若牛奶中蛋白质含量在正常范围内（3.2%～3.8%），且MUN处于15～30mg/dL，则能量水平和蛋白水平被认为是处于最佳状态。此外，荷斯坦奶牛的平均MUN是23.70mg/dL。

4. 我国MUN参考标准

综上所述，美国MUN标准浓度处于10～14mg/dL，加拿大MUN标准浓度为8～14mg/dL。欧洲MUN标准浓度范围为15～30mg/dL。由于我国在粗饲料质量方面与美国、加拿大的水平有一定差距，因此导致能氮不平衡，氮利用率下降，以致我国奶牛MUN值可能会普遍偏高。目前国内DHI报中采用的MUN浓度范围参考标准是10～18mg/dL。

5. 使用原料奶配制尿素氮校准用标准样品

DHI测定中心除使用专用的标准物质外，可以结合实际需要自行配制尿素氮校准样品。上海光明荷斯坦牧业有限公司DHI检测中心的孙咏梅等人做了用原料乳为原料配制尿素氮标准样品相关的探索，配制出浓度范围为5～50mg/dL（相当于尿素氮浓度范围为2.33～23.33mg/dL）的尿素标准样品作为校准样品。

配制过程如下：

（1）稀释原料奶

在制作标准样品前先检测一下原样品中的尿素实际含量，如尿素的实际含量数值较高，建议加入纯净水进行稀释，典型的基准原样品的尿素含量控制在10mg/dL左右。

（2）分装

将稀释并摇匀的原料奶分装到10个编好号的样品瓶中，其中1号样品瓶装入45mL原料奶和45mL纯净水，2～10号样品瓶装入90mL原料奶。

（3）溶解

称预先已经105℃下烘干了2～4h并干燥冷却后的分析纯尿素9g，加入45～50的50mL纯净水中充分溶解。

（4）调配

用10～200μL的移液器依次按25的倍数逐渐添加已经配制好的尿素溶液，从第3号瓶开始添加，然后再次摇匀。这样从第1号至第10号的牛奶样品的尿素浓度梯度大约逐级升高5mg/dL左右，浓度范围为5～50mg/dL。

（5）检测分析

使用尿素分析仪对上述分装好的梯度尿素样品分析得到实际的尿素含量数值，将得到的检测数值与样品——对应，便得到了一组带有梯度的原料牛奶尿素指标的标准样品。对于每个标准样品用尿素分析仪进行尿素含量检测时每个样品至少分析2次，并评估其重现性，如重现性无异常，每个样品的尿素含量为2个平行样检测数值的平均数。

根据国内外各MUN参考标准的范围，该DHI中心配制的尿素标准样品的浓度范围符合各检测仪器的校准使用。为了保证乳成分快速分析仪测量数据的准确性，应每月至少进行1~2次校准工作。

第四章　奶牛疾病防治技术

第一节　传染病

一、口蹄疫（Foot and mouth disease）

口蹄疫是由口蹄疫病毒引起的急性热性高度接触性传染病。本病的特征是口腔黏膜、蹄部及乳房皮肤发生水疱和溃烂。

（一）病原

病原为口蹄疫病毒（Foot and mouth disease virus，FMDV）。口蹄疫病毒（FMDV）为微核糖核酸病毒科（picomaviridae）中的口蹄疫病毒属（aphtha–virus）成员。核酸为RNA，全长8.5kb。病毒由中央的核糖核酸和周围的蛋白壳体所组成，无囊膜，成熟病毒粒子约含30%的RNA，其余70%为蛋白质。其RNA决定病毒的感染性和遗传性，病毒蛋白质决定其抗原性、免疫性和血清学反应能力，并保护中央的RNA不受外界核糖核酸酶等的破坏。

FMDV具有多型性、易变性的特点。根据其血清学特性，现已知有7个血清型，即O、A、C、SAT1、SAT2、SAT3（即南非1、2、3型）以及AsiaI（亚洲1型）。同型各亚型之间交叉免疫程度变化幅度较大，亚型内各毒株之间也有明显的抗原差异。病毒的这种特性，给本病的检疫、防疫带来很大困难。

FMDV在病畜的水疱皮内及其淋巴液中含量最高。在水疱发展过程中，毒进入血流，分布到全身各种组织和体液。在发热期血液内的病毒含量最高，退热后在奶、尿、口涎、泪、粪便等都含有定量的病毒。

口蹄疫病毒能在许多种类的细胞培养内增殖，并产生细胞病变。常用的有牛舌上皮样细胞、牛甲状腺细胞、猪和羊胎肾细胞、乳仓鼠鼠肾细胞等，其中以犊牛甲状腺细胞最为敏感，并能产生很高的病毒滴度，因此，常用于病毒分离鉴定猪和仓鼠的传代细胞系，如PK15、BHK$_{21}$和IB–RS–2等细胞也很敏感，常用于本病毒增殖。培养方法有单层细胞培养和深层悬浮培养，后者适用于疫苗生产，近来应用微载体培养细胞繁殖口蹄疫病毒已获得成功。

豚鼠是常用的实验动物，在后肢跖部皮内接种或刺划，常在24～48h后在接种部位形成原发性水疱，此时病毒在血液中出现，于感染后2～5d可在口腔等处出现继发性水疱。未断乳小鼠对本病毒非常敏感，是能查出病料中少量病毒最好的实验动物，一般用3～5日龄（也可用7～10日龄）的乳鼠，皮下或腹腔接种，经10～14h表现呼吸急促、四肢和全身麻痹等症状，于16～30h内死亡。其他如犬、猫、仓鼠、大鼠、家兔、家禽不和鸡胚等人工接种亦可感染。

FMDV对外界环境的抵抗力较强，不怕干燥。病毒对酸和碱十分敏感，因此，很多消毒药均为FMIDV良好的消毒剂。肉品在10～12℃经24h，或在4～8℃经24～48h，由于产生乳酸使pH下降至5.3～5.7，能使其中病毒灭活，但骨髓、淋巴结内不易产酸，病毒能存活1d以上。水疱液中的病毒在60℃经5～15min可灭活，80～100℃很快死亡，在37℃温箱中12～24h即死亡。解牛奶中的病毒在37℃可生存12h，18℃生存6d，酸奶中的病毒迅速死亡。

（二）流行病学

口蹄疫病毒侵害多种动物，但主要为偶蹄兽。家畜以牛易感（奶牛、牦牛、编牛最易感，水牛次之），其次是猪，再次为绵羊、山羊和骆驼。仔猪和犊牛不但易感，而且死亡率也高。野生动物中黄羊、鹿、麝和野猪也可感染发病；长颈鹿、扁角鹿、野牛等都易感，性别与易感性无关，但幼龄动物较老龄易感。

病畜是最危险的传染源。在症状出现前，从病畜体内开始排大量病毒，发病初期排毒量最多。病毒随分泌物和排泄物排出。水疱液、水疱皮、奶、尿、唾液及粪便含毒量最多，毒力也最强，富于传染性。牧区的病羊由于患病期症状轻微，易被忽略，因此，羊群可成为长期的传染源。猪感染后的排毒量为牛的100～2000倍，因此认为猪对本病的传播起着相当重要的作用。隐性带毒者主要为牛、羊及野生偶蹄动物，猪不能长期带毒。一般认为疫苗毒株的散毒和变异是引起口蹄疫暴发的主要根源。感染口蹄疫的人也可常带毒和散毒。畜产品（皮毛、肉品奶制品）、饲料、草场、饮水和水源交通运输工具、饲养管理用具，一旦被病毒行染，均可成为传染源。有人认为候鸟带毒是某些偏远地区多年不发生口蹄疫后突然暴发的原因，但此说尚未获得充足的证据。

当病畜和健康畜在一个厩合或牧群相处时，病毒常借助于直接接触方式传递，这种传递方式在牧区大群放收、牲畜集中饲养的情况下，较为多见。通过各种媒介物而间接接触传播也具有实际意义。病毒可以经风传递到60km以外的地方，而在海上可传播到1250km以外的海面。高湿、短日照、低气温等气候条件有助于空气传播。通过带毒家畜和被污染的畜产品的流通，船舶和飞机上的被污染泔水，风、人和鸟的机械性携带病毒等途径跨国传播。

本病的发生没有严格的季节性，但其流行却有明显地区以春、秋两季为主。一般冬、春季较易发生大流行，夏季减缓和平息。口蹄疫的暴发流行有周期性的特点，每隔一两年或三五年就流行1次。

（三）主要症状和病理变化

潜伏期平均2～4d，最长可达1周左右。病牛体温升高达40～41℃，精神委顿，食欲减退，闭口，流涎，开口有吸吮声，1～2d后在唇内面、齿龈、舌面和颊部黏膜发生蚕豆至核桃大的水疱，口温高，此时口角流涎增多，呈白色泡沫状，常常挂满嘴边，采食反刍完全停止。水疱约经一昼夜破裂形成浅表的红色糜烂，水疱破裂后，体温降至正常水平，糜烂逐渐愈合，全身症状逐渐好转。如有细菌感染，糜烂加深，发生溃疡，愈合后形成瘢痕。有时并发纤维素性坏死性口膜炎和咽炎及胃肠炎。有时在鼻咽部形成水疱，引起呼吸障碍和咳嗽。在口腔发生水疱的同时或稍后，趾间及蹄冠的柔软皮肤上表现红肿疼痛，迅速发生水疱，并很快破溃，出现糜烂或干燥结成硬痂，然后逐渐愈合。若病牛衰弱或饲养管理不当，糜烂部位可能发生继发性感染化脓、坏死，病畜站立不稳，行路跛拐，甚至蹄匣脱落。乳头皮肤有时也出现水疱，很快破裂形成红斑，如涉及乳腺可引起乳房炎，泌乳量显著减少，有时乳量减少达75%以上，甚至停乳。

本病一般为良性经过，约经1周即可痊愈。如果蹄部出现病变时，则病期可延长至2～3周或更久。病死率很低，不超过1%～3%，但在某些情况下，当水疱病变逐渐痊愈，病牛趋向恢复时，有时可突然恶化。病牛全身虚弱，肌肉发抖，特别是心跳加快，节律失调，反刍停止，食欲废绝，行走摇摆，站立不稳，因心脏麻痹而突然倒地死亡。这种病型称为恶性口蹄疫，病死率高达20%～50%，主要是由于病毒侵害心肌所致。

哺乳犊牛患病时，水疱症状不明显，主要表现为出血性肠炎和心肌麻痹，死亡率很高。病愈牛可获得1年左右的免疫力。

动物口蹄疫除口腔和蹄部的水疱和烂斑外，在咽喉、气管、支气管和前胃黏膜可见到圆形烂斑和溃疡，真胃和肠黏膜可见出血性炎症。心脏的病理变化具有重要的诊断意义，心包膜有弥散性及点状出血，心肌松软，心肌表面和切面有灰白色或淡黄色斑点或条纹，似老虎皮上的斑纹，故称"虎斑心"。

（四）诊断要点

根据流行病学、症状和病理变化可做出初步鉴别诊断，确诊需做病原分离和鉴定。国际标准诊断方法为间接夹心ELISA，可将病毒鉴定到血清型。

口蹄疫一年四季均可发生，常呈流行性或大流行性，并有一定的周期性，主要侵害多种偶蹄兽，患病动物的口腔和蹄部有特征性的水疱和烂斑，犊牛死后剖检可见"虎斑心"和出血性胃肠炎病变。

（五）防治措施

防治本病应根据本国实际情况采取相应对策。无病国家一旦暴发本病应采取屠宰病畜、消灭疫源的措施；已消灭了本病的国家通常采取禁止从有本病国家输入活畜或动物产品，杜绝疫源的传入；有本病的地区或国家，多采取以疫苗注射为主的综合防制措施。口蹄疫疫苗有弱毒疫苗和灭活疫苗两种。牛口蹄疫弱毒疫苗可能在畜体和肉品内长期存在，对猪构成疫病散布的潜在威胁，而病毒在多代通过易感动物后，可能出现返祖现象，是一个不可忽视的危险，因此，许多国家禁止使用弱毒疫苗。不少国家采用悬浮的BHK_{21}细胞系和IB-RS-2细胞系培养生产的灭活疫苗。

当口蹄疫暴发时，必须立即上报疫情，确切诊断，划定疫点、疫区和受威胁区，并分别进行封锁和监督，禁止人、动物和物品的流动。在严格封锁的基础上扑杀患病动物及其同群动物，并对其进行无害化处理；对剩余的饲料、饮水、场地、患病动物污染的道路、圈舍、动物产品及其他物品进行全面严格的消毒。当疫点内最后一头患病动物被扑杀以后，3个月内不出现新病例时，上报上级机关批准，经终末彻底大消毒以后，可以解除封锁。同时对疫区内易感畜群需用与当地流行株相同的血清型或亚型的灭活疫苗进行紧急接种。对受威胁区内的健康牛群进行预防接种，以建立免疫带来防止疫情扩展。

（六）诊疗注意事项

能够引起牛口腔出现丘疹、水疱、糜烂、溃疡的疾病很多，故应做好鉴别诊断。与口蹄疫类似的传染病主要有茨城病、水疱性口炎、丘疹性口炎、牛病毒性腹泻/黏膜病、牛瘟和恶性卡他热等。

二、布鲁氏菌病（Bovine brucellosis）

牛布鲁氏菌病是由布鲁氏菌引起的急性或慢性人畜共患传染病。家畜中牛、羊、猪经常发生，还可经其传染给人和其他家畜。以生殖道和胎膜发炎，引起流产、不育和各种组织的局部病灶为主要特征。

（一）病原

流产布鲁氏菌（Brucella abortus）呈球形、球杆状或短杆状，常散在，不形成芽孢和荚膜，无鞭毛，革兰菌染色阴性。37℃需氧或微需氧条件培养，在初代分离时，需5%～10%CO_2。在血清肝汤琼脂培养基上，呈圆形、隆起、边缘整齐的无色菌落；在土豆培养基上生长良好，呈黄色菌苔；在液体培养基中可形成菌环，但需长时间培养。菌落有光滑型（S）和粗糙型（R）之分。对环境抵抗力强，但对消毒剂和湿热的抵抗力不强，用2%石炭酸、来苏儿、烧碱溶液消毒，可在1h内将其杀死。

布鲁菌的抗原结构复杂，目前可分为属内抗原与属外抗原，前者包括A、M、R等表面抗原。光滑型布鲁菌有A抗原和M抗原，R抗原是大多数非光滑型布鲁菌的共同抗原决定簇。可用凝集试验鉴别到种和生物型。布鲁菌胞浆内的可溶性抗原是布鲁菌属特异抗原，其成分复杂。布鲁菌的属外抗原可与巴氏杆菌、假单胞菌、沙门菌、大肠埃希菌等属的细菌发生交叉凝集反应。进行血清学诊断时，可用巯基化合物处理血清，能明显地甚至是完全消除交叉反应。

侵入动物机体的细菌虽然被巨噬细胞吞噬，但却避免了消化道内的消化，且能在巨像馆跑内增难。感染初期本菌可广泛分布于机体全身各部位，后期仅局限于乳房及其周围淋巴结。妊娠动物感染时，与其他脏器相比本菌更易在胎盘和胎儿体内增殖。布鲁菌箱能特异地在胎盘子叶的巨细胞中增殖，由于细菌的增殖，子叶巨细胞的功能被破坏，而成为流产的诱因之一。本菌经过子叶巨细胞进一步感染胎儿。胎儿对母体而言是一种异物，为了抑制免疫排斥反应并维持妊娠，母体内产生以Th2为主的白细胞介素。布鲁菌属细菌感染后，宿主产生针对性的免疫应答并诱导Th1反应以阻止其在细胞内的增殖，从而抑制病情的恶化。妊娠动物被感染后，同样也会诱导以Th1为主的反应，这可能是破坏了Th1/Th2的平衡从而引发流产。

（二）流行病学

本病遍及世界各国，尤其是地中海地区、阿拉伯湾地区、印度和中南美洲。本病的易感动物范围广，除羊、牛、猪外，还可感染水牛、野牛、羚羊、鹿、骆驼、野猪、猫、狐、狼以及一些啮齿动物。动物的易感性可能是随性成熟年龄接近而增高。性别对易感性无明显差别，但公牛似乎有抵抗力。

布鲁菌病可通过口、皮肤、配种、黏膜等途径感染。本病不仅动物之间可以相互传播，也可从感染的动物传染给人类，其传播途径也大致相同。流产胎儿、胎盘、恶露、精液和乳汁中含有大量细菌，从而成为传染源。尤其是通过被污染的饲料和饮水传播给健康的家畜，还可以通过流产后子宫恶露污染厩舍方式传播给同居的家畜，也可通过吸血昆虫传播。

直接接触流产病畜机会的兽医师、饲养管理人员和乳业从业者等都有感染过本病的病例。本菌可以从病牛乳汁排出，因此，本病具有重要的公共卫生学意义。

（三）主要症状和病理变化

牛感染后，可致流产、不孕、睾丸炎、关节炎和脓肿、乳房炎。牛流产以妊娠后7~8个月多发，其次流产率由高到低依次为妊娠后6、5、4和9个月。其他动物感染后也流产，但流产率与妊娠期之间没有任何关联。

人感染后无特征性临床表现，可见体温升高、关节痛、易疲劳、精神萎靡等症状。孕妇感染后也有流产的报道。另外，流产的动物缺乏像布鲁菌病患者的体温升高和其他临床表现，难以从临床观察到动物是否感染布鲁菌病。流产前也没有任何先兆，因此，本病的流产难以预测。

本病的主要病变为胎衣水肿，星胶冻样浸润，有些部位覆有纤维素絮片和脓液，有的伴有出血点。绒毛叶部分覆有灰色或黄绿色纤维素、脓液絮片或脂肪状渗出物。胎儿胃内有淡黄色或白色黏液絮状物，但以第四胃最为明显。肠胃和膀胱的浆膜下可能见有点状或线状出血点，脐带常呈浆液性浸润、肥厚。皮下呈出血性浆液性浸润。公牛生殖器官精囊内可能有出血点和坏死灶，睾丸和附睾可能有炎性坏死灶和化脓灶。

病理组织学病变特征为脾脏、肝脏、淋巴结、胎盘、子宫、乳腺和睾丸等器官出现结节性肉芽肿。结节中心聚集了大量的大而透明细胞质的类上皮样细胞，其外围为大量的淋巴细胞。结节中心杂有成纤维细胞，有时见到坏死和细菌团块。

（四）诊断要点

根据临床症状、病理变化进行初步诊断。确诊需要进行病原学和血清学诊断。可以用流产或死产胎儿的消化道内容物、胎盘、恶露、乳汁、精液、淋巴结和主要脏器等进行病原分离。马耳他布鲁菌和猪布鲁菌在需氧条件下能够生长，而流产布鲁菌有时在 $3\% \sim 10\%$ 的二氧化碳条件下能增殖。检测牛布鲁病的血清学诊断方法有用虎红平板凝集试验检疫牛群中血清阳性牛，对筛选的阳性或疑似牛用试管凝集试验、补体结合试验及ELISA确诊。其中补体结合试验和ELISA较其他血清学试验具有敏感性和特异性。

（五）防治措施

布鲁菌是兼性细胞内寄生菌，致使药物不易生效。目前，对于本病的治疗尚无理想的方法，一般采用检疫、淘汰病畜来防止本病的流行和扩散。

本病着重体现"预防为主"的原则，最好的方法是"自繁自养"。若需引种时，对引进牛隔离2个月，在此期间检疫2次，如均为阴性方可混群。对农区以舍同为主的清净牛群应定期检疫，一年至少1次，一经检出阳性牛，应及时送隔离区饲养或淘汰。对牧区的牛群如没有隔离条件，则不检疫，一律进行免疫接种。目前我国常用的交苗有猪布鲁菌2号弱毒疫苗（S2）和马尔他布鲁菌5号弱毒疫苗（M5），这两种苗对牛均有较好的免疫效果。

一旦发生本病时，应及时隔离或淘汰流产母牛，彻底消毒产房和周围环境，流产胎儿和胎衣深埋处理。对发病牛群每隔2～3个月进行1次检疫，将检出的阳性牛应隔离饲养或淘汰，直至全群连续2次检疫为阴性结果后，在6个月内再检疫2次均为阴性结果，而且牛群中不再发生流产，方可认为已清除本病。如牛群经过多次检疫、隔离病畜后，仍不断出现阳性牛，可应用疫苗进行免疫接种。由犊牛培育健康牛群，也是根除本病的一种很好的措施，即病牛所生犊牛立即隔离，以母牛初乳人工哺乳5～10d，待5月龄和9月龄时，各检疫1次，全部阴性时即可认为健康犊牛。

（六）诊疗注意事项

以繁殖障碍综合征为主的牛传染病包括牛布鲁菌病、牛生殖道弯曲菌病、牛地方流行性流产、赤羽病、Q热、牛细小病毒感染、中山病、爱野病毒感染等，因此，诊断时应该注意这些传染病的鉴别诊断。

人类布鲁菌病的预防，要注意职业性感染，凡在动物养殖场、屠宰场、畜产品加工厂的工作者以及兽医、实验室工作人员等，必须严守防护制度（即穿着防护服，做好消毒工作），尤其在仔畜大批生产季节，更要特别注意。病畜乳肉制品必须灭菌后食用。必要时可用疫苗（如Ba-19苗）皮上划痕接种，接种前应进行变态反应试验，阴性反应者才能接种。

三、牛的结核病（Bovine tuberculosis）

牛结核病是由牛型结核分支杆菌引起的人畜共患的慢性传染病，以被感染的组织和器官形成特征性结核结节和干酪样坏死为特征。

（一）病原

筑校分支杆菌Moreren lrulosi）为革兰阳性微弯细长杆菌，抗酸染色显阳性，用配氏（Ptgenp 培养基和罗杰二氏（Lmeteeireen）培养基进行分离培养，接种后经3周左右才能生长。对干燥和湿冷的抵抗力很强，对热的抵抗力差，60℃ 30min即可死亡。在直射阳光下经数小时死亡，常用消毒药经4h可将其杀死。分支杆菌属有4个种，杆菌、禽型结核分支杆菌、牛型结核分支杆菌、人型结核分支有和副结核分支杆菌。牛型结核分支杆菌主要引起牛结核种其他家备和野生反刍动物及人均可感染，但对家禽无致病性。人型结核分枝杆菌主要引起人的结核病，多数动物均可感染，但对牛毒力较弱，多引起局限性病灶，且缺乏肉眼变化，即所谓的无病灶反应牛，通常这种牛不能成为传染源，山羊和家禽对本菌不敏感。

结核杆菌的不同抗原成分，诱发机体产生不同反应：如结核杆菌浸出物（结核菌素）与其细胞壁成分注入体内，可产生变态反应，但不产生免疫反应：若注射结核杆菌核蛋白体RNA，则机体产生免疫，而不产生变态反应。其原因是刺激不同的T细胞所致。因此，机体感染结核杆菌时，同时存在免疫应答和迟发性变态反应。

（二）流行病学

宿主有牛、水牛、绵羊、山羊、鹿、马、猪、人、大、猫、狐狸、海豹等多种哺乳类动物。病牛是主要传染源。病原随粪便、乳汁、尿及气管分泌物排出体外，污染周围环境、饲料、饮水和空气，经呼吸道和消化道传播，交配也可能感染。牛对牛分支杆菌最易感，不分品种和年龄均可感染发病。

本病遍及世界各国。英国从1996年以后，每年用结核菌素检出5000头以上的结核阳性牛。牛结核病随着牛群的迁移而广为散播的同时，在牛结核病的流行过程中牧场带菌的獾作为传染源也起着重要的作用。新西兰的袋鼠作为牛型结核分支杆菌的保菌动物备受瞩目，袋鼠尸体的皮肤结核病灶成为感染牛群的传染源。美国密歇根的野鹿结核病发生率高，在同一地区的野鹿常将结核病传播给牛，而食肉动物浣熊、丛林狼通过捕食带菌野鹿而感染结核病。

（三）主要症状和病理变化

潜伏期为16~45d，长者达数月，甚至数年。牛结核病中肺结核最为常见。病牛在初期食欲正常，主要呈现顽固性的咳嗽，尤其在清晨最易见到。后期肺部病变严重时，表现呼吸困难，鼻孔有干酪样鼻汁，咳嗽加重，胸部听诊有干性或湿性啰音，有时可听到摩擦音。病畜日渐消瘦、贫血。常见体表淋巴结肿大，如肩前、股前、腹股沟、颌下、咽及颈淋巴结肿大。

本病除肺结核外，还有乳房结核、犊牛肠结核（腹泻）、生殖器官结核（性机能紊乱）、结核性脑膜炎（神经症状）等。结核病肉眼病变最常见于肺，其次为淋巴结。在肺脏或其他器官的结核病变有两种病理变化：一是结核结节，二是干酪样坏死。结核结节为增生性炎，由上皮样细胞和巨噬细胞集结在结核菌周围，构成特异性肉芽肿，外层是一层密集的淋巴细胞或成纤维细胞形成的非特异性肉芽组织，大小为粟粒大至豌豆大，呈灰白色，切开后见有干酪样坏死。在检查肺脏结核结节时，有些病例肺脏表面貌似正常，但触摸时会发现坚硬的结核结节，因此触摸肺病变部位是病理剖检诊断的关键。肺结核结节有的钙化，切开时有砂砾感，有的坏死组织溶解，排出后形成空洞，主要在肺脏。有的病例在胸膜和腹膜可见大小不等的密集的灰白色坚硬结节，即为所谓的"珍珠病"，乳房结核病变多数为弥漫性干酪样坏死。本病初期的病理组织学变化主要表现为炎性细胞浸润至渗出性炎症，也可形成慢性增生性结核结节。结核结节的中心呈凝固性坏死，坏死中心包裹含有多核巨细胞的类上皮样细胞层，其外层包有纤维细胞和胶原纤维层。

（四）诊断要点

根据病理学、临床症状和病理变化可以做出初步诊断。牛结核病在肺脏、淋巴结、乳房、肠道等部位有其特征性的灰白色结核结节和干酪样坏死，因此易区别于其他呼吸道传染病。确诊需要进行病原学和血清学诊断。可以采集颈部、胸腔淋巴结、肠系膜淋巴结、乳房附属淋巴结及带有干酪样病灶的脏器用作病原分离培养鉴定。用结核菌素反应来诊断结核病。将结核菌素诊断液注入尾根部皮内，经48~72h根据测定的皮差判定结果。如怀疑禽型结核分支杆菌等非结核性抗酸菌所致的感染，也可同时用禽型和牛型结核菌素PPD进行颈部皮内接种，再进行比较予以判定。作为以细胞免疫为指标诊断本病的新方法，试用γ-干扰素检查方法。其原理为结核感染牛的淋巴细胞受到牛结核分支杆菌抗原的刺激后，在增殖过程中释放出大量的γ-干扰素。根据这一原理，在分离的牛血液淋巴细胞中添加牛型结核菌素PPD培养24h后，用ELISA检测培养细胞上清液中的γ-干扰素的量，如果添加牛型结核菌素PPD后，检测到高浓度的γ-干扰素，则可判定被检牛为阳性。

（五）防制措施

尚无有效治疗方法。目前还没有理想的疫苗。本病的预防主要是采取检疫、分群隔离、培育健康犊牛群的措施，最终要达到无本病牛群的目的。另外，还要加强卫生和消毒措施。

（1）检疫用牛型结核分支杆菌素（PPD）皮内变态反应试验对无结核病史，连续3次检疫均为阴性反应的健康牛群，每年春、秋两季各进行1次检疫；对曾经检出结核阳性牛，每年检疫阳性率在3%以下的假定健康牛群，每年检疫4次；对阳性检出率在3%以上的结核污染牛群，每年进行4次以上或反复多次检疫，每次间隔30~45d，直到检净为止，尽快过渡到假定健康牛群或健康牛群：对犊牛群，于生后20~30d、100~120d和6月龄各检疫1次。

（2）分群隔离根据检疫结果把牛群分为健康牛群、假定健康牛群、结核污染牛群（阳性病牛群）。将这3群牛分群隔离饲养，对检出的结核阳性反应牛，应立即送到隔离牛群进行饲养：对检出的疑似反应牛，经30~45d后应进行复检；对有临床症状的重症病例（开放性结核病牛），应予扑杀，肉经高温处理可以食用，有病变的内脏应销毁或深埋。

（3）培育健康犊牛群对隔离牛群的牛所生的母犊牛，喂以3~5d初乳或健康牛初乳，之后喂健康消毒乳进行培育。对这些牛群应进行3次检疫，于生后2~30d、100~120d和6月龄各检疫次。在检变过程中，如出现阳性反应牛，应立即送到隔离牛群饲养，对疑似反应牛，经30~45d后应再进行复检。若经3次检疫均为阴性反应牛，可转入假定健康牛群，随后进行定期检疫，隔离、淘汰和分群的方法，培育出健康牛群。

（4）注意消毒，定期用5%来苏儿，或3%氢氧化钠，或0.1%~0.5%过氧乙酸消毒畜舍、饲养用具和运动场等。隔离牛群的牛所生产的牛奶，需经煮沸消毒后出场。

（六）诊疗注意事项

（1）牛结核病的主要特征是干酪样病灶，但是这种病变除本病外，还有牛化脓性隐秘杆菌感染、牛伪结核棒状杆菌感染和牛的诺卡菌病。因此，诊断时将病料用抗酸染色，或病原分离，或PCR加以鉴别。

（2）治疗时，由于结核分支杆菌属于细胞内寄生菌，即使用敏感的抗生素也很难根除本菌。因此，对发病牛不予治疗。

四、奶牛乳房炎

牛奶是母畜哺乳幼仔时由乳腺分泌出的一种白色或略带微黄色的液体，也是为人类提供丰富营养的重要备产品。牛奶中除各种营养素，如脂肪、蛋白质、乳糖等外，还有一定量的体细胞，国际上把奶中的体细胞数简写为SCC，即每毫升牛奶中所含体细胞的数量。其主要成分是白细胞，约占总量的99%，主要有两个来源：一是来自乳腺分泌组织中的上皮细胞（也称腺细胞）；二是来自与炎症进行搏斗而死亡的白细胞，包括大部分巨噬细胞、淋巴细胞等。腺细胞是正常的体细胞，是乳腺进行新陈代谢过程的产物，在奶中的含量相对恒定。而白细胞是一种防卫细胞，可以杀灭感染乳腺的病菌，还可以修复损伤的组织。当母畜受到病菌感染时，白细胞由于自身的趋化性而在受感染处蓄积。它们经血液循环进入乳腺，并通过分泌细胞间隙进入牛乳中，经实验表明，理想的SCC范围为第1胎≤15万/mL，第2胎≤25万/mL，第3胎≤30万/mL体细胞。通常，影响体细胞数变化的因素有病原微生物对乳腺组织的感染、分群或饲养模式突变产生的应激、环境、气候、遗传、胎次等，其中致病菌对体细胞的影响最大，且细菌数量的多少是影响乳房严重程度的最主要因素。因此，人们可以通过对SCC的监控来监督乳房及奶牛的健康状况，及时发现隐性乳房炎等疾病，提高奶牛群体的产奶量和牛群的整体健康状况。

（一）隐性乳房炎

奶牛隐性乳房炎是现今影响奶牛群体健康与产奶量最严重的疾病之一，据国际奶牛联合会统计，20世纪70年代，奶牛临床型乳房炎患病率约为2%，隐性乳房炎则高达50%。在我国，发病率平均可达70%，且造成了严重的经济损失。因此，我们应加大对奶牛隐性乳房炎的防治，稳定我国的奶牛产业。

1. 疾病特征

此病基本无明显的临床症状，但通过对乳汁的检测，可发现乳汁中的体细胞的数量增加，通过病理检查，可发现乳腺或乳腺叶间组织发生病变。此外，可间接引起生殖系统的感染，导致奶牛产后发情时间延长，受胎率下降等。

2. 疾病病因

病因有以下几点因素，其中细菌感染被广泛认为是引起乳房炎最主要原因：

（1）病原微生物引起乳房炎感染的病原菌大多为金黄色葡萄球菌和链球菌，其他还有大肠埃希菌、绿脓杆菌、化脓性棒状杆南、坏死杆菌等。这些病菌汁经乳头管侵入引起发病，也有的是经胃肠道等侵入乳房而引起疾病的。

（2）环境因素如牛舍尘埃多、不清洁、不消毒；牛床潮湿，不及时冲洗、消毒；运动场泥泞、饲草不清洁；奶牛卫生条件差，乳房被泥土、粪便污染；挤奶器上的橡皮管不经常更换，或清洗挤奶器不加任何消毒剂等一系列易造成污染的情况。

（3）外伤性因素各种外伤和挤奶技术不熟练或操作不当，导致乳头管或乳池黏膜损伤，都能引发隐性乳房炎。

（4）内源性感染如产后败血症、急性子宫内膜炎、胃肠炎等疾病，病原菌随血液流入乳房区，造成局部反应性隐性乳房炎的发生。

（5）饲养管理日粮营养不均衡，对于高产奶牛，高能量、高蛋白质的日粮有利于保护和提高产奶量，同时也增加了乳房的负荷，使机体的抵抗力降低，从而引发乳房炎。

而一定量的维生素和矿物质在抗感染中能起重要作用，如补充亚硒酸钠、维生素E、维生素A会降低乳房炎的发病率。

（6）应激在不良气候（包括严寒、酷暑等）、惊吓、饲料发霉变质等情况下，会影响奶牛的正常生理机能，致使乳房炎发病增多。兽医操作不规范、高胎次、年龄大的奶牛也易患隐性乳房炎。

3. 疾病的诊断

隐性乳房炎无明显的临床症状，需通过辅助仪器检测乳汁中一些指标的变化来进行疾病的诊断。牛奶中体细胞的含量测定是判别隐性乳房炎的常用方法。

（1）H_2O_2玻片法（过氧化氢酶法）即通过检测乳汁中白细胞的过氧化氢酶活性，来推断白细胞的含量。

（2）乳汁pH检验法分为试管法和玻片法。当乳汁的pH上升可判定为隐性乳房炎。

①乳汁导电性检查法。隐性乳房炎的乳汁的电导率高于正常值，但不同的个体及不同的饲养管理状况，乳汁电导率变化较大，因此在判断隐性乳房炎之前，需先确定不同牛群正常乳汁的阈值。

②酶检验法。不同的乳房炎病原微生物感染乳腺时呈现不同的酶象变化，与阴性感染的乳腺相比，LDH、ACP、GOT、和GPT的活性均增加。这些都为间接诊断隐性乳房炎，判断有关的乳腺损害程度提供了科学依据。可以作为诊断隐性乳房炎和乳腺损害程度的一个重要指标。另外，N–乙酰B–D氨基葡萄糖苷酶（NAGASE）的检验在检验奶牛乳房炎时也常使用。认为NAGASE检验可作为一种快速的检查方法。

③乳清电泳诊断法：根据健康、可疑和隐乳的乳清蛋白质含量的变化规律与电泳图讲的直观结果相一致，可直接根据乳清电泳图谱变化而判断奶牛是否患隐性乳房炎。

（3）4%氢氧化钠凝乳法：在有黑色背景的载玻片上，滴入被检乳（鲜乳或冷存2天内的乳）5滴，加入4%氢氧化钠溶液2滴，搅拌均匀。判定：若形成微灰色不透明沉淀物为隐性乳房炎（–）、沉淀物极微细为（±），反应物略透明，有疑块形成为（++），反应物完全透明，全呈凝块状为（+++）。

4. 防治措施

（1）提高饲养管理水平

①做好挤奶卫生：母牛要整体清洁，尤其是乳房要清洁、干燥。乳头在套上挤奶杯前，用水冲洗，再用干净毛巾清洁和擦干。正确的挤奶程序是先用热的消毒液清洗乳头30s之后，再用水清洗后立即擦干乳头，每一头奶牛各使用一条毛巾，此时，不要急于接收牛奶，需先挤下最初几把乳检查，确定其正常后再开始正式的挤奶工作。乳房清洗后60s内套上挤奶器，挤奶的同时要适当调整奶杯位置，防止吸入空气，挤奶完毕后，要先关掉真空，然后再移开挤奶器，并立即对乳头进行药浴，浸液的量以浸没整个乳头为宜。

②干奶期的预防：泌乳期末，每头母牛的所有乳区都要注入抗生素。药液注入前，

要清洁乳头。乳头末端不能有感染。

③加强犊牛、后备牛的培育，及时淘汰慢性乳房炎病牛。

④保持牛群的"封闭"状态，避免因牛的引进或出入带来新的感染源。

⑤定期评价挤奶机的性能：保持挤奶机的真空稳定性和正常的脉动频率，以免损害乳头管的防护机能。要保持挤奶杯的清洁，及时更换易损坏的挤奶杯"衬里"，避免它的"滑脱"而造成感染。

⑥提高营养水平，增加青绿、青贮料饲喂量；改善畜舍环境，使畜舍通风良好，在乳房炎高发季节应定期进行消毒。

（2）药物预防

①内服盐酸左旋咪唑：按每千克体重7.5mg，分娩前1个月开始内服，效果更好。盐酸左旋咪唑虽为驱虫药，但同时具有免疫调节作用，还可以帮助牛恢复正常的免疫功能。

②补充亚硒酸钠或维生素E：每头奶牛每天补硒2mg，或每头奶牛日粮中添加0.74mg维生素E，均可提高机体抵抗微生物的能力，降低乳房炎的发病率。

③用中草药对奶牛隐性乳房炎进行防治：如复方黄连组方（黄连+蜂胶+乳香、没药）和复方大青叶组方（大青叶+五倍子+乳香、没药）制成的中药乳头药浴剂，均对奶牛隐性乳房炎有较好的疗效。

（3）接种乳房炎疫苗

使用方法：肩部皮下注射3次，每次5mL，第1次在牛干奶时注射1针，30d后注射第2针，并于产后72h内再注射第3针。此方法可有效地预防乳房炎的发生。

（二）临床型乳房炎

临床型乳房炎在实际生产中十分常见，该病影响力大且种类繁多，给奶牛产业带来了很多难题。以下将一一介绍各种类型乳房炎的特征及防治，以便更有效地解决一些养殖中的问题。

1. 疾病的分类及特征

临床型乳房炎根据其临床表现，可分为以下4个类型：

（1）浆液性乳房炎

该类型乳房炎的特征是乳房充血，皮下和叶间结缔组织常有浆液性渗出物和白细胞，常发生在母牛产后最初数日。乳房感染的部分肿胀发红，有热和痛。触之硬固，乳房上淋巴结肿大，产奶量减少。轻症者，初期乳汁变化不大，以后逐渐变成稀薄并带有絮状物，由少而多，重症者乳房肿胀很大，产奶量减少，体温升高，饮食大减甚至废绝，精神委顿。

（2）卡他性乳房炎

其病理特征主要是腺泡、腺管、输乳管和乳池的腺状上皮及其他上皮细胞剥脱和变性。根据不同的病变部位，症状也略有不同，可细分为以下两种：

①腺泡卡他：特点为个别小叶或数个小叶的局限性炎症，由炎症部位挤出的奶汁，呈清稀水样，含有絮状凝块。奶牛患部常常温度增高，挤奶时有痛感，体温升高（不超过40.5℃）、食欲减退。

②输乳管和乳池卡他：患部充血、肿胀，乳中含有絮状凝块，可阻塞输乳管，使管腔扩大，外部可摸到面团状结节或感到波动。

（3）化脓性乳房炎

又分为化脓性卡他性乳房炎、乳房肿胀和乳房蜂窝组织炎等几种。临床上均以患部初期发热、肿胀、疼痛，后期化脓，并伴发体温升高，乳房淋巴结肿大，饮食减少，精神委顿等特征。化脓性卡他性乳房炎的急性期过后，患部的炎症程度渐渐减轻，肿胀缩小，精神及饮食正常。但患部组织变性，乳叶萎缩，乳汁稀薄呈黄色或淡黄色。乳房脓肿可由许多小脓肿汇合而成，患部充血发红、发热、肿胀、疼痛。浅表者，肿胀可凸出皮肤表面，触诊中央部有波动感，若发生在深部，触之有疼痛紧张的感觉，需要穿刺见脓确诊。

（4）纤维蛋白性乳房炎

这是一种极其严重的急性乳房炎，其特征是纤维蛋白渗出到乳汁和输乳管的黏膜表面或沉淀在乳腺实质深处，可继发乳腺坏死或脓性液化。通常由卡他性乳房炎发展而来，患部热、肿、痛严重，乳房上淋巴结肿大。伴有全身症状，体温升高到40～41℃，饮食减退或废绝。

2. 疾病病因

（1）环境卫生因素

牛床上的粪便若不能及时清理，奶牛躺下休息时乳房周围便会黏上粪便，加之久卧湿地，导致病原菌的滋长，使奶牛患病。环境卫生的消毒工作不够彻底，没有做到每周对牛群进行带牛消毒。牛舍的灭蝇不及时，导致苍蝇成群地在牛舍中对牛群干扰。各个牛舍之间距离很近，有的甚至是相连的，增加了卫生防疫的难度。牛舍之间员工的相互窜栏现象严重，造成人员带菌传播。

（2）挤奶方面因素

挤奶时，乳头上积水过多，影响乳头药浴液的浓度，妨碍杀菌效果。有些挤奶工不严格执行挤奶操作规程，过度地挤压乳头，造成乳头损伤甚至出血，此状态下乳房极容易受到病原菌的侵袭，导致患病。奶杯消毒不彻底或掉落后未冲洗就又重新套在乳房上，均会污染乳房，导致患病。过早安装挤奶杯或过晚摘下挤奶杯，都会出现空挤，损伤乳头皮肤而导致乳房炎。

（3）营养方面的因素

在奶牛场中，奶牛的饲料原料品质较差，比如有的牛场饲料中的啤酒糟发热变质，有的没有合理添加维生素和微量元素，奶牛的日粮中由于各种原因流失的维生素和微量元素没能及时补充，如维生素E和硒、锌、维生素A等。奶牛场的青贮饲料发生霉变后还拿来喂牛，造成消化系统混乱，也会由于机体的内环境的改变而诱发乳房炎。

（4）应激因素

牛场如地处气温在30℃以上地区，牛场栏舍建成开放式时，即使采取降温设施也达不到预期的效果，易导致奶牛发生热应激。工作人员在挤奶车间内喧哗，特别是暴力对待牛，以及不正确的挤奶操作均可引起奶牛产生应激反应，常常听到某头牛因被鞭子打后突然停止泌乳，而下次挤奶时又可以恢复正常，这通常称之为"回奶"现象。原因是奶牛在受到刺激后体内分泌肾上腺素抑制了泌乳，减少了产量，导致了临床型乳房炎的发生。

（5）停奶因素

奶牛进行停奶后乳房会因为突然不挤奶而出现一段时间的乳房膨胀，高度的膨胀不仅会使整个乳房变得十分脆弱，对外来微生物的抵抗力差，而且乳房的余奶也会招致许多病原微生物的生长繁殖，从而导致乳房炎的发生。

3. 疾病诊断

无论是隐性或是临床型乳房炎，SCC的测定都是良好的提示指标，对大型牛场而言，可以根据DHI记录来评估生产管理得好坏，牛场应每月定期检测，并对结果进行分析，做出相应的对策。在临床型乳房炎中，SCC的数量大于50万/mL时，就提示母牛可能患有乳房炎，同时，应根据临床症状，判断其所属类型，并进行相应的治疗。

4. 疾病防治

（1）加强管理

①注意环境的清洁与消毒：包括居住环境及挤奶等需与奶牛接触的器械等的杀菌消毒，避免感染或交叉传播，工作人员自身也应做好相应的消毒措施。

②加强挤奶管理：无论是手工挤奶还是用机器挤奶，在挤奶之前都要擦洗好乳房，确保每头牛各1条毛巾，每头牛各换1次水，注意先擦乳头再擦乳区，最后擦洗乳镜。在挤奶前后药浴乳头对预防乳房炎有很好的效果。利用机器挤乳还要注意每次挤奶前后对设备进行清洗及消毒，平常还应对挤奶设备进行经常的检修和保养。

③注意饲料及饲喂方法：饲料中维生素A、维生素E和微量元素硒的缺乏可导致乳房炎发病率的大大增加，饲喂过多的精料将影响粗纤维的采食量，导致奶牛代谢紊乱，并进一步使奶牛对一些疾病的易感性增加。因此，及时调控饮食量及饮食结构是十分必要的措施。

④可对乳房进行按摩、冷敷、热敷和增加挤奶次数：这些都可以缓解乳房炎的症状，每次挤奶时按摩乳房15～20min，炎症初期进行冷敷，2d后炎症不再发展时即可进行热敷；增加挤奶次数是为了有利于炎性产物的排出，保持乳导管畅通，并促进脓包的康复。

（2）合理治疗

①根据感染的细菌种类选择适合的药物，现疗效最好的应属喹诺酮类药物，如恩

诺沙星、环丙沙星，它们组织穿透力最强、在体内运行迅速、发挥作用快，并且耐药性小、毒副作用小、安全范围大，且不会引起体内正常菌群失调，正是由于具有上述优点，使得此类药物在临床上得到广泛的应用。

②激光治疗：有研究显示，采用8MW功率的氨叙激光照射乳中穴，照射距离为30～40cm，时间为10min，连续3d，治疗隐性乳房炎最有效。同时，陈钟鸣教授等用激光照射、中药治疗奶牛隐性乳房炎获得了较对照组的高治愈奉和有效率。

（3）药物预防

①盐酸左旋咪唑：盐酸左旋咪唑虽为驱虫药，但可增强牛的免疫功能，对奶牛隐性乳房炎有较好的预防作用。泌乳期口服7.5mg/kg体重，肌内注射5mg/kg体重，21d后再用药1次，以后每3个月重复用药1次，或者在干奶前7d用药1次，临产前10d再用药1次，以后每3个月重复用药1次。

②亚硒酸钠维生素E（简称硒E粉）：将药粉先用75%酒精溶解，然后加适量水，均匀拌入精料中饲喂，每头每次投药0.5g，隔7d投药1次，共投药3次。

③腐殖酸：腐殖酸在自然界中广泛存在，主要功能是防病促长，也可用于多种疾病的治疗，而且资源广、成本低、使用方便、无药物残留，属于生态型制剂。实践证明，奶牛饲料中添加一定量的腐殖酸钠，对防治奶牛乳房炎、提高产奶量有明显的效果。

奶牛乳房炎是奶牛易感的顽固之症，影响牛奶的质量与产量，因此做好定期的检查和监控，并及时地做出相应的对策，才是保证奶牛健康的重要手段。DHI检测中的SCC测定，不仅方便价廉，更可准确直观地反映奶牛的状况，因此，可在各大奶牛场普及利用，以促进我国奶业的健康发展。

五、牛病毒性腹泻

牛病毒性腹泻（Bovineviraldiarrhea，BCD）病毒属，黄病毒科（Flaviviridae）瘟病毒属（Pestivirus），可以引起牛病毒性腹泻，感染动物会表现出消瘦、拉稀和繁殖障碍以及先天持续性感染。近年来我国牛BVD发生呈快速上升趋势，另外，病毒基因亚型的增加使防控难度增大。但是BVD在我国的受重视程度还有待提高，应当通过提高疾病认知、出台行业规范、建立示范基地、制订BVD控制计划，通过监测、剔除持续感染牛、严格的生物安全和疫苗接种等进行综合防控；同时加快BVD疫苗审批及上市，推进BVD疫苗接种技术规范出台。通过政府、行业、农场及企业的多方努力实现彻底控制BVD的目标。

（一）牛感染BVDV临床和病理变化

BVDV的宿主谱非常广，该病毒可以引起牛、猪、羊及多种野生动物发病。近年来，BVDV所引起的传染性疾病给各国的养殖业造成了严重危害。

2012年，世界动物卫生组织将BVDV感染病列为必须通报的疾病。由于感染宿主的不同，表现的临床症状也不同。牛是BVDV的主要传染源，可以通过代乳粉将病毒传播给猪、羊以及其他动物。

（二）牛感染BVDV的临床症状

虽然BVD名为牛病毒性腹泻，但其对牛群的威胁并不仅限于腹泻，早期胚胎死亡、流产、死产以及不孕是奶牛及肉牛BVD最常见的临床表现；此外黏膜病、产奶量下降和免疫抑制等现象也常有发生。需要警惕的是，如果牛群中存在持续性感染牛，就会源源不断地向牛群散毒，使牛群繁殖性能明显降低，对于其他病原的易感性大大提高，同时产奶量明显下降。

（三）诊断方法

BCDV-1是我国流行病毒性腹泻黏膜病的主要病毒基因型，该基因型的BCDV又可分为多个基因亚型。进化树分析证实BCDV-1a、BCDV-1b、BCDV-1cB、VDV-1dB、VDV-1oB、VDV-1pB、VDV-1mB、VDV-1q等8个基因亚型在我国牛群中存在。BVDV-1m最早的报道是我国的猪源分离株ZM-95，随后这一亚型也从日本进口牛检出。进化树分析显示，田间血清和商品中的BVDV都含有该基因亚型的存在，说明BVDV-1m并无明显的宿主特异性。在进化树中，其中一分支不同于以前报道的基因亚型，组成潜在的新亚型BVDV-1q。在GAO等的研究中，BVDV-2只在1份样品中检测到。在所有样品中未检测到BVDV-3，该基因型自然感染目前只在泰国和意大利牛群中被检测到，我国是否存在该基因型BVDV的流行，还需进一步检测。有研究者对12份商品血清进行BVDV抗原和抗体抽检，其中5份胎牛血清BVDV抗原阳性而抗体阴性，说明胎儿在发育早期受到宫内感染从而导致BVDV抗原的出现；5份胎牛血清抗体阳性而抗原阴性，说明胎儿未受到BVDV感染，抗体的出现为母源抗体进入胎儿血液循环系统所致；1份胎牛血清抗原抗体均为阴性；1份小牛血清抗体阳性但抗原阴性，但进一步经PCR检测证实BVDV-1和BVDV-2病毒RNA的存在，说明用于制备血清的小牛感染BVDV后康复，但病毒RNA并未完全清除。BVDV在我国流行病学调研结果显示，超过46.7%的牛场BVDV抗原检测为阳性，牛群中BVDV持续性感染率为2.2%，感染率远远高于亚洲多数国家，同时也比欧美国家的普遍感染率要高；此外，通过血清学检测方法也证实了我国存在BVDV-2型的感染流行，而BVDV-2型一般毒力更强，能引起更严重的临床症状，在欧美国家也常有爆发的报道。目前，我国存在严重的BVD病毒感染与流行，并且其基因型也日趋多样与复杂，给我国养牛业的持续发展构成巨大威胁，应采取相应的措施对该病进行防控。

（四）预防

BVDV自发现以来，以其具有多种基因型和基因亚型，且可产生持续性感染和免疫耐受，造成BVD在世界范围内一直广泛流行且难防、难控。加强BVD疫苗的接种是预防控制该病的有效方法。目前国内尚无商品化的BVD疫苗，国内养牛场接种的BVD疫苗主要是进口疫苗。目前国际在售的商品化BVD疫苗几乎全部都是利用BVDV-1a亚型毒株制备而成，BVDV各基因型和基因亚型虽有一定的交叉保护性，而交叉保护率与毒株本身的特性有很大的关系。BVDV-1a亚型疫苗很难对我国不同地区的BVDV-1b亚型流行毒株提供完全的保护效果，故研究者在成功分离鉴定出BVDV-1b亚型毒株（SC株）的基础上，进行了针对BVDV-1b亚型毒株新型疫苗的研究。

BVDV常用疫苗主要有弱毒活疫苗和灭活疫苗，弱毒疫苗免疫期较长，而灭活疫苗的免疫期较短。欧洲国家对于BVD的防控已有多年的历史。德国2011年设定了降低持续性感染牛比例、建立并认证无BVDV的农场，实施严格的生物安全措施后，持续性感染牛的数量明显下降，数量比例由2011年的3.44%降至2017年的0.08%。欧洲国家的BVD防控经验为以下四点：一是快速识别、剔除持续性感染牛；二是严格落实国家监管计划，密切监测农场的BVD状态；三是严格限制妊娠动物移动；四是严格落实养殖场生物安全措施，高效保护易感动物。在牛密度高的地区，BVD只能通过预防与接种疫苗相结合来控制。除了牛群外，还应当对所有可能感染BVD的物种进行疫苗接种，提供有效保护。至今，一些国家已经成功实现了对于BVD的有效控制。而猪、羊群中感染BVDV的防控可以通过减少猪、羊与牛群的接触，以及加强生物试剂的生产和安全管理来实现。

六、牛巴杆菌病

牛巴杆菌病是由革兰阴性菌的多杀性巴杆菌引起牛的一种急性、热性、败血性传染病，简称牛出败。多为零星散发。由于巴杆菌存在于健康牛只的上呼吸道内，但是不致病，当外界环境变化，尤其是牛只调运，长途运输时产生应激反应，引起本病发生，给养殖户造成了很大的经济损失。

（一）发病特征

急性者表现为败血症和炎性出血等，死亡率较高；慢性者表现为皮下、关节以及各脏器的局灶性化脓性炎症，死亡率不高，但是影响生长发育；常与异地引入、长途运输等环境改变而引起的应激反应有关。

（二）临床症状

1. 急性败血型

体温突然升高到40℃以上，心跳加快，每分钟达到100次以上；腹痛、下痢，粪便呈现粥状、液状，混有黏液、黏膜、血液，恶臭，一般24h内死亡。有些病例体温升高至41~42℃，精神沉郁，反刍停止，口渴增加，鼻镜干燥，随后腹痛下痢，粪便呈糊状，带有黏液、血液及坏死组织碎片，腥臭难闻，血尿；呼吸困难，结膜高度充血，流眼屎；一般在1天内死亡，鼻孔出血，死前体温下降。

2. 水肿型

特征是下颌、颈部、咽喉及胸前炎性水肿，坚硬发热，舌及周围组织高度肿胀，吞咽、呼吸困难，伸舌作喘、呻吟，口内流涎，个别引起瘤胃鼓气，皮肤黏膜发绀，12~36h死亡；有的腹痛下痢，粪尿带血；有的肢体肿胀。

3. 肺炎型

有胸膜肺炎症状；呼吸困难，干咳，泡沫性、脓性鼻液，胸部叩诊呈浊音，疼痛。听诊支气管呼吸音、水疱性杂音及胸膜摩擦音；其他尚有下痢带血、血尿、体温升高等症状，病程3~7d。

4. 肠型

多见于2岁以内的幼牛，表现轻度下痢，液状粪便，呈淡绿色，气味腥臭难闻；小牛烦渴贪饮，黏膜苍白，被毛散乱，后期体温下降，虚脱死亡。

（三）剖检变化

急性败血型黏膜有出血点，淋巴结充血肿胀，内脏出血；水肿型尸僵不全，鼻流黄绿色液体，切开喉部、下颌水肿部呈黄色胶样浸润，胸膜有出血；肺炎型胸腔内浆液性纤维素性渗出液，有时混有血液，胸膜上覆盖纤维素性薄膜，肺脏坏死、肝变；肠型主要表现在胃肠黏膜充血，肠淋巴结肿大充血，大网膜出血，真胃黏膜充血，肝脏、脾脏有出血点，腹腔有淡黄色腹水。

（四）诊断

1. 初步诊断

一是了解病牛来源，绝大多数为刚从外地引入的牛发病，本地饲养的牛发病较少；二是根据临床症状和剖检变化可以做出初步诊断。

2. 病原学诊断

巴氏杆菌病无特定诊断方法，一般常采用方法为病原鉴定。对可疑病牛可采取血液、水肿液等；死亡病牛可采取心血、肝、脾、淋巴结等。直接镜检：血液作推片，脏器以剖面作涂片或触片，美蓝或瑞氏染色，镜检，如发现大量的两极染色的短小杆菌，革兰染色，为革兰阴性、两端钝圆短小杆菌，即可确诊。

（五）防治

1. 预防

常发地区，可以定期接种牛多杀性巴杆菌病灭活疫苗；加强饲养管理，避免应激反应发生；在牛只调运、长途运输时，可以用黄芪多糖粉剂口服或注射剂肌内注射，提高机体免疫力，预防应激反应，防止本病发生。

2. 治疗

巴氏杆菌抗血清80~100mL，分点皮下注射。抗生素治疗：

磺胺类药物：如12%复方磺胺嘧啶注射液、10%磺胺间甲氧嘧啶钠注射液，每千克体重注射0.5mL，每日1~2次，连用3~5日，首次注射倍量。

氟苯尼考类药物，如20%氟苯尼考注射液，每千克体重注射0.05mL，每日1次，连用2~3d。

中药治疗（以下药量为成年牛用量，单位：g）：双花50、连翘50、栀子50、射干50、板蓝根50、桔梗50、柴胡50、黄连50、黄芩50、马勃50、牛蒡子30、甘草30，研末灌服或水煎取汁灌服，每日1剂，连用3剂。

七、奶牛流行热

奶牛流行热（又名三日热或暂时热）是由牛流行热病毒引起的一种急性、热性传染病。本病对不同品种、年龄和性别牛均可感染，一般为良性经过，大部分病牛在发病后2~3d即恢复正常；若大群发病，产奶量会严重减少，直接影响奶牛产奶量及公牛精液品质，并使部分怀孕奶牛发生流产，甚至会导致少数奶牛瘫痪而被迫淘汰，给养殖户造成经济损失。因此，做好免疫接种、消毒隔离、防暑降温等，是预防奶牛流行热发生及传播的关键。

（一）病原及流行病学

1. 病原学

本病的病原体为弹状病毒属水疱病毒，大小约为140mm×80nm，有囊膜，呈子弹形或圆锥形，病毒存在于病牛的血液、肺和呼吸道分泌物中。病毒对乙醚、氯仿和去氧胆酸钠敏感在50℃ 10min，37℃ 18h可使病毒灭活。在pH2.5和pH12的条件下10min内灭活。成熟的病毒粒子长130~220nm、宽60~70nm。牛流行热病毒粒子表面有纤突，中央区域由核衣壳组成，病毒的装配是在宿主的细胞浆内，成熟的病毒以出芽方式释放到空泡内或细胞间隙中，出芽的形状为弹状或锥形。牛流行热病毒可在牛肾、睾丸以及肺细胞和肝细胞等细胞培养物中生长并产生病理变化。病毒属于弹状病毒科暂时热病毒属，呈子弹形或圆锥形，基因组为单股RNA，有囊膜，能耐反复冻融，对热敏感，56℃ 10min，37℃ 18h灭活。病牛高热退去后14d内血液中存在病毒。用发热期病牛血液1~5mL静脉接种易感牛只后，经3~7d即可发病。用高热期血液中的白细胞接种新生小鼠，可使其发病，发病小鼠表现神经症状，易兴奋，步态不稳，共济失调，常倒向一侧，皮肤呈痉挛性收缩，多数经过1~2d后死亡。病牛大多数为良性经过，在没有继发感染的情况下，死亡率为1%~3%。

2. 流行特点

本病主要感染奶牛和黄牛，水牛较少感染。以3~5岁牛多发，犊牛和9岁以上的老牛很少发病，高产奶牛发病严重，母牛中以怀孕牛最为严重，发病率高于公牛，产奶量越高发病率越严重。周期为3~5年流行1次，而我国广东地区1~2年流行1次，有的地区2年发生1次小流行，4年1次大流行。流行方式为跳跃式蔓延，以疫区和非疫区相间的形式流行。本病传播速度快，感染力强，短期内可使大多数牛发病且呈流行或大流行。一次流行之后隔6~8年或3~5年流行1次。本病发病率高而死亡率低，发病率和病死率分别为51.72%和2.54%，流行后虽有零星发病报告，但很快平息。本病的主要传染源是病牛，病牛在高热期血液中含有病毒，自然条件下传播媒介为吸血昆虫（蚊、蠓等）。通过蚊虫叮咬和吸血昆虫感染而传播，因此，疫情的发生与发展和吸血昆虫的生长周期相一致，奶牛流行热发生的时间大多在蚊蝇滋生的8—10月发生。具有明显的季节性和周期性，一般多发生于夏末秋初，高温高湿且蚊蝇滋生旺盛的季节流行，其他季节发病率较低，发病后传播速度快，感染力强，短期内可使多数牛发病，呈流行或大流行。但在南方一些个别牛场有报道称3月份就发病，这种早发与其气候有关。

（二）临床症状

此病潜伏期3~7d。病初仅几头牛出现症状，随后波及全群，来势凶猛，表现暂时性发热，体温升高到40~42℃稽留50~70h，然后体温恢复正常，发病牛鼻镜干燥且无光泽，眼部流泪并见有黏液脓性分泌物，随后眼结膜和眼睑充血、潮红，有的表现为怕光，在耳尖、角端、四肢末端等处冷感明显，皮温不整，肌肉震颤。有明显黏液性线状流涎、随病程发展可由病初清亮的浆液性转为黏稠脓性鼻液。多数病牛伴有咳嗽，鼻孔开张，呼吸急促，伴有呻吟。肺部听诊可听到喘鸣音和高亢的肺泡音，严重时病牛窒息死亡。有的肩、背、胸、腹处发生皮下水肿，触诊有捻发音。

1.呼吸型

（1）最急性型病初体温上升，达41℃以上，然后突然不食，静立，张口呼吸。病牛眼结膜潮红、流泪，有泡沫样流涎，呼吸极度困难，头颈伸直，张口伸舌。病牛常于发病后2~5h以内死亡，少数于发病后12~36h内死亡。

（2）急性型病牛食欲减退或废绝，体温达40~41℃，眼睑水肿，流泪、畏光，精神萎靡，眼结膜充血，皮温不整，呼吸急促，口腔黏膜红肿，流线状鼻液和口水。病程3~4d。

2.胃肠型

病牛眼食欲废绝，体温40℃左右，眼结膜充血、潮红、流泪不止，呈腹式呼吸，口腔流涎，流浆液性鼻液，肌肉震颤，精神萎靡不振。胃、肠蠕动减弱，瘤胃停滞，反刍停止。粪便呈黑褐色，干而硬有时混有黏液。还有少数病牛表现腹泻、腹痛等临床症状，病程3~4d。

3.严重跛行或瘫痪型

病牛多数体温不高，体温升至40~41℃，食欲减退，肌肉颤抖，皮温不整，精神萎靡，四肢关节水肿和疼痛，呆立不动，呈现跛行，特别是后驱表现僵硬，不愿意动。

（三）诊断

奶牛流行性发热的发生具有病种多、传播快、发病率高、病死率低的特点，具有明显的季节性，表现为短暂的高热、气短，有时可引起关节痛跛行。大部分剖检病灶为间质性肺气肿。在诊断方面可结合病畜临床症状特点，做出初步诊断。但要确诊还需进行实验室检验，本病主要与牛呼吸道合胞体病毒、牛蓝舌病、牛传染性鼻气管炎、病毒性腹泻、黏膜病等相区别。

1. 病原分离

取高热期病牛血液接种于仓鼠肾传代细胞进行病毒分离，用已知抗血清做病毒中和试验鉴定分离病毒，或者用病死牛的脾、肝、肺、脑等组织及人工感染乳鼠脑组织制成超薄切片，在电镜下观察病毒颗粒，或用特异性荧光抗体染色镜检。

2. 血清学诊断

用微量病毒中和试验检测血清中的抗体，采集发病牛只急性期和恢复期双份血清做补体结合试验或中和试验，以检测特异性血清抗体。此外，也可用琼脂凝胶扩散试验检测。

（四）治疗用药

1. 西药治疗

（1）呼吸型

肌内注射安乃近、氨基比林、喘气100等药物或皮下注射5%麻黄素5~12mL，以缓解病牛呼吸困难，防止肺部受损严重。同时静脉注射5%葡萄糖1000mL，生理盐水1000mL，青霉素400万IU，安痛定40mL，维生素C 8g，维生素B 11.5g。如效果不明显可反复补液，利于排毒降温。另外，也可肌内注射抗病毒1号、硫酸卡那霉素。

（2）胃肠型

以胃肠功能紊乱引起的根据不同的临床症状用复合维生素B 30~50mL肌内注射，或者用龙胆酊、陈皮酊、姜酊、等药物进行治疗，经1~5d可痊愈。

（3）轻症病牛

板蓝根注射液20mL，肌内注射。每天2次，连用3d，或用葡萄糖生理盐水1500mL，0.5%醋酸氢化可的松注射液40万~80万IU混合，一次静脉注射，每日1次。可以缩短病程，2~3d可恢复正常。

（4）重症病牛

须加强护理，采取综合治疗。对体温过高或伴疼痛明显的病例及时使用30%安乃近注射液20~30mL，或复方氨基比林注射20~30mL，肌内注射。对于以呼吸困难为主要症状的，应采用320万~400万IU青霉素或氨茶碱1~2g肌内注射，每天1~2次，经2~3d即愈，严重者可增加链霉素或卡那霉素4~8g肌内注射，每天1~2次。

严重跛行或瘫痪的病牛：除上述，针对降温，控制感染的治疗措施外，可选用①静脉注射5%葡萄糖盐水1500mL，0.5%醋酸氢化可的松注射液50mL，10%维生素C注射液40mL，5%氯化钙溶液100mL；②电针百会、肾俞、肾角、肾棚等穴位刺激或用定电磁波（TDP）照射。

2. 中药治疗

中药以清热泻火解毒为主，方剂：金银花50g、大黄50g、鱼腥草40g、连翘30g、竹叶30g、穿心莲25g、板蓝根30g、栀子30g、甘草20g水煎或研磨成粉过筛后开水冲服，每日1剂，连用3d。

胃肠炎型：加黄芩30g、黄连25g、黄柏25g、白芍20g，减穿心莲、竹叶。

便秘型：加芒硝40g、番泻叶25g、植物油50mL。

肺炎型：加牛膝30g、独活30g、川断25g、木瓜25g、防己20g。

肺气肿呼吸困难的病例用白帆散：白矾、贝母、黄连、白芷、郁金、黄芩、大黄、甘草、龙胆草、石苇各30g。水煎2次，加入蜂蜜120g灌服。每天1剂，连服3剂。

治疗风热型病例用青板汤：青蒿40g，板蓝根、柴胡、黄芩、连翘、金银花各60g，桔梗45g。水煎去渣灌服。每天1次。

治疗风寒型病例用荆防败毒散：荆防、防风、桔梗各30g，川芎、羌活、独活、前胡、枳壳各25g，柴胡35g，茯苓45g，甘草15g，共研细末，水煎灌服。

（五）预防措施

本病具有明显的季节性，因此，在流行季节到来之前，要做好疫区和周边地区的疫苗接种。加强消毒，扑灭蚊、蠓等吸血昆虫，切断传播途径。本病一旦发生，应限制牛群流动，及时隔离病牛，对未发病牛只采取紧急接种，对已发病牛只进行退热、强心、补液等对症治疗，用抗生素防止继发感染。

切实做好隔离、消毒工作，在奶牛流行热发病期间要严格执行消毒隔离措施，严禁非本区职工进入厂（场）区，谢绝参观。本场工作人员应减少与外界的接触，避免交叉传染。一是在进入厂区大门的消毒池内保持一定容积的消毒药液；二是每天对牛舍及其周围进行2次及以上消毒，每周开展1次全场消毒；三是采用多种形式消灭蚊、蝇，切断传播途径。

1. 切实做好防暑降温工作

一是要保持牛舍通风，搭建遮阳棚，严防阳光直射牛群；二是要调整饲料配方，提高日粮适口性，在日粮中添加小苏打和氯化钾，以缓解奶牛热应激；三是要提供足够的清洁饮水，多喂青绿多汁饲料，保证奶牛营养需要，增强机体抗病能力。

2. 接种疫苗，加强预防

在预防本病有可能流行以前，对未发病牛群进行2次牛流行热灭活疫苗的接种。第一次免疫接种21d后再进行第二次接种，每次4mL，免疫期6个月。常发地区要做好杀灭吸血昆虫的工作，同时每年进行灭活疫苗的免疫接种，有较好的预防效果。

八、牛传染性鼻气管炎

牛传染性鼻气管炎是由牛传染性鼻气管炎病毒或牛疱疹病毒Ⅰ型感染引起的一种急性接触性呼吸道传染病，1980年从新西兰引进的奶牛中首次发现。牛传染性鼻气管炎通过国外的种牛引进传入我国的，该病给我国的畜牧业和牛产品带来了非常严重的危害和损失，严重影响了我国养牛业的发展。

（一）临床症状和病理变化

牛传染性鼻气管炎病又称坏死性鼻炎或红鼻病，临床表现多样，可分为3种类型。

1. 呼吸道型

该型临床最常见，病牛表现呼吸困难，咳嗽，流口水，流眼泪、发烧、鼻腔充血、鼻涕黏稠并成脓性等症状，症状可持续10d左右，如果是小牛会导致继发感染或窒息死亡，剖检病死牛时可见呼吸道黏膜表面黏附有灰色假膜，喉头和鼻道有气管炎性水肿。

2. 结膜角膜型

该型是因为上呼吸道炎症治疗不彻底而引发的，病情严重时牛的眼结膜表面会出现灰色假膜以及角膜会有轻度的云雾状，牛的眼睑外翻呈颗粒状外观，眼角会流出黏性脓性眼屎，患有轻微症状的病牛眼睑会出现轻度水肿，结膜轻度充血，并大量流泪。

3. 流产不孕型

该型病牛会在发病的3个月内流产，剖检流产胎牛可见，胎牛的皮肤水肿，肝脏等脏器有明显的局部坏死，而母牛感染对卵巢有严重危害，直接导致不孕。

（二）诊断

牛恶性卡他热和牛流行热都有脑炎和眼黏膜炎以及呼吸困难、流眼泪、流鼻涕等症状，养殖人员非常容易根据初期症状与两种疾病混淆。因此要结合临床表现，进行实验室确诊，以免误诊造成养殖户的重大损失。

牛恶性卡他热病牛在濒死期会出现体温不稳、持续高烧后突然低温的现象，口腔与鼻腔有大量的黏稠物，眼睛出现浑浊等症状；牛流行热病与牛恶性卡他热病相似的症状是，都会出现持续的高温又突然低温，但不同的是伴随着低温，牛鼻腔会出现脓包和血液，喉咙也会肿大，四肢疼痛，肺气肿等病变症状。

（三）预防

为了减少病牛数量和经济损失，养殖户主要采取扑杀和接种疫苗进行防控。要加强对牛圈舍和饲养牛的工具的消毒和清扫，减少病原数量，优化环境状况，采用优质饲料，提高牛的营养与抵抗力，减少患病概率。大规模养殖场要定期的消毒，坚持自繁自养的原则，如果引进种牛要经过严格的检查，核实确无疾病感染才可以引进。如果检出患牛要及时隔离并控制病情，对病牛所处的环境进行全面的消毒和封锁，必要时扑杀患牛。对未感染牛要定期接种疫苗，保证牛的健康。对康复的牛要定期观察，康复后的牛的血液有免疫作用，可以给其他牛注射，对其他牛进行保护。

（四）治疗

对发病初期病牛可以口服金刚烷胺盐酸盐，0.5g/次，2次/d。也可使用板蓝根120g，玄参、甘草、柴胡、黄芩、牛蒡子各30g，薄荷、桔梗、黄连各20g，马勃、升麻各18g等中药方剂进行辅助治疗，其中马勃、连翘、板蓝根具有解毒消肿的功效，在此基础上发病初期的病牛要多饮水，多休息一定要喂服营养丰富且容易消化的食物。对临床不同症状的牛也可酌情的加减药物的配比。

（五）总结

对牛传染性鼻气管炎治疗可分为两种方法预防和治疗，对预防要定期清扫牛圈和喂养牛饲料的工具，牛的生活环境进行及时的消毒，对已患有疾病的疫苗要做到隔离观察，减少对其他牛的传染。引进的种牛要及时检测血清，对血清呈阳性的病牛要及时地救治与隔离，防止病牛传染给其他的牛。对未感染牛要定期接种疫苗，做好防患措施，最大程度减少养殖损失。

九、炭疽（Anthrax）

炭疽是由炭疽芽孢杆菌引起的一种人畜共患的急性、热性、败血性传染病。本病的特征是表现败血症状，在剖检上脾脏显著肿大，皮下及浆膜下有出血性胶样浸润，血液凝固不全，呈煤焦油样等败血症病变。

（一）病原

病原为炭疽芽孢杆菌（Bacilus anthracis）。在体外能形成芽孢，而在活体中不形成芽孢，在动物组织和血液中具有荚膜，无鞭毛，革兰阳性大杆菌。在普通琼脂培养基中生长良好，强毒株形成扁平、不透明、边缘呈卷发状、表面粗糙的大菌落，而弱毒株或无毒株生成隆起、光滑性菌落。在血液琼脂培养基上，在5%CO_2环境中培养，强毒株可形成隆起、光滑型菌落，个别的菌株呈轻微溶血，但一般不溶血。炭疽芽孢杆菌具有很强的抵抗力，在自然环境中能存活20～30年，常用消毒剂如20%漂白粉、5%过氧乙酸、次氯酸钠、环氧乙烷等均有效。

炭疽芽孢杆菌的抗原成分中，具有免疫原性的抗原有保护性抗原和芽孢抗原。保护性抗原为本菌的外毒素之一，是一种蛋白质；芽孢抗原为芽孢外膜蛋白这些抗原均刺激机体产生抗本菌的保护性抗体、与致病力有关的抗原成分有荚膜抗原和外毒素蛋白复合物，即水肿因子、保护性抗原和致死因子，这两种成分单独无致病力，只有形成复合物才具有致病力。

（二）流行病学

病畜是本病的主要传染源。病原体通过粪、尿及唾液排出体外，污染周围环境，形成长期的传染来源，被污染的饲草、饲料及饮水经消化道感染，也可能经呼吸道和吸血昆虫叮咬而感染。另外，也可经皮肤创口感染。绵羊、山羊等草食动物易感，猪对本病有较强的抵抗力。本病的发生没有明显的季节性，但夏季雨水多、洪水泛滥及吸血昆虫旺盛的季节易发生，常呈地方性流行。

（三）主要症状和病理变化

根据病程不同，在临床上分为最急性型、急性型和亚急性型。

1. 最急性型

牛很少呈最急性型。个别病牛突然发病，倒地，全身战栗，结膜发绀，呼吸高度困难，在濒死期口腔、鼻腔流血样泡沫，肛门和阴门流凝固栓的血液，最后昏迷而死亡。病程很短，数分钟至数小时。

2. 急性型

牛多呈急性型。病牛体温升高，可达40～42℃，精神委顿，食欲减退或废绝，常伴有寒战，心悸亢进，脉搏快而细，可视黏膜发绀，并有出血点，呼吸困难；病初便秘，后期腹泻并带有血液。甚至排出大量血块；尿呈暗红色，有时带有血液；怀孕母牛多数流产；在濒死期，体温迅速下降，高度呼吸困难而窒息死亡。病程为1～2d。

3. 亚急性型

病牛症状较轻。表现体温升高，食欲减退，在颈部、胸前、下腹、肩胛部及口腔、直肠黏膜等处出现炎性水肿，初期有热痛，后期转变为无热无痛，最后中心部位发生坏死，即所谓"炭疽痈"。病程为2～5d。

尸体迅速腐败而膨胀，尸僵不全。由天然孔流出暗红色凝固不全的血液，黏稠似煤焦油样，全身浆膜、皮下、肌间、咽喉及肾周围结缔组织有黄色胶冻样浸润，并有出血点。脾脏除最急性型外，显著肿大，增大2～5倍，软化如泥状，质地脆易破裂，切面脾髓呈暗红色，脾小梁和脾小体模糊不清。肝及肾充血肿胀，质软易脆。心肌呈灰红色，脆弱。呼吸道黏膜及肺脏充血、水肿。全身淋巴结肿大，尤其是胶冻样浸润处的淋巴结更为明显，切面呈黑红色并有出血点。消化道黏膜有出血性坏死性炎症变化。

（四）诊断要点

炭疽在临诊上往往突然高热而发病死亡，或体表上出现"炭疽痈"，濒死期天然孔流出凝固不全的血液，全身浆膜、皮下、肌间、咽喉及肾周围结缔组织有黄色胶冻样浸润，并有出血点，脾脏显著肿大，质脆，软化呈泥状。

疑为炭疽动物，生前将耳部消毒后取血液，病变部取水肿液或渗出液等直接涂于载玻片，经碱性美蓝染色镜检，菌体为深蓝色，其周围荚膜染成粉红色，呈竹节状排列的粗大杆菌，可初步确定为炭疽杆菌。死后，将耳割下，以5%苯酚溶液浸湿的棉布包好，放广口瓶中待检，并用烙铁烧灼切口止血，或对已错剖的疑似炭疽动物尸体，可取肝、脾、肾等作为分离用病料。用白金耳钩取耳部血液接种于普通肉汤琼脂培养基或2%绵羊血液琼脂培养基。脏器病料切成几个不同的断面，压印于上述培养基进行分离培养。挑取边缘卷发状不溶血的菌落，经纯培养后做生化试验鉴定分离的细菌。用已知抗血清做沉淀试验进行抗原性鉴定。Asoh反应（沉淀试验），用已知抗血清检出病料及动物制品中的炭疽杆菌抗原。

（五）防治措施

常发本病的地区，每年应定期进行预防接种。常用的疫苗有无毒炭疽芽孢苗，牛皮下注射1mL，免疫后14d产生免疫力，免疫期为1年，实践证明具有良好的预防效果。另外，要大力宣传不能食用患发痘病的动物肉品。

发病时，应早期诊断，立即上报疫情，划定疫点、疫区，采取隔离、封锁措施，应在严密隔离和专人护理的条件下进行治疗，治疗可施。对有治疗价值的病畜，应作全群测温，若发现体温升高等可用抗炭疽血清和青霉素等药物。对未发病牛及假定健康牛群用无毒炭疽芽孢苗进行紧急接种。被污染的土壤铲除15~20cm，并与20%漂白粉液混合后深埋。畜舍及环境用20%漂白粉液或10%氢氧化钠喷洒3次，每次间隔1h。患畜的基草和粪便要焚烧处理，尸体要深埋或焚烧。最后一头病畜死后或痊愈后经15d，如再无病畜出现，则可解除封锁，但解除前必须进行1次终末消毒。

（六）诊疗注意事项

（1）以败血症为主的牛传染病包括炭疽、牛巴杆菌病败血型、牛肺炎链球菌病、牛败血性大肠埃希菌病，诊断时应该注意鉴别。

（2）人炭疽的预防应着重于与家畜及其畜产品频繁接触的人员，凡在近2~3年内有炭疽发生的疫区人群、畜牧兽医人员，应在每年的4—5月以前接种"人用皮上划痕炭疽减毒活菌苗"连续3年。发生疫情时患者应住院隔离治疗，患者的分泌物、排泄物及污染的用具及物品均需要严格消毒，与患者或病死畜接触者要进行医学观察，皮肤有损伤者同时用青霉素预防，局部用2%碘酊消毒。

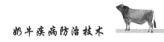

第二节　寄生虫病

一、奶牛焦虫病

奶牛焦虫病也叫作血孢虫病或梨形虫病，是由于感染多种焦虫而导致的一种血液原虫病，传播媒介主要是蜱，往往呈散发或地方性流行。虫体主要在病牛的红细胞内寄生，导致红细胞被破坏，使机体表现出高热、明显贫血以及血红蛋白尿等症状。

（一）流行病学

该病的发生和流行呈明显的季节性，即在蜱活动旺盛的季节达到发病高峰。一般来说，肉牛焦虫病从6月开始发生，在7月达到发病高峰，8月之后逐渐平息，病死率往往为6%～60%不等。牛从6月龄至大约2岁比较容易感染，通常幼牛感染过该病后，能够在2.5～6年得到保护，但只要饲养环境变得恶劣，就会再次出现发病。另外，外地引进的优良肉牛发病率要高于本地牛。焦虫的发育需要2个宿主的参与，其中间宿主为牛，终末宿主为蜱。牛体内寄生的焦虫会持续进行着无性繁殖，而蜱体内寄生的虫体会进行有性繁殖。牛体内的焦虫主要在红细胞内寄生，通常一个红细胞内可寄生数量不等的虫体，在1～12个范围内。虫体长度为0.8～2.0m，只有使用显微镜才能够看见。虫体呈多种形状且大小不同，有些呈戒指状的环形，有些呈圆点、逗点、椭圆、十字以及杆形状等。蜱在病牛体表吸取血液时，会将寄生有焦虫的红细胞吸到体内，并在其体内继续发育变成子孢子，之后当蜱在健康牛体表吸取血液时，就会使子孢子虫体经由唾液侵入到牛体内，并逐渐移动至网状内皮细胞（脾、淋巴结、肝等）内不断发育和繁殖，其中只有小型裂殖子才可侵入红细胞内，并发育成配子体，也就是成虫。

（二）临床症状

巴贝斯焦虫病。该病具有9～15d的潜伏期，病牛往往突然出现发病，体温明显升高，呈明显的稽留热。精神沉郁，食欲不振或完全废绝，停止反刍，呼吸急促，心跳加快，可视黏膜发生黄染，有点状出血点，初期发生便秘，后期变成腹泻，排出呈红色甚至酱油色的尿液。血红素指数减小，红细胞数量减少。急性发病时通常在2～6d内发生死亡。病牛轻度感染时，体温会在几天之后降低，缓慢康复。

泰勒焦虫病。该病具有14～20d的潜伏期，初期体表淋巴结出现肿痛，体温可升高至40.5～41.7℃，呈现稽留热，精神萎靡，结膜潮红，呼吸加速，心跳增快。发病中期，病牛可视黏膜存在出血斑点；体表淋巴结明显肿大，往往可增大至正常大小的2～5倍；停止反刍，先发生便秘，后发生腹泻，排出混杂血丝的粪便；步态蹒跚，站起困难。发病后期，病牛结膜苍白或黄染，皮肤较薄（即眼睑以及尾部）处存在深红色的出血斑点，呈粟粒至扁豆大小不等，只能够卧地不起，最终由于严重衰竭而死。

（三）剖检变化

巴贝斯焦虫病。剖检可见血液如水样稀薄，内脏器官被膜都发生程度不同的黄染，小肠和真胃黏膜存在大小不同的出血点；肝脏呈土黄色，发生肿大，胆囊也发生肿大，胆汁有所变稠，肺脏发生水肿，心内外膜存在出血点，心肌松软。

泰勒焦虫病。剖检可见全身淋巴结都发生肿大、出血、化脓以及坏死，特别是下颌、肩前以及腹部淋巴结更加明显，并存在小结节；真胃黏膜发生肿胀，存在小结节，并有不同大小的溃疡灶，容易发生脱落；脾脏肿大，质地变软，被膜上存在出血点。

（四）实验室检查

巴贝斯焦虫病。病牛体温升高1~2d后取耳静脉血，此时虫体染色率较高，制成涂片后采取姬氏或瑞氏法染色，接着置于油镜下进行检查，如果看到红细胞内存在虫体即可确诊。虫体呈卵圆形、梨形等，长度通常比红细胞半径大。

泰勒焦虫病。在病牛体表淋巴结发生肿大前期，取肩前淋巴结穿刺液进行涂片、染色、镜检，如果看到"石榴体"（即淋巴细胞内存在很多的裂殖子）即可确诊。发病中后期，取病牛耳静脉血进行涂片、染色、镜检，如果看到红细胞内存在虫体即可确诊，虫体通常呈环状、点状、杆形、梨形等，长度通常比红细胞半径小。

（五）防治措施

药物治疗。贝尼尔，病牛按体重使用5mg/kg，添加适量注射用水配制成5%溶液，在臀部深层肌内注射，或添加适量的生理盐水配制成0.2%溶液进行缓慢静脉注射，间隔1天用药1次，连续使用3次。黄色素，病牛按体重使用4mg/kg（但控制在2g以内），添加1000~2000mL 10%葡萄糖溶液，混合均匀后缓慢静脉注射，只用药1次，用药24~48h后症状未减轻可再注射1次，通常最多用药2次。青蒿素系列制剂，病牛按体重口服或者肌内注射2~4mg/kg，同时配合使用消炎药和清热解毒药（如柴胡、氨基比林等）进行治疗。

消灭蜱。根据本地蜱的种类、活动季节以及活动规模，制订合理的灭蜱计划。保持圈舍清洁卫生，及时将越冬蜱的幼虫杀死，夏季要对圈舍进行清扫，并逐头牛进行灭蜱。目前常用毒素类药物（如阿维菌素、伊维菌素）、拟除虫菊酯类化合物（如灭净菊酯类）进行灭蜱。

二、牛泰勒虫病

牛泰勒虫病是由于感染牛泰勒虫引起的一种原虫病，虫体主要在红细胞和网状内皮细胞内寄生，并通过蜱虫传播。病牛主要临床症状是高热、出血、贫血、黄疸、体形消瘦以及体表淋巴结发生肿大。该病通常在夏秋季节发生，往往成地方性流行。该病发生后一般成急性经过，具有非常高的发病率和病死率，在一定程度上威胁新疫区以及高发病地区的养牛业造成较大的经济损失。

（一）病原及发育过程

肉牛泰勒虫病主要是由于感染环形泰勒虫而导致的，且通过璃眼蜱进行传播。

1. 在蜱体内繁殖期

蜱的幼虫或者若虫在寄生虫体的牛体表吸取血液后，即可摄入存在配子体的红细胞并到达胃内，之后大、小配子体会逸出红细胞，发育为大、小配子，二者结合后即可发育为动合子。当蜱完成自身蜕化后，动合子就会到达唾腺的细胞，并变成孢子体，此时就开始进行孢子生殖，以分裂方式生成大量的子孢子。

2. 在牛体内繁殖期

当感染泰勒虫的蜱在健康牛体表吸取血液时，子孢子会经由唾液侵入牛体内，并钻入淋巴细胞和巨噬细胞内不断生长繁殖，产生多核的无性生殖体（即大裂殖体），在其发育成熟后会发生崩解，此时即可形成很多大裂殖子。大裂殖子会再次侵入其他淋巴细胞和巨噬细胞内，重复进行无性生殖的分裂过程。在裂殖体的刺激下，细胞会发生分裂，虫体会随之分配到两个子细胞中，且裂殖体会再次进行裂体增殖。有些细胞在感染虫体后发生解体。虫体在淋巴结内通过多次无性生殖分裂产生很多的虫体，导致淋巴细胞和巨噬细胞增生。当无性生殖体发展至一定阶段就会变成有性生殖体，即所谓的小裂殖体，在其发育成熟后即可破裂变成小裂殖子，然后侵入细胞变成小配子体和大配子体。

（二）临床症状

病牛的主要症状是可视黏膜黄染、贫血，腹下以及乳房等被毛较短处的皮肤发黄。

1. 发病初期

病牛呈稽留热型，体温升高，眼结膜潮红，体表淋巴结发生肿大，触摸产生痛感，心跳加快，呼吸加速。一般来说，在体温升高后不久就能够发现红细胞内有虫体，取淋巴结穿刺液制成涂片，经过显微镜观察可发现石榴体。

2. 发病中期

病牛精神萎靡，食欲不振，先发生便秘，之后变为腹泻，排出混杂血液和黏液的粪便。排尿次数增加，尿量减少，尿液呈黄色或者淡黄色，但不会出现血尿。皮肤发黄，同时可视黏膜发生黄染。症状严重时，眼睑下存在出血点，呈粟粒大小，体表淋巴结明显肿大，往往可达到正常大小的2~5倍，体形明显消瘦，不断磨牙，伴有呻吟，肌肉震颤，后肢摇摆，不易站起。急性型病例在病程中期会发生死亡。

3. 发病后期

在中期症状缓和后，就会变为慢性经过，症状趋向好转，能够采食一些饲料。如果中期症状发展快速，不断恶化，会导致病牛在后期食欲彻底废绝，只能够卧地不起，并可在眼睑、尾根以及皮肤柔嫩处看到深红色的出血斑点，呈粟粒至扁豆大小不等，机体非常衰弱，贫血进一步加重，通常在转归不良时出现以上症状。牛通常在发病1~2周后死亡，有时大约20d死亡。

（三）剖检变化

病死牛尸体消瘦，尸僵明显，可视黏膜苍白；脾脏明显肿大，比正常大1~2倍，边缘钝圆，被膜上存在大小不一的出血点，脾髓呈紫红色，并发生软化；肝脏呈灰红色，也发生肿大，质地变脆，被膜上存在出血点，肝门淋巴结肿大、多汁、出血；胆囊也发生肿大，比正常大1~2倍，含有褐绿色的胆汁；肾脏轻度肿大，存在出血点，皮髓质界限变得模糊，肾盂发生水肿；心内外膜上存在出血斑点，心包内有积液，心冠脂肪也存在出血点；肺脏发生水肿，被膜上存在小出血点，咽及气管黏膜也存在出血点，肺门淋巴结发生肿大；瘤胃、瓣胃、网胃均发生肿胀，且瘤胃浆膜层存在出血点，皱胃黏膜变厚，并存在出血斑、溃疡灶。

（四）防治措施

1. 疫情处理

病牛可按体重使用7~10mg/kg贝尼尔（血虫净、三氮脒），与适量注射用水混合后制成5%~7%溶液，在臀部进行深层肌内注射，每天1次，连续使用3天。注射后进行1次血液检查，如果红细胞没有明显减少，可继续注射2次。在使用以上药物治疗的同时，可静脉滴注由500mL 25%葡萄糖、5支10mL 12.5%维生素C、1支20mL 20%安钠咖组成的混合药液，每天1次。对于发病中后期的病牛，不仅要采取以上治疗，还要适当地使用一些抗生素、维生素B_{12}以及中药十全大补汤（由人参、当归、黄芪、白芍、熟地黄、肉桂、茯苓、白术、川芎、炙甘草组成）等进行综合治疗，具有更好的疗效。

另外，全部牛都要进行灭蜱，常在体表喷洒0.2%~0.5%敌百虫水溶液，可将寄生的幼蜱或者稚蜱完全消灭，用药2次，每次间隔15d。

牛场采取以上治疗措施，经过1周即可有效控制住病情，停止出现死亡，且病牛基本上都能够康复。

2. 及时灭蜱

避免发生该病的主要措施是保持环境卫生良好，定期对环境进行消毒，及时灭蜱。一般来说，在每年4月若蜱开始落地，并爬至墙缝准备蜕化发育为成蜱，此时可将全部缝隙用混有杀虫药物的泥土完全堵死，以将若蜱杀死；在每年的5—7月，可向牛体表喷洒杀虫药物进行体表驱虫，以将牛体上的成蜱杀死；在每年的9—10月，成蜱即可落地并爬入墙缝中准备产卵，此时要再次将墙缝、洞穴用含有药物的泥土堵死，以将成蜱消灭。

灭蜱常用的药物为0.2%辛硫磷、1%马拉硫磷等，注意牛体表喷涂药物后要在被毛变干后再可进行饮水。另外，最好交替和轮流使用不同杀虫药，确保杀蜱效果良好，避免产生抗药性。

另外，牛也可注射伊维菌素，该药是一种新型的高效、广谱、低毒的抗生素类抗寄生虫药，既能够有效驱除体表寄生虫（如蜱虫、螨虫、虱等），还可很好地控制体内线虫。该病一般采取皮下注射，根据说明书确定用量，并确保用量准确。

3. 合理放牧

牛群定期离圈进行放牧，一般在每年4月下旬驱赶至草原进行放牧，直到10月末返回圈舍进行舍饲，这样可避开成蜱侵袭的时间，从而切断传播途径。在舍饲期间要将圈舍封闭，不允许其他家畜进入。

三、奶牛附红细胞体病

附红细胞体是一种单细胞原生物，主要在动物血液中寄生，能够游离于血浆中或者在红细胞表面附着，可导致各种动物发生热性、溶血性疾病，也是一种人畜共患病。奶牛患病后既会使其泌乳量减少、生育力降低，还会使其表现出严重的临床症状，甚至发生死亡。该病比较容易反复，治疗难度较大，应加以防治。

（一）临床症状

发病初期，病牛不会表现出明显的症状，只是食欲不振，增加饮水，双眼流泪。随着病程的进展，病牛体温会升高至40.0～41.8℃，呈现稽留热。呼吸加速，脉搏达到80～100次/min，瘤胃蠕动缓慢，先发生便秘，接着变成腹泻，排出稀软粪便或者混杂血液的水样粪便。排尿量减少且尿中也存在血液。嘴边挂有线状涎液，结膜苍白，眼球外凸，反刍微弱或者完全停止，食欲不振或者完全废绝。血液稀薄，心力衰竭，机体日渐消瘦，被毛焦枯、失去光泽，四肢无力，肌肉震颤，走动摇晃，流汗增大。发病后期，病牛体温降低至正常水平，但皮温不均，可视黏膜苍白，发生黄疸，严重时卧地不起，甚至发生死亡。病程通常持续10～15d。

（二）剖检变化

急性死亡的病牛，尸体营养状况基本没有变化，病程持续较长时尸体明显消瘦，可视黏膜苍白、黄染，部分会出现不同大小的暗红色出血斑，尸僵明显，血液如水样稀薄，凝固不良，皮下组织浸润有黄色胶体样物质，腹腔和心包积水。肝脏发生肿大、变性，表面存在暗红色出血点，呈针尖至米粒大小，切面可见皮质和髓质存在模糊界限。慢性死亡的病牛，肝脏呈棕黄色或者土黄色，也发生肿大变性，质地变脆。肾脏发生肿大，质地变软，被膜上存暗红色出血斑点且大小不等，肾盂存在积水。膀胱黏膜发生黄染，并存在暗红色出血点。胆囊扩张含有大量绿褐色的浓稠胆汁。黏膜存在暗红色出血点。肺脏表面存在出血点，或者略微肿胀。心冠脂肪和心外膜由于出血被染黄。脑组织持续充血，脑室含有较多的脊髓液，个别脑实质会存在针尖大小的出血点。对消化道进行剖检，可见食道及瘤胃浆膜面存在出血点；第三胃含有明显干固的内容物且黏膜容易脱落；第四胃黏膜发生肿胀，并存在不同大小的出血斑，还形成高粱至蚕豆大小的溃疡斑，其边缘为红色隆起，中间为灰色凹陷。

（三）实验室检查

血常规检查。分别取患病奶牛以及健康奶牛的血液制成抗凝血，接着进行血沉检查、白细胞计数、红细胞计数。发现病牛的1h血沉值为1.8～2.2mL，每升含有1×10^4～2×10^4个白细胞、2.5×10^6～4.5×10^6个红细胞；而健康牛1h血沉值为0.9～1.1mL，每升含有7.5×10^3～8.2×10^3个白细胞、5.5×10^6～6.5×10^6个红细胞。

鲜血压片镜检法检查。取一滴待检血放在载玻片的中央，滴加等量的生理盐水进行稀释，放上盖玻片后使用40倍显微镜对红细胞形态进行观察，同时检查血浆、红细胞表面以及红细胞内是否存在寄生虫。病牛血压片中超过80%的红细胞表面附着有逗点状、球状的小体，少数呈短杆状。红细胞呈现不同的感染强度，通常超过8个，部分甚至布满在整个红细胞表面，导致红细胞呈不规则形状，如锯齿状、星状、菠萝状、菜花状等。而健康牛血压片中只含有非常少的以上虫体，且红细胞呈现小强度的感染，多时只有2～4个。红细胞通常呈双面凹陷的圆盘状且具有变形性、可塑性。红细胞呈弥散状分布，不存在其他寄生虫。

血涂片染色检查。取待检血制成涂片，分别进行吉姆萨染色、瑞氏染色后使用油镜镜检，对红细胞形态进行观察，检查血浆中、红细胞表面以及红细胞内是否存在寄生虫。检查结果和鲜血压片镜检结果相同，虫体通过吉姆萨染色呈深蓝色或者蓝紫色，通过瑞氏染色呈紫红色。

细菌学检查。取待检血分别在营养琼脂、兔鲜血琼脂上接种，放在37℃下进行24h培养，都没有长出细菌。

（四）防治措施

西药治疗。病牛可按体重肌内注射10～15mg/kg强力霉素注射液，每天1次；取5～7mg贝尼尔，添加适量注射用水配制成5%溶液后进行深部肌内注射，每天1次，连续使用3～5d。配合交替使用上述2种药物，同时按每吨饮水加入500g强力霉素、500g小苏打，连续饮用5d。如果患病幼牛体弱、贫血，可肌内注射牲血素，同时静脉注射高渗葡萄糖盐水和维生素C等。

中药治疗。取40g党参、40g炒白术、30g当归、40g炙黄芪、30g炙甘草、30g麦门冬、30g生地、30g左右的生姜，还要添加少量的山楂、茵陈、青蒿，加水煎煮后给病牛灌服，每天1剂。

加强饲养管理。牛场最好采取自繁自养，需要从外地引进种牛时必须经过严格检疫，且到场后至少进行1个月的隔离观察，一切正常后才能够混群饲养。确保环境卫生，日常要加强消毒，尤其要注意对饲养用具、注射器械进行清洁、消毒，防止出现交叉感染。

四、奶牛螨病

奶牛四类螨病，即足螨病、蠕形螨病、疥螨病、痒螨病。足螨病是奶牛中能引起临床症状的最常见的皮肤寄生虫病；蠕形螨被认为是牛皮肤的正常寄生物，一般不引起临床症状，个别病例除外；疥螨可侵袭多种动物，传播到奶牛群后，会引起明显的临床症状和奶量下降；痒螨病导致病牛奇痒，与疥螨病相似。

（一）足螨病

1. 病因

牛足螨主要以表皮碎屑为食且寄生性强，这种螨的生活史为2~3周，全部在宿主身上完成。足螨病多见于冬季，这反映了螨生物学活动的环境因素。若冬季舍饲提高了牛的密度，则足螨更易传播。在温暖的季节这种病可自行消退，在这段时间，残留的螨集中在膝部和指部皮肤。被足螨感染的奶牛会感到不适、瘙痒、易怒，进而影响摄食和奶产量。犊牛很少出现临床感染，足螨病多发生在成年乳牛。虽可观察到散发的病例，但通常是牛群的10%~20%出现轻度病变。临床病变的百分比越高，对牛群奶产量的影响越大。

2. 症状

中度和重度患牛，因皮肤瘙痒而不安、踩踏、强烈摇尾，偏好靠近物体摩擦会阴部和尾部。患牛皮肤的丘疹和红斑较为显著，尤其是摩擦过以后更明显。轻度患牛，其尾根部或坐骨结节部有厚痂皮。

3. 诊断

临床症状具有重要的诊断意义，但确诊需刮去皮肤才能发现牛足螨。特别应与虱、疥螨和痒螨等进行鉴别。

4. 治疗

多种杀虫剂可以用于杀灭牛足螨，但适用于奶牛的较少。0.03%的蝇毒磷喷雾可用于奶牛治疗。间隔2周时间，再用药1次，效果良好。2%石灰硫磺合剂，每周使用1次，连续用药4周，疗效显著。本寄生虫病的治疗不能局限于对个别牛用药，应对整个牛群进行治疗。

（二）蠕形螨病

蠕形螨对牛具有宿主专一性，即仅限于寄生在牛体皮肤。犊牛感染蠕形螨被认为是与母牛接触导致。其他传播形式都不常见。

1. 症状

颈部、肩峰、肩部、胁腹部可以触到结节和丘疹是其特征表现。病灶的数目和大小各异，但大多数直径在0.5~1.0cm，并且有正常毛发覆盖。瘙痒和其他的临床症状不明显。结痂、毛囊炎、渗出或溃疡可能是进一步的损伤，偶尔可观察到。在牛群中，蠕形螨主要寄生在眼睑周围。

2. 诊断

可以通过深部皮肤刮取物或采集含有螨虫的病灶外渗出物进行显微镜检查找出蠕形螨，因为毛囊为蠕形螨的寄生处。其他原因引起毛囊炎（如真菌、葡萄球菌和嗜皮菌）也应考虑。隐性病例也可能表现得像蚊虫叮咬一样。

3. 治疗

该病通常不需要治疗，且允许用于泌乳牛的杀虫剂有限。临床上，要控制蠕形螨病是极其困难的，在奶牛上更是如此。单个因蠕形螨引起明显皮肤病的牛，可能是免疫损伤或遗传缺陷所致。

（三）疥螨病

1. 病因

疥螨病是奶牛一种需要通报的疾病，传播到奶牛群后，会引起明显的临床症状和奶量下降。虽然疥螨可侵袭多种动物，但是寄生虫学家仍在争论，是一种疥螨适应于不同宿主，还是每种宿主都有单独的疥螨仍无定论。镜检时，牛的疥螨与其他家畜的疥螨很相似。治疗患疥螨病牛的人员也可能会暂时感染疥螨。

2. 症状

患疥螨动物的特点是明显瘙痒，各处均可出现病灶，但在尾、颈、胸、肩、臀部和股部内侧多见。在被感染的皮肤区域可见丘疹、结痂、脱毛、擦伤和皮肤增厚。瘙痒导致咬、舔和过度与无生命物体摩擦。自身所致的裂伤和皮肤擦伤很常见，因为牛偶尔会在尖锐物体上摩擦或持久地摩擦直到出现擦伤。牛因强烈瘙痒，导致生产力下降，表现为病牛摄食少，不发情，体质量和产奶量急剧下降。未治疗的动物可能变得衰弱，也可能因继发感染衰竭而死。

3. 诊断

根据临床症状，深刮皮肤检查螨虫、卵和粪便碎屑可以进行诊断。疥螨不易找到，但大量持久刮取可以诊断出阳性。

4. 治疗

这是一个应通报的疾病，应告知牛场主。对于泌乳牛，用2%石灰硫磺加热到35~40.5℃用作药浴或喷洒，在10~14d内重复给药1次，无须停药期。依立诺克丁用作药浴牛体效果显著，但仅用于干奶牛。在美国，多拉克汀虽获批准使用且有效，但不能用于超过20月龄的奶牛。

（四）痒螨病

1. 病因

该寄生虫寄生于皮肤表面，吸食血清和淋巴液。痒螨在一定条件下可在外界环境中存活1个月甚至更久。奶牛经摩擦和接触环境中的其他物体而感染痒螨病。

2. 症状

严重瘙痒，伴有普遍的皮肤损伤，如丘疹、结痂、擦伤和脱毛。病灶可出现在全身，但典型的部位是肩峰和尾根，而后是背部和体侧。皮肤增厚，随时间推移而出现褶皱。瘙痒极其严重，导致增重和产奶量明显下降。未进行处理的病牛变得虚弱、消瘦，常有继发感染，可能死亡。

3. 诊断

根据临床症状和刮取皮肤以鉴别出致病的螨虫可以确诊。

4. 治疗

这是一个应通报的疾病，应告知兽医。对于泌乳牛，将2%石灰硫磺加热到35.0℃用作药浴或喷洒。莫昔克丁用药浴已经批准且有效，可以用于干奶期的奶牛。多拉克汀用药方法和剂量同上。

五、牛眼虫病

牛眼虫病是由旋尾目、吸吮科、吸吮属的吸吮线虫寄生于牛的泪管、第三眼睑及眼结膜囊内引起的一种寄生虫病，又称为吸吮线虫病。该病在国内各个养牛地区广泛存在，对养牛业造成很大的危害。

（一）病原体的形态结构

罗氏吸吮线虫眼观为乳白色，虫体最外面的表皮层有很多明显的横纹。雄虫长9.3～13mm，尾部卷曲，有两根不等长的交合刺。有17对较小的乳突，14对在肛前，3对在肛后。雌虫长14.5～17.7mm，尾端钝圆，尾端两侧各有一个小乳突，阴门开口于虫体的前部，阴门开口处角皮上无横纹，并略凹陷。

（二）发育史特征

罗氏吸吮线虫在发育过程中直接产出幼虫，发育类型属于胎生发育，其发育过程中需要中间宿主参加，罗氏吸吮线虫的中间宿主是牛舍及周围环境中的各种蝇类。

雌虫在第三眼睑和结膜囊内直接产出幼虫，当外界环境中的各种蝇类吸吮牛眼分泌物时，幼虫随之进入中间宿主蝇类体内。当含有感染性幼虫的中间宿主再次吸吮牛眼分泌物时，感染性幼虫从口器内进入牛眼内，大约经20d发育为成虫。

（三）流行病学特征

吸吮线虫病主要发生于夏季。夏季是蝇类繁殖的旺盛季节，也是本病感染的高潮时期。只有中间宿主蝇类大量存在时才有流行的可能。

（四）致病作用和主要临床症状

由于罗氏吸吮线虫在病牛眼睛内的寄生与游动，这种机械性地损伤导致病牛的结膜和角膜发生炎症，所以该病的致病作用主要表现结膜角膜炎。如果长时间得不到治愈，很容易发生细菌继发感染，可导致失明。临床上表现眼睛潮红、流泪和角膜浑浊等症状。当结膜因发炎而剧肿时，可使眼球完全被遮闭。炎性过程加剧时，眼内有脓性分泌物流出，常将上下眼睑黏合。如果病情进一步发展和恶化，可以进一步引起结膜和角膜的糜烂和溃疡，一些个别严重的病例可能要出现角膜穿孔，造成病牛的水晶体损伤并发生睫状体炎，后期导致病牛失明。浑浊的角膜发生崩解和脱落时，尚能缓慢地愈合，但在该处留下永久性白斑，影响视觉，如果发生这种情况，病牛表现经常摇头、摩擦眼部、极度不安，出现食欲不振、逐渐消瘦、生长缓慢等一系列症状，严重影响肉牛的增重。

（五）诊断

根据该虫体的生活史特征、流行病学特征和主要临床症状做出初步诊断，最后在发病肉牛眼内发现虫体，结合虫体的形态学特征进行确诊。虫体检查方法：虫体爬到眼球表面时很容易发现，具体检查方法是，可以用手指压内眼角，再用镊子提起第三眼睑，查看有无活动的虫体。发现虫体后，用橡皮球吸取3%的硼酸溶液，反复多次冲洗第三眼睑内侧的结膜囊，同时用一方盘收集冲洗液，如有虫体存在时，可在盘中发现。还可以用2%的奴夫卡因滴入第三眼睑，经数分钟后，可以发现有虫体随眼泪流出。

（六）防治

1. 治疗

0.5%~1%的敌百虫水溶液洗结膜囊和第三眼睑，可杀死虫体。

3%的硼酸液或0.5%的来苏儿：用无针头的注射器插入结膜囊内冲洗也可把虫体冲出。

2. 预防

对牛进行预防性驱虫，根据当地的气候特点，在蝇类大量出现之前，采用上述方法对牛进行1次驱虫。消灭中间宿主，经常打扫牛舍，注意环境卫生，灭蛆、灭蛹，消灭蝇类滋生地。

六、牛皮蝇蛆病

牛皮蝇蛆病也称为翁眼病、蹦虫病，是一种常见的寄生虫病，主要是由于牛背皮下组织寄生有皮蝇属的幼虫而发生的一种慢性寄生虫病。通常是牛易感，有时山羊、马也可感染，北方地区主要在每年的4—8月有皮蝇活动时节发生。另外，该病还是一种人畜共患病。病牛感染发病后，会导致虫体寄生处产生明显瘙痒，并伴有疼痛，使机体生长发育严重受阻，导致畜产品质量降低，甚至造成死亡。

（一）病原及其发育过程

1. 病原

牛皮蝇、纹皮蝇是引起肉牛皮蝇蛆病的主要病原，两类皮蝇的成虫形态类似，呈黄绿色至深棕色，虫体长度为13~15mm，体表生长大量绒毛，但是纹皮蝇相比于牛皮蝇的出现季节早，其通常在每年4—6月出现，而牛皮蝇在6—8月出现。

2. 发育过程

牛皮蝇、纹皮蝇的发育过程相似，均是全变态发育，共经历4个阶段，依次为卵、幼虫、蛹、成虫。在适宜条件下，卵在4~7d后即可孵出第一期幼虫，其会钻入宿主皮肤内，并逐渐移动至深部组织中继续蜕化。通常来说，牛皮蝇的第一期幼虫会直接侵入背部皮下组织发育为第二期幼虫和第三期幼虫，并使皮肤表面出现瘤状隆起，之后隆起处会形成一个直径为0.1~0.2mm的小孔，侵入幼虫的后气孔会朝向小孔；随着第三期幼虫的持续生长，会促使小孔直径不断增大。宿主在感染纹皮蝇大约75d后，可见食道以及其他寄生部位的浆膜、黏膜出现第二期幼虫，并会在该处停留大约5个月，之后会沿着膈肌转移到背部，继续发育为第三期幼虫。通常来说，牛皮蝇的幼虫可在宿主背部皮下停留大约75d，而纹皮蝇的幼虫可在宿主背部皮下停留大约60d。第三期幼虫发育成熟后就会经由小孔蹦出，落于地面上结成蛹，在1~2个月后即可羽化变位成蝇，加之幼虫在宿主体内可寄生10~11个月，因此整个发育过程会经历1年左右。成虫均是野居且不会叮咬动物。成虫在阴雨天会躲在隐蔽处，在天气晴朗时，雌、雄虫体开始交配产卵或者附着在牛体表进行产卵，二者会选择宿主的不同部位产卵，一只雌蝇在死亡前往往可产出400~800个卵。

（二）致病作用

1. 成蝇搔扰

成蝇即使不会叮咬牛体，但在飞翔产卵过程中使牛群变得烦躁不安、神情恐惧，且长时间停留于河水中或者站立在高地上，机体日渐消瘦。特别是皮蝇大量产卵时，一般会突袭牛，使牛突然四处奔跑、惊慌不安，也就是所谓的"跑蜂"现象，这时牛容易出现跌伤，还会导致妊娠母牛发生流产，严重时甚至造成死亡。

2. 机械作用

当宿主皮肤内有幼虫侵入时，患处易发生感染，同时在深层组织内移动的虫体还会对其造成损伤。如果食道内寄生大量的虫体会引起浆膜发炎，移动至背部会造成皮下结缔组织增生。寄生虫体的部位会形成瘤肿状的隆起，同时皮下发生蜂窝组织炎，之后皮肤出现穿孔，逐渐形成瘘管，即使痊愈也会形成瘢痕，造成皮革质量变差。

3. 毒素作用

宿主体内寄生的幼虫，在其发育过程中会不断分泌毒素，其会破坏血管壁，使血液出现改变，引起肌肉稀血症和贫血。感染严重时，机体明显消瘦，体力变差，肉品质降低，母牛泌乳量下降。有时宿主延脑或者大脑脚也可寄生有幼虫，此时就会表现出神经症状，如麻痹、晕厥和后退运动等，有时甚至造成死亡。

（三）临床症状

幼虫侵入病牛皮下，会使机体感到疼、痒，神情冷漠，烦躁不安，且虫体破坏牛皮组织，并侵入食道黏膜内存活，造成食道黏膜发炎。当皮孔变为脓疱，且幼虫从患处小孔内钻出即可缓慢恢复，但依旧会在牛皮上形成痕迹，影响牛皮销售。另外，幼虫会破坏血管，并影响血液，出现肌肉缺血、贫血的症状，机体消瘦，犊牛生长发育迟缓，哺乳母牛产奶量降低，易于疲劳。有时脑部也会侵入幼虫，对神经造成损伤，使其持续地甩后腿，最终倒地不起，晕厥、瘫痪，甚至发生死亡。

（四）诊断

根据病牛的主要症状，即患处皮肤瘙痒、疼痛，背部皮肤变得粗糙，且凸凹不平，用手能够触摸到隆起或者硬结，呈长圆形，并逐渐变大呈瘤肿状，患处局部感染会出现脓肿，发生蜂窝织炎，形成瘘管以及瘢痕等，再结合流行特点，即在有牛皮蝇和纹皮蝇活动的季节和地区出现发病，主要是东北三省、内蒙古常见，并在每年4—8月发生，病程持续长，可达到10个月左右等，据此进行初步诊断。如果挤压背部隆起或者瘤状肿后有皮蝇幼虫从中间的小孔钻出，或者剖检可在背部皮下发现皮蝇幼虫，即可确诊为皮蝇蛆病。

（五）防治措施

1. 药物治疗

通常情况下，病牛可皮下注射倍硫磷注射液进行治疗，成年牛用量为1.5mL，1～2岁的牛用量为1mL，小于1岁的牛用量为0.5mL；成年牛也可按体重使用10mg/kg，直接在后腿进行肌内注射，治愈率能够达到95%左右。该药适合在11—12月使用。对病牛体表全身用敌百虫溶液擦洗2～3次，用药24h内即可将大量皮蝇幼虫杀死。也可注射伊维菌素，成年牛用量为3～4mL，用药大约77h之后可见瘤疱变软，弹性完全消失，在30d之后即可杀死所有皮蝇幼虫。

2. 人工驱虫

如果牛群中有较少牛发病，可用手将患处寄生的皮蝇幼虫挤出，注意挤出的虫体要尽快放入火中焚烧。

3. 适时驱虫

牛皮蝇蛆病的预防重点是及时消灭体内寄生的幼虫，要根据成蝇活动时间、产卵的季节以及幼虫寄生时间、寄生部位、发育所需时间等进行预防。要求在最佳时间使用以下药物来预防发病：牛群在每年的11月注射倍硫磷，成年牛用量为1.5mL，犊牛用量为0.5mL，或者在每年3月中旬至5月底在牛背部涂擦2%~3%的敌百虫溶液，每月1次，连续使用2~3次；每年9—10月给牛群皮下注射伊维菌素，每头牛每次0.5mL，在3—7月向皮肤泼洒0.5%的伊维菌素，都能够有效预防发病。

七、弓形体病

弓形体病是由龚地弓形体原虫寄生在细胞内所引起的人畜共患疾病。其临床特征是高热、呼吸困难、出现神经症状和流产。剖检见实质器官灶性坏死、间质性肺炎和脑膜脑炎。

（一）病原及生活史

1. 病原

弓形虫在全部生活史中可出现数种不同的虫体形态：

（1）滋养体。呈弓形、月牙形，一端偏尖，一端钝圆，长4~7μm，宽2~4μm。吉姆萨染色后，胞浆呈淡蓝色，核呈浑蓝色。

（2）包囊。呈圆形，在慢性或隐性感染的机体中脑细胞内繁殖，直径为10~60μm。内含上千个虫体。在急性感染的机体细胞内滋养体繁殖，直径为15~40μm圆形体，外膜由宿主细胞所构成，内有几个至几十个虫体。

（3）卵囊呈圆形或卵圆形、淡灰色，大小10.7μm×12.2μm，有一层光滑的薄囊壁。囊内充满小颗粒，在外界适宜环境中，卵内发育形成2个孢子囊，每个孢子囊内又有4个长形微弯的孢子体。发育成孢子体的卵囊才具有传染性，其抵抗力极强。

滋养体能在牛肾、猴肾等原代细胞中发育良好；卵囊对酸、碱、普通消毒剂、胰酶、胃酶有较高的抵抗力，对干燥和热抵抗力较弱；滋养体对热、干燥、日光和化学药物极敏感，低温有利于其存活，1%来苏儿、1%盐酸，1min内可杀死虫体；包囊对热敏感，低温有利于其保存，乙酸和过氧乙酸为对包囊有效的消毒剂。

2. 生活史

猫及猫科动物为终末宿主。虫体在其肠上皮细胞内进行有性繁殖，最后卵囊从粪内排出。有感染性的卵囊被家畜、鼠、禽和人吞食后，孢子体穿过肠壁随血或淋巴结系统扩散至全身，进入脑、肝、肺淋巴结及肌肉等组织，在细胞内进行无性繁殖，体积增大，引起细胞损伤或破裂，则发生急性感染。

（二）诊断要点

1. 流行病学

本病流行广泛。隐性感染或临床型的猫、人、畜、禽、鼠及其他动物都是本病传播者。传播分先天和后天感染，前者是通过胎盘、子宫和产道等而感染；后者是通过消化道、卵囊或包囊而感染。污染的饲料、饮水、屠宰残渣为常见的传染媒介；呼吸道、皮肤划痕、同栖及交配、输血等接触，均可导致感染。发病呈季节性，以高温、潮湿的夏、秋季多发；幼龄比成年动物敏感，随年龄增长感染率也增高。

2. 临床症状

突然发病，食欲废绝，粪便干、黑，外附黏液和血液，流涎；结膜炎，流泪；体温升高至40~41.5℃，呈稽留热；脉搏增数，呼吸加快，气喘，咳嗽；肌肉震颤，四肢僵硬，步态不稳，共济失调，严重者卧地不起；体表下部水肿；神经症状或兴奋或昏睡；孕牛流产。

3. 病理变化

皮下出血，血液稀薄；胃肠道广泛性出血性炎；肺脏膨隆、水肿，小支气管中有多量浆液性泡沫；肝脏有大小不等的结节和坏死灶；脑膜下充血、出血。

4. 实验室检验

（1）病料涂片镜检。生前取腹股沟淋巴结，死亡病例取肝和淋巴结抹片、染色，镜检有圆形或椭圆形小体。

（2）免疫荧光诊断。取肺、淋巴结触片，固定，染色，镜检。视野内有胞浆为黄绿色荧光，胞核暗而不发荧光，形态为月牙形、枣核形，即可确诊。

（三）鉴别诊断

与牛流行热的鉴别取病牛血清，以间接法（双层法）染色，镜检，见于特异性荧光细胞，可证明为牛流行热。

（四）防治措施

1. 治疗

①磺胺嘧啶（SD）、磺胺间甲氧嘧啶（制菌磺，SMM）按30~50mg/（kg·BW·d），1次静脉注射，配合使用增效抑菌剂或甲氧苄氨嘧啶（TMP），按10~15mg/（kg·BW·d），效果好。②磺胺对甲氧嘧啶（SMD），按30~50mg/（kg·BW·d），静脉注射，连注3~5d。③磺胺甲氧嗪（SMP），按30mg/（kg·BW）和甲氧苄氨嘧啶，按10mg/（kg·BW），1次/d，连用3次。

2. 预防

①认真执行兽医防疫制度，防止疫病传扩。牛舍、运动场及时清扫，粪便堆积发

酵。定期进行灭鼠工作，牛场禁止养猫，并严防猫入厩舍。②已发生本病的牛场，病畜隔离、治疗，其全部用具及污染物严格消毒。全群牛应采用磺胺药物预防，饲料中添加0.01%磺胺间甲氧嘧啶（SMM）和0.05%磺胺嘧啶，1次饲喂，连续7d。

八、钩端螺旋体病

（一）病原

本病的病原为钩端螺旋体，钩体细长圆形，呈螺旋状，一端或两端弯曲呈钩状。无鞭毛，但运动活泼。革兰染色法不易着色，常用吉姆萨染色和镀银法染色。对外界抵抗力不强，一般消毒药均能将其杀死，对阳光、热的抵抗力不强，但低温条件下可保持毒力数年。

（二）流行特点

各种家畜和野生哺乳动物均可感染。病畜和带菌动物随尿排出病原体，污染周围的水源和土壤，经过损伤的皮肤、黏膜及消化道而传播给其他动物。鼠类分布广，繁殖快，带菌率高，排菌时间长（甚至终生），因此，它在本病的传播上具有重要作用。本病多发于夏、秋季节，以温暖多雨、低洼积水、鼠类猖獗的地区发病较多。

（三）症状

本病多为亚急性疾病，体温高达40.5～41℃，精神沉郁，食欲降低，2～3d后可视黏膜黄染，同时出现血红蛋白尿。产奶量下降或停止，乳汁色黄如初乳并含有血凝块。口腔黏膜，耳部、乳房部的皮肤发生坏死。

（四）剖检病变

皮下组织发黄，内脏广泛点状出血，肾表面有灰白色小病灶，肝脏大有坏死灶，肺有出血斑，肠系膜淋巴结肿大明显，皮肤和黏膜坏死或溃疡，脾稍肿或不肿。乳中带血。

（五）诊断

本病单靠临床症状和剖检病变难于确诊，只有结合微生物学和免疫学诊断进行综合性分析才能确诊。预防主要是消灭鼠类和它们的繁殖条件，杜绝传染源；被病牛粪尿污染的场地和水源，应用漂白粉或2%火碱液消毒；在本病常发地区，可应用含有当地流行菌型的钩端螺旋体多价灭活菌苗预防接种，肌内注射2次，间隔1周，用量10～15mL。免疫期约1年。

（六）治疗

链霉素和土霉素等均有效。链霉素每千克体重25～30mg，肌内注射，每天2次，或土霉素每千克体重15～30mg，肌内注射，每天1次，均连用3～5d。对可疑感染的牛，可在饲料中混入土霉素（每千克饲料加0.75～1.5g），连喂7d。

九、血矛线虫病

（一）病原

捻转血矛线虫也称捻转胃虫，是毛圆科血矛属中最常见线虫。虫体淡红色，头端细，口囊小，内有一矛状刺，一般有颈乳突。雄虫长18～20mm，肉眼观尾部膨大呈半环状，交合伞的背中偏于一侧，背肋呈"人"字形，雌虫长25～34mm，新鲜虫体很像红白线捻在一起（红色为肠管内吸满血，白色为虫的生殖系统），或灰白色（陈旧虫体）捻在一起，形成红白或灰白相间的麻花状外观。生殖孔处多有一舌状阴道盖。

（二）生活史

毛圆科线虫主要寄生于反刍家畜第四胃和小肠内，一般是雌虫产卵，虫卵随粪便排出宿主体外，在适宜的条件下，大约经1周发育为第3期感染性幼虫。感染性幼虫可移行至牧草的茎叶上，反刍兽吃草时经口感染，感染宿主并到达寄生部位约经20d，到达寄生部位，在第四胃和小肠内发育黏膜内发育蜕皮，第4期幼虫返回第四胃和小肠，并附在黏膜上，最后一次蜕皮，逐渐发育为成虫。

（三）流行特点

捻转血矛线虫流行甚广，各地普遍存在，虫卵在北方地区不能越冬。第3期幼虫抵抗力强，在一般草场上可存活3个月，在干燥环境中，可生存18个月。感染性幼虫有向植物茎叶爬行的习性及对弱光的趋向性，温暖时活性增强。春季4—5月，秋季9—10月，是捻转血矛线虫发病的高峰期。

（四）症状与病变

捻转血矛线虫矛状刺可刺破宿主胃黏膜，并分泌抗凝血酶，吸血夺取营养。虫体吸血时或幼虫在胃肠黏膜内寄生时，都可使胃肠组织的完整性受到损害，引发局部炎症，使胃肠的消化、吸收功能降低。大量寄生可使胃黏膜广泛损伤，发生脱落。另外，捻转血矛线虫还可分泌毒素，抑制宿主神经系统活动，出现神经症状，使宿主消化吸收机能紊乱，导致感染动物异食癖现象非常严重。

（五）预防措施

1. 定期驱虫

在捻转血矛线虫流行季节，春季驱虫在4—5月雪消后为宜，秋季驱虫在9—10月为宜，给犊牛注射伊维菌素，每头0.02g/100kg。

2. 加强管理

犊牛饲喂应用干净无污染的优质干草，吃奶器吃完奶后应定时消毒处理，病畜使用过的吃奶器杜绝健康家畜使用。

3. 定期消毒

消毒剂应两种以上交替使用，消毒包括牛舍、四周墙壁、通道等，炎热季节还应做好杀灭蚊蝇，以防其他寄生虫感染。对圈舍牛粪要及时清理，牛粪集中堆积发酵杀死虫卵，犊牛舍应加厚垫草，以防犊牛舔舐圈底，吃到虫体，从而再次引起继发感染。如果圈舍周转有余，可以将发病的圈舍消毒后空置1周，再次转入牛群时，再次消毒冲洗后，方可转入。

十、弓首蛔虫病

（一）发生与流行

犊牛弓首蛔虫的成虫与猪蛔虫相似，成年雌虫寄生在水黄牛的小肠内产出的卵随粪便排出体外，在适宜条件下发育为感染性虫卵。当牛吃入感染性虫卵后，幼虫在其小肠破壳逸出，穿入肠壁进入血管，经血液循环至肝、肺、肾等组织器官潜伏起来，待母牛怀孕到8.5个月时，幼虫开始活动，并通过胎盘进入胎牛体内，随血液循环至肝、肺、气管、咽转入胎牛小肠内发育，也可经胎牛吞食羊膜液时而吞入幼虫。当胎牛出生，吸食母乳使其获得营养在1个月后可发育为成虫。

（二）流行情况

牛弓首蛔虫病是主要危害新生犊牛的疾病之一。其发病情况为山区多于半山区，半山区又多于坝区；放养的牛群多于舍饲的牛群；黄牛多于水牛。

（三）临床症状与诊断

1. 临床症状

被感染的犊牛在出生2周后开始出现临床症状，并且症状出现越早的犊牛，其症状越重，死亡率也越高。犊牛表现精神不振，咳嗽，不愿走动；消化紊乱，食欲减退或废绝，有时腹痛，逐渐消瘦，黏膜苍白，皮肤弹性减退，被毛易脱落，步样强拘，后躯萎弱，腹泻。甚至排血便或黑色水样便。

2. 实验室检验

采取粪便，用浮集法检查虫卵。牛新蛔虫卵近于圆形，淡黄色。表面具有多孔结构的厚蛋白外膜，内含单一卵细胞，大小（75～95）μm×（60～75）μm。其虫体呈黄白色，体表光滑，表皮半透明，雄虫长15～25cm。雌虫长22～30cm。

3. 诊断

根据出生后不久的犊牛咳嗽、腹泻、血便、腹痛和消瘦等症状做出初诊，进一步确诊须经粪便检出虫卵、死亡后发现虫体。

（四）防治措施

1. 治疗方法

左旋咪唑，7.5mg/（kg·BW），一次口服。敌百虫，40～60mg/（kg·BW），一次口服。哌哔嗪，200mg/（kg·BW），一次口服，以上药物水溶解后投服。丙硫咪唑，7.5mg/（kg·BW），一次口服，配成悬浮液灌服。

中草药驱虫可参考用：神曲30g、使君手48g、苦陈皮48g、贯仲30g、槟榔24g。共煎汁后放入雷丸24g，分2次，灌服。

2. 预防

预防的原则是除要加强饲养管理外，要防止母牛感染，犊牛要早诊断早驱虫。

牛新蛔虫是经胎盘感染，犊牛出生后仅7～10d即见有蛔虫寄生，应早日对犊牛进行预防驱虫。对患病犊牛应及早确诊，最好在15～30日龄进行驱虫，不仅及时治愈病牛，还可减少虫卵对外界环境的污染。加强饲养管理，注意保持犊牛舍及运动场的清洁卫生，用过的垫草及清除的粪便进行生物热杀虫。同时，要加强孕牛的环境卫生管理，切断传染源的传播途径。在流行严重区，分娩前1周，母畜用克球粉，连续5d体内驱虫。母牛与犊牛要分开隔离饲养，以减少母牛的感染。

第三节　奶牛肢蹄病

奶牛蹄病是奶牛生产中的常见病，轻则引起奶牛跛行，重则引起奶牛瘫痪，如不加以重视，则会增加生产成本，降低经济效益。临床上主要有蹄叶炎和腐蹄病两种。发生炎症势必会导致白细胞在受感染处蓄积，它们经血液循环进入乳腺，并通过分泌细胞间隙进入牛乳中，最终会导致SCC含量增高。因此依据DHI检测报告中SCC数量变化，结合奶牛病理表现，帮助兽医更好地诊断奶牛蹄病。

一、蹄叶炎

蹄叶炎病是指蹄真皮的弥漫性、无败性炎症，是奶牛饲养中的一种常见病，如果治疗不及时将给饲养者带来很大的经济损失。

（一）疾病症状

蹄叶炎的临床症状为坡形，是一种影响蹄真皮生理功能的疾病。急性蹄叶炎的发病率为0.6%～1.2%。患牛不愿运动，喜卧，两前肢腕关节跪地或交叉站立，急性和亚急性病例表现出体温升高和呼吸频率加快的症状。慢性患牛常表现为蹄变形，可造成产奶量下降，繁殖性能低下等问题，由此造成淘汰率的升高。

（二）疾病病因

一是由于营养管理不当而引起，如突然采食大量谷物饲料或日粮内易消化的碳水化合物含量异常升高，使细菌大量增殖，产生大量乳酸，奶牛瘤胃无法及时吸收，造成酸中毒和消化系统功能紊乱。二是管理不善也可诱发蹄叶炎。包括圈舍条件差，特别是地面质量差、有垫草及奶牛运动量少等。

（三）疾病诊断

由于病畜存在炎症，血液中SCC（大多数为白细胞）会有明显的增加，引起SCC急剧增高。因此，早期的蹄叶炎可借助DHI中体细胞的增高协助临床症状进行诊断。

（四）疾病防治

对于蹄叶炎的预防要比治疗更为重要，平时做好相关工作，可以大大减少经济损失，提高效益。

1. 蹄叶炎预防

（1）配制营养均衡的日粮，符合奶牛营养需要的日粮，保证精粗比、钙磷比适当，注意日粮阴阳离子差的平衡，以上措施均是为了保证牛瘤胃内pH6.2～6.5，也可以适当地添加缓冲剂，防止酸中毒等症状。

（2）加强牛舍卫生管理，保持牛舍、牛床、牛体的清洁和干燥。

（3）据统计，散放式的牛舍中85%的奶牛吃料后会睡在牛床上，由于牛床洁净干燥，可减少细菌繁馆，防止蹄病的发生。注意保持牛床上足够多的干燥清洁垫料，促使奶牛的休息时间保持在4h以上。

（4）定期喷蹄浴蹄，夏季每周用4%硫酸铜溶液或消毒液进行1次喷蹄浴蹄，冬季每15～20d进行1次。喷蹄时应扫去牛粪、泥土垫料，使药液全部喷到蹄壳上。浴蹄可在挤奶台的过道上和牛舍放牧场的过道上，让奶牛上台挤奶和放牧时走过，达到浸泡目的。注意要经常更换药液。

（5）适时正确地修蹄护蹄，矫正蹄的长度、角度，保证身体的平衡和趾间的均匀负重，使蹄趾发挥正常的功能。专业修蹄员每年至少应对奶牛进行两次维护性修蹄，修蹄时间可定在分娩前的3～6周和泌乳期120d左右。修蹄时要注意角度和蹄的弧度，适当保留部分角质层，蹄底要平整，前端呈钝圆。

（6）定期对牛群进行SCC的检测可以起到良好的监督作用，维护奶牛的健康，及时发现疾病并进行治疗。

2. 蹄叶炎治疗

对于不同性质的蹄叶炎有不同的疗法，下面我们分开来说明。

（1）血疗法：对体格健壮的病畜，发病后可用小宽针扎蹄头放血，放血100～300mL。

（2）冷却或温热疗法：发病最初2～3d内，对病蹄施行冷蹄浴，让病畜站立于冷水中或用棉花绷带缠裹病蹄，用冷水持续灌注，每日2次，每次2h以上。3～4d后，若未痊愈，改用温热疗法，如用40～50℃的温水加入醋酸铅进行温蹄浴或用热酒糟、醋炒麸皮等（40～50℃）温包病蹄，每日1～2次，每次2～3h，连用5～7d即可。

（3）普鲁卡因封闭疗法：掌（跖）神经封闭，用加入青霉素20万～40万IU的1%普鲁卡因注射液，分别注入掌（跖）内、外侧神经周围各10～15mL，隔日1次，连用3～4次。

（4）脱敏疗法：病初可试用抗组胺药物，如盐酸苯海拉明0.5～1g，内服，每日1～2次，或10%氯化钙液10～1050mL、维生素C 10～20mL，分别静注；0.1%肾上腺素2～3mL皮下注射，每日1次。

（5）清理胃肠：对因消化障碍而发病者，可内服硫酸钠60～100g，兑水5000mL混合液，每日1次，连服3～5次。

（6）慢性蹄叶炎疗法：根据病情除适当选用上述疗法外，还需采用持续的温蹄浴，并及时修整蹄形，防止形成芜蹄，对个别引起蹄踵狭窄或蹄冠狭窄的病例，可用锉薄狭窄部蹄壁角质，以缓解压迫，并配合合理的装蹄疗法。

对已形成芜蹄的病例，可锉去蹄尖下方翘起部，适当削切蹄题负面，少削或不削蹄底和尖负面。在蹄尖负面与蹄铁之间留出约2mm的空隙，以缓解疼痛。修配蹄铁时，在铁头两侧设侧铁唇，下钉稍靠后方。也可装橡胶蹄枕或橡胶掌。此外，应及时对日粮进行调整，采用逐步过渡的方式减少或更换某种配料，同时要注意日粮中矿物质和维生素的用量。

二、腐蹄病

腐蹄病在我国各地都表现出较高的发病率。舍饲牛群中发病率高达30%～40%，腐蹄病严重影响奶牛的产奶和运动能力，患病奶牛最终招致淘汰。

（一）疾病症状

病牛常常表现为喜爬卧，站立时患肢不负重或各肢交替负重。蹄间和蹄冠皮肤有充血和红肿的症状。严重时，蹄间溃烂，还会出现恶臭分泌物。蹄底角质部呈黑色，用叩诊锤或手按压蹄部时出现痛感。由于角质溶解，路真皮过度增生，有肉芽突出于蹄底。球节感染发炎时，球节肿胀、疼痛。严重时，体温升高，食欲减少，严重跛行，甚至卧地不起，消瘦。用刀切削扩创后，蹄底小孔或大洞即有污黑的臭水流出，趾间也能看到溃疡面，上面覆盖着恶臭的坏死物。重者蹄冠红肿，痛感明显。

（二）疾病病因

1.环境因素

（1）奶牛蹄球损伤、蹄间溃疡、皮炎、角质延长等均能引发该病，促使化脓性棒状杆菌及其他化脓菌的二重感染。

（2）在阴雨潮湿季节，畜舍、运动场积有粪尿，场地泥泞，蹄冠周围或蹄间有污泥易形成蹄间的缺氧状态，有利于细菌的繁殖，加大了细菌感染概率。

（3）奶牛长期营养不良、饲养管理不当，机体抵抗力就会降低，使发病率逐渐增多。

2.病原菌

该病多由节瘤拟杆菌和坏死厌气丝杆菌、坏死梭杆菌等多种病菌协同感染引起。节瘤拟杆菌引起的炎性损害作用很小，但它能产生蛋白酶，消化角质，使蹄的表面及基层易受侵害。在坏死厌气丝杆菌、坏死梭杆菌等病菌的协同作用下，产生明显的腐蹄病损害。此外还有化脓性棒状杆菌和其他化脓性细菌、结节状拟杆菌等也可引起该病。

3.遗传因素

蹄病与遗传有一定的关系，遗传力为0.09～0.31，在0.15～0.22（Distl，1990）。因此，在选种育种时，也可将此遗传病考虑在内，减小后期培育的经济损失。

（三）疾病诊断

（1）根据腐蹄病的特殊临床症状及病理变化做出初步诊断。

（2）为了进一步确诊，在病蹄匣深部，需用镊子进行无菌操作，采取病料，涂片，碱性美蓝染色，若镜检时发现长丝状，无运动的杆菌，即坏死丝杆面，同时还见有其他杂菌存在，即可确诊为腐蹄病。

（3）由于腐蹄病病期较长，造成SCC数值的缓慢增长，通常跨度变化可长达几个月，由正常的10万IU增至200万IU左右。因此，当我们对牛群进行DHI检测时，要注意与之前月份的DNI检测报告结果进行对比，如连续几个月均发现体细胞数的异常上升就应当采取相应的预防治疗措施。

（四）疾病防治

1.腐蹄病预防

（1）畜舍、运动场要清洁定期清除污物，冲刷牛舍及牛床，定期消毒，加强运动场管理，及时剔除可能造成奶牛蹄部损伤的砖块、石头、铁丝头、玻璃碎片等异物。

（2）在多雨湿热季节应该定期用10%硫酸铜溶液浸泡牛蹄，每次约10min，并应尽可能地保持畜舍的干燥，加强通风。

（3）定期修整牛蹄，减少腐蹄病发生的诱因，发现病例应该及时隔离治疗，同时更应该加强护理，防止交叉感染，对牛群进行认真观察，及时发现病牛。

（4）疫苗免疫。应用国产疫苗，免疫期为6个月，免疫保护率80%以上，奶牛群中未发病的奶牛应全部紧急注射，以防出现新病例。

（5）日粮营养要合理，一般日粮营养中钙、磷比例以1.4∶1为宜。日粮中注意维生素，矿物质的供给量，可适当补给维生素A、维生素D和鱼肝油等。

2. 腐蹄病治疗

（1）蹄部处理，清洗、除创或修蹄以去除腐败物、脓液后，用0.5%高锰酸钾溶液清洗，之后用10%～20%硫酸铜溶液或5%～10%福尔马林浸泡蹄部约10min，并用以下制剂之一进行涂擦或填塞。①将青霉素10万IU，鱼肝油50mL，制成乳剂，用棉球蘸满塞入患部。②松节油20mL，鱼肝油20mL混匀，用棉球蘸满塞入患部。③高锰酸钾粉末95g、磺胺50g，研成细末，撒敷患部。④松节油3mL，塞洛仿5mL，蓖麻油（或鱼肝油）100mL蘸满塞入患部。

（2）中药青黛散治疗，青黛60g、龙骨6g、冰片30g、碘仿30g、轻粉15g。共研成细末，在去除坏死部分后将青黛散塞于创内，包扎蹄部。

（3）取桐油150g，放在铁瓢里加热煮沸后，加入明矾2g，用棉球或纱布蘸取热桐油涂烫伤口，涂烫后再用凡士林或黄蜡填孔封口，最后将蹄包扎。

（4）取血竭桐油膏（桐油150g熬至将沸时缓慢加入研细的血竭50g，并搅拌，改为文火，待血竭加完搅匀到黏稠状态即成），以常温灌入腐烂空洞部位，灌满后用纱布细带包扎好，10d后拆除。

（5）一般性病例可用血竭松香桐油膏（1∶1∶3）填充。每天清洗换药1次，后延至2～3天换1次；慢性顽固性病例可用血竭粉直接填塞创口或瘘管内，然后用烙铁烙化封口，蹄裂严重的用乌金膏填充后用消毒纱布8～10层包扎3d换药1次，3次为1个疗程。

（6）血竭白及散。组方。血竭100g、白及100g，儿茶50g，樟脑20g，龙骨100g，乳香50g，没药50g，红花50g，朱砂20g，冰片20g，轻粉20g；将上药共研为细末备用。

（7）枯矾500g、陈石灰500g、熟石膏400g、没药400g、血竭250g、乳香250g、黄丹50g、冰片50g、轻粉50g共为极细末。填塞病牛蹄部脓腔，并用绸带包扎蹄，连用3剂。

（8）将包有碘片的药棉塞入潜洞，用适量松节油喷在包有碘片的药棉上。由于碘与松节油反应放热，从而起烧烙作用。对于特别严重的病例，在碘片松节油疗法的基础上，将烧格后的潜洞填入中药。药方如下，地榆炭50g，冰片50g，黄芩50g，黄连50g，黄柏50g，白及50g。研成粉末，用凡士林调匀，涂于患处，进行包扎，3d后换药，3次用药后痊愈。

（9）外敷方：雄黄、大黄、白芷、天花粉各30g，野芋头、山乌龟各200～500g，将诸药混合捣烂，加少量白酒、棕片，包敷患部。1~2d换药1次，每天用白酒喷，以保持敷药外湿润。内服药：金银花100g，防风50g，川芎、桂枝、木香、陈皮、木通、香附、腹毛、泽泻、白芍各30g，绿豆200g，连翘、白芷、天丁、熟地各40g，甘草20g，煎水灌服或自饮。日服1剂，每剂服2次，直至痊愈。加减：前肢肿胀加桑枝50g，后肢肿胀加牛膝50g；肿消后还跛行时减去泽泻、陈皮、腹毛，加大活血60g。四次醋酸铅溶液128mL，硫酸铜64g，醋酸500mL混匀向患部注入溶液1~2次，如溃疡一时不能愈合，用中药血竭研成粉撒布在患部溃疡面，再用烙铁轻烙，使血竭熔化形成一层保护膜，外用绷带包扎，每隔3~5d处理1次。处理后保持蹄部清洁、干燥。蹄冠炎、球节炎，用10%鱼石脂酒精绷带包扎患部。

对于蹄底出现溃疡性漏洞时，首先用5%的双氧水溶液冲洗，然后用"补蹄膏"配合消炎粉调和成糊状涂抹红肿部位，并用棉球蘸取药膏填塞溃疡部位，每天1~2次，7d后痊愈。

对于有全身症状的，可用青霉素100万~200万IU加5~10mL注射用水稀释后进行肌内注射，日注1次，连注3~7d。也可用磺胺类药和链霉素注射。重症病例应同时填入结晶消炎粉和青霉素粉（80万IU）或用青霉素鱼肝油乳剂（青霉素20万IU，溶于5mL注射用水中，再加入50mL鱼肝油混合搅拌呈乳剂）纱布条填充后用8~10层消毒纱布包扎。

遇到慢性顽固性病例时，可直接填入高锰酸钾粉或硫酸铜粉，之后涂上鱼石脂药膏，再在患肢系部皮下注射普鲁卡因青霉素80万IU2~3次。

第四节 营养代谢病

奶牛机体任何部位发生病变或生理不适首先会以产奶量和乳品质下降的形式表现出来。牛奶是奶牛的一种代谢产物，其成分直接受代谢的调控而变化，其异常变化可直接或间接反映出奶牛的机体健康状况，因此，DHI测定，通过分析报告中乳成分的数据变化，可以作为奶牛代谢疾病重要诊断手段，以辅助普医进行有效诊疗。

一、奶牛亚临床酮病

酮病是泌乳奶牛在产犊后几天至几周内发生的一种代谢性疾病。以消化紊乱和精神症状为主；在我国患有亚临床酮病的牛每天要比非酮病牛的产奶量减少1~10L，而且一旦开始泌乳，奶牛的亚临床酮病的发病率高达40%而临床型酮病的发病率仅为5%。由于亚临床酮病不容易被发觉。往往在牧场的日常管理中被忽视，造成相当巨大的经济损失。因此，要重视酮病的监管并进行积极的防治。

（一）疾病症状

亚临床症状表现为母牛泌乳量下降，发情迟缓等，尿酸检查呈阳性。患牛突然不愿吃精料和青贮，喜食垫草或污物，最终拒食。粪便初期干硬，后多转为腹泻，腹围收缩，明显消瘦。在左肋部听诊，多数情况下可听到心音音调一致的血管音，叩诊肝脏浊音区扩大，精神沉郁，凝视，步态不稳，伴有轻瘫。有的病牛嗜睡，常处于半昏速状态，但也有少数病牛狂躁和激动，无目地吼叫、咬牙、狂躁、兴奋、空口虚嚼、步态跳跃蹒跚、眼球震颤、颈背部肌肉痉挛，呼出气体、乳汁尿液有酮味，加热后更明显，泌乳量下降，乳脂含量开高，乳汁易形成泡沫，类似初乳状，尿呈浅黄色，易形成泡沫。

（二）疾病病因

奶牛酮病主要是由于脂肪摄入量过高，常见产后1~1.5个月的高产母牛，饲喂蛋白饲料过多，而碳水化合物和蛋白质不足，从而导致营养失调，使奶牛不仅运动功能受阻，同时畜产品的产量和质量也受到了严重影响。此外，管理不当，牛的真胃变位，前胃迟缓，创伤性网胃炎，产后瘫痪，胎衣不下，饲料中毒等原因，也可发生继发性酮病。

（三）疾病诊断

除临床症状外，国际上现应用DHI测定技术对奶牛群体实行监管，具体措施如下：

（1）在DHI报告中，当牛奶中的脂肪含量大于4.5%且蛋白质含量变化不明显时，就意味着奶牛可能已患有酮病或这正处于潜伏期，值得注意的是，有时在DHI测定中并无直接的乳汁含量测定，而是以乳脂率/乳蛋白率比值的方式表现，比率增高，提示有酮病发生的可能，应引起重视。

（2）关注产奶量的变化，以每年为单位，分为总产奶量，月产奶量和日产奶量，将它们分别作记录，并与上月相同情况下的产奶量进行比较，如果发现数据有较大幅度的波动时，就要注意奶牛的健康状况了。

（3）关注日粮的配比是否存在比例不当的问题。若临床无明显症状，且未发现其他流行疾病时，就需要通过对血酮的检验来进行诊断。其方法是取硫酸铵100g，无水碳酸钠100g和亚硝基铁氰化钠3g，研细成粉末，混匀后取0.2g放置于载玻片上，加尿液或乳汁2~3滴，加水作对照，出现紫红色者为阳性，不出颜色变化为阴性。

（四）疾病防治

1. 酮病预防

预防酮病最重要的原则，就是应避免一切在产前、产后泌乳早期影响奶牛干物质采食量的因素。

（1）干奶期应供给充足的并有一定长度的粗饲料，以刺激瘤胃功能。日粮的改变应逐步进行，防止出现应激。产前两周开始增加精料，以调整瘤胃微生物菌群，并逐步向高产日粮转变。

（2）奶牛产犊时不能过肥，体况评分保持在2.5~3分（5分制）为宜，超过此标准即可认为过肥。

（3）如果整个牛场酮病高发，可在产前日粮中添加尼克酸，每天6g/头，并可延续到产后2~3周。尼克酸影响日粮的适口性，因此应注意添加量，勿影响奶牛的采食量。

（4）何料中加入丙酸钠或丙二醇等生糖物质对酮病有预防作用。有报道称，产前2周至产后7周，日粮中添加120g丙醇，每天2次，酮病的发病率可降低18%。

（5）莫能菌素可调节瘤胃微生物菌群的数量，对酮病也有良好的预防作用。但目前美国和欧盟已经全面禁用离子载体类药物，应谨慎使用。

2. 酮病治疗

（1）尽快恢复血糖水平。

（2）补充肝脏三羧酸循环中必需的草酰乙酸，使体脂动员产生的脂肪酸完全氧化，从而降低酮体的产生速度。

（3）增加日粮中的生糖物质，特别是丙酸。

静脉注射50%葡萄糖溶液500mL，可暂时恢复血糖水平，一般可维持2h。也可口服生糖物质，如丙二醇150mL，每天2次，以维持血糖水平。丙酸钙在瘤胃中发酵并可引起消化系统紊乱，甘油在瘤胃中不但可转化为丙酸，也可以转化为生酮酸，因此在治疗时丙二醇的效果要好于丙酸钙和甘油。通常在丙二醇中加入钴盐，在钴缺乏地区，每天应至少添加100mg钴。

（4）可采用糖皮质激素类药物进行治疗，可单独使用，或配合葡萄糖疗法，或紧接着口服补充生糖物质。激素治疗通过利用脂肪酸氧化过程中衍生的乙酰-CoA降低酮体的产生，并通过增加肝脏中的生糖物质达到回升血糖的目的。地塞米松、倍他来松以及氟地塞米松均有很好的治疗效果。通常一次剂量即可，但有时2~3d后可能复发。应注意的是，糖皮质激素类药物可影响食欲和产奶量。

（5）静脉注射50%葡萄糖溶液500mL，接着注射一次剂量的糖皮质激素，最后口服丙二醇150g，每天2次，连用3~4d。

（6）如果牛场大群奶牛同时发病，可在日粮中添加粉碎的玉米。玉米可在小肠内迅速消化，快速提高血糖水平。

二、奶牛瘤胃酸中毒

瘤胃酸中毒即谷物酸中毒。临床上以消化障碍、精神高度兴奋或沉郁，瘤胃兴奋性降低，蠕动减慢或停止，瘤胃内pH降低，脱水，衰弱为典型特征。

（一）疾病症状

早期不易发现，但当奶牛一旦出现精神沉郁，食欲停止，瘤胃弛缓，消化紊乱，行走不稳，肌肉震颤，瘫痪卧地时，就已经严重影响到奶牛的发育，而且此病起病较急，且进展较快，发病后期将出现体温低于正常，脉搏、呼吸变快，眼结膜紫色，眼窝下陷，呻吟，磨牙，昏迷，尿呈酸性。此时，奶牛已无法挽救。本病呈散发性、冬、春季多发，该病常引起死亡。

（二）疾病病因

饲养管理差是发生本病的根本原因。当牛采食的玉米和块根类比例过大，干奶牛过肥；精料比例过高，粗料品质低，均可导致瘤胃内容物乳酸产生过剩，pH迅速降低，酸度增高，其结果造成瘤胃内的细菌、微生物群落数量减少和纤毛虫活力降低，引起严重的消化紊乱，使胃内容物异常发酵，导致酸中毒。

（三）疾病诊断

在疾病初期，病情较轻。会出现偶尔的腹痛、厌食，但精神尚好，通常拉稀便或腹泻，瘤胃蠕动减弱，可以几天不见反刍。随着病情的发展，病情逐渐加重，24~48h后卧地不起，部分走路摇摆不定或安静站立，食欲废绝，不饮水。体温36.5~38.5℃偏低，心跳次数增加，伴有酸中毒和循环衰竭时心跳更加迅速（心率每分钟在100次以内治疗比每分钟达120~140次效果好），呼吸快浅，每分钟60~90次。通常伴随腹泻，如果没有腹泻是一种不好的预兆，粪便色淡，有明显的甘酸味，早期死亡的粪便无恶臭。作瘤胃触诊时，可感内容物坚实呈面团样，但吃得不太多时有弹性或有水样内容物，听诊可听到较轻的流水音，重病牛走路不稳，呈醉步，视力减退，冲撞障碍物，眼睑保护反射迟钝或消失。

DHI报告中显示乳成分发生改变，早期乳脂率/乳蛋白率<1。本病发展较快，故一旦发现，应立即采取治疗措施。

（四）疾病预防

1. 酸中毒预防

在疾病的预防上，应严格控制精料喂量。日粮供应合理，精粗比要平衡，严禁为追求乳产量而过分增加精料喂量。根据奶牛分娩后发病多的特点，应加强产奶牛的饲养，对高产奶牛在40%玉米青贮料（或优质干草）、60%精饲料（按干物质计）的平衡日粮中添加1%~2%的碳酸氢钠长期饲喂。干奶期精料不应过高，以粗料为主，精料量以每天4kg为宜。牛只每天运动1~2h；对产前产后牛只应加强健康检查，随时观察奶牛异常表现并尽早治疗。同时，要参考DHI中乳成分的报告分析，它可以更早地发现疾病，使患病牛尽快得到治疗，减少了经济效益损失。

2. 酸中毒治疗原则

①抑制乳酸的产生和酸中毒。

②应排出有毒物质，制止乳酸继续产生，解除酸中毒和脱水。

③强心输液，调节电解质，维持循环血量。

④促进前胃运动，增强胃肠机能。

⑤利用抗组胺制剂消除过敏性反应，镇静安神。

实践证明治疗本病的关键环节是泻下和保护胃肠黏膜，在采食大量整粒精料或粉料且采食后不久、瘤胃内精料还来不及或仅部分发酵产生乳酸时，尽早使用大量油类泻药将其泄下。以体重400kg奶牛为例，一次可灌服液体石蜡1500~2500mL，切记量要足，否则会因达不到泻下和保护胃肠黏膜的目的而延误治疗。对食入大量粉料过久或采食精料时间较长，已经在瘤胃发酵产生大量乳酸的病牛，要用10%石灰水，5000~10000mL反复洗胃后再灌入液体石蜡1500~2500mL，以利排出大量乳酸并保护胃肠黏膜，并且胃管要多放置片刻，以利瘤胃内气体充分排出。值得注意的是对采食大量整粒精料的牛，整粒料洗胃往往是洗不出的，所以应尽早采取泻下或手术治疗。

第五节 奶牛繁殖疾病

奶牛的繁殖病，会造成产犊间隔延长，这会对牛群整体的质量和日后的经济效益产生不良影响。因此，需要随时监督，随时预防这类疾病，以保证牛群整体的健康和发展。围产期护理不当，将影响其"高峰产奶量"的发挥，应保持产犊环境干净，避免子宫感染，注意产后护理、测量体温及饲料变化过程。若母牛产后受到应激或细菌感染，将不能达到理想的峰值水平。由于奶牛营养饲喂不当、产犊环境不清洁及助产不当等都会导致产后并发症，可影响高峰产奶量，因此，DHI与奶牛繁殖疾病密切相关，对繁殖疾病监测起到了很好的辅助作用，对改善奶牛饲养管理有重要指导作用。

一、卵巢囊肿

卵巢囊肿指在奶牛的卵巢上可观察到囊性肿物，数最为1个到数个，其直径为1cm至几厘米，主要分为是卵泡囊肿、黄体囊肿、子宫内膜性囊肿、包含物性囊肿和卵巢冠囊肿等5种。

（一）疾病症状

1. 卵泡囊肿

牛群中最常见的一种囊肿，通常是后天性的，眼观，囊肿卵泡比正常卵泡大，直径可达3~5cm，囊肿壁薄而致密，内充满囊液。镜检时，可见卵泡的颗粒细胞变性减少甚至完全消失。同时见子宫内膜肥厚，腺体增生并分泌多量黏液着积于腺腔内，内膜表面被覆液与脱落破碎上皮细胞混合物，呈脓样。发生卵泡囊肿时，常伴发脑垂体、甲状腺和肾上腺增大，有时会继发乳腺肿瘤。

2. 黄体囊肿

多发生于单侧，大小不等，囊腔形状不规则且充满透明液体。破裂后可引起出血。

镜检时，见囊肿壁多由多层的黄体细胞组成，细胞质内含有黄体色素颗粒和大量脂质。有时黄体细胞在囊壁分布不均。一端多而另一端少，当囊壁很薄时，贴有一层纤维组织或透明样物质的薄膜和多量黄体细胞。

若发生两侧性黄体囊肿，常为多发性小囊肿，呈圆球形，囊壁光滑，缺乏正常动物排卵小泡黄体化产生的排卵乳状。

3. 子宫内膜性囊肿

当子宫内膜种植到卵巢时，形成子宫内膜性囊肿，其囊壁由子宫内膜上皮细胞组成，囊腔内充满棕褐色的物质，内含血源性色素，所以也称巧克力囊肿。

4. 包含物性囊肿

此种囊肿少见，多发生于老年动物。属于小囊肿，数量多时，卵巢的切面呈蜂窝状。镜检可见囊肿由一层扁平上皮细胞形成。

5. 卵巢冠囊肿

主要见于卵巢系膜和输卵管系膜之间，其大小从1cm至几厘米，单个或多个分布。镜检见囊壁由单层扁平上皮、立方上皮或柱状上皮细胞组成。

（二）疾病的病因

1. 卵巢囊肿与黄体囊肿

一般认为是由促卵泡激素分泌过多或黄体激素分泌不足引起的，一些影响排卵过程的因素，如饲料中缺乏维生素A或含有大量的雌激素，激素制剂使用不当，子宫内膜炎、胎衣不下以及卵巢的其他疾病因素也均可引起卵泡囊肿的发生。

2. 子宫内膜性囊肿

主要是由于脱落的子宫内膜上皮细胞经输卵管返流入腹腔，种植在卵巢引起。也可见于腹膜、肺等组织器官。

3. 包含物性囊肿

卵巢表面的一部分上皮细胞被包埋在卵巢基质中，并被分割形成一些小的囊肿，当其数量相当多时，可形成蜂窝状的卵巢。

4. 卵巢冠囊肿

由于胚胎时中肾残留管扩张而成为卵巢冠纵管，形成囊肿。

（三）疾病的诊断

临床症状中可见病畜发情时间变长，阴户有较多液体流出，体内出现子宫壁松弛、肿胀增厚，子宫角不收缩。直肠检查时，卵巢明显增大。此外，若产后DHI报告中发现有体细胞数量的增加，并伴有相似的临床症状，则提示可能有本病的发生。在管理时适当提高重视。

（四）疾病的治疗

1. 西药疗法

（1）对卵泡囊肿的治疗

①肌内注射促黄体释放激素，每天1次，连用3～4次，总量不得超过3000μg。在用药后15～30d内，囊肿会逐渐消失而恢复正常发情排卵。

②1次静脉注射绒毛膜促性腺激素0.5万～1万单位，或肌内注射1万单位。

③1次肌内注射促黄体素100～200单位，用药3～6d囊肿形成黄体化，症状消失，15～30d恢复正常发情周期。

④肌内注射促排3号200～400μg，促使卵泡黄体化，15d后再肌内注射前列腺素F_{2a}2～4mg，早晚各1次。

（2）对黄体囊肿的治疗

①对舍饲的高产奶牛应增加运动，减少挤奶量，改善饲养管理条件。

②绒毛膜促性腺激素一次肌内注射2000～10000单位或静脉注射3000～4000单位即可。

③促黄体素100～200单位，用5～10mL生理盐水稀释后使用。用药后1周未见好转时，可第二次用药，剂量比第一次稍加大。

④挤破囊肿法：将手伸入直肠，用中指和食指夹住卵巢系膜，固定卵巢后，用拇指压迫囊肿使之破裂。为防止囊肿破裂后出血，须按压5min左右，待囊肿局部形成凹陷时，即可达到止血的目的。

2. 中药疗法

以活血化瘀、理气消肿为治疗原则。消囊散、炙乳香、炙没药各40g，香附、益母草各80g，三棱、莪术、鸡血藤各45g，黄柏、知母、当归各60g，川芎30g，研末冲服或水煎灌服，隔天1剂，连用3～6剂。

（五）疾病的预防

对舍饲高产奶牛，需适当增加运动、减少挤奶量。同时，注重加强饲养管理，如日粮中的精粗比要平衡，无机盐、维生素的供应要适量。严禁为追求产量而过度饲喂高蛋白质饲料。在配种季节内，饲料中应含有充足的维生素；在发情旺盛（卵泡迅速发育）、排卵和黄体形成期，不要剧烈运动。对正常发情的牛，及时进行交配和人工授精。

二、子宫内膜炎

子宫内膜炎是子宫黏膜发生黏液性或化脓性炎症，为产后流产最常见的一种生殖器官疾病。根据病理过程和炎症性质可分为急性黏液脓性子宫内膜炎、急性纤维蛋白性子宫内膜炎、慢性卡他性子宫内膜炎、慢性脓性子宫内膜炎和隐性子宫内膜炎。

（一）疾病症状

多在产后1周内发病，轻度的没有全身症状，发情正常，但不受胎；重度的则伴有全身症状，如体温升高，脉搏、呼吸加快，精神沉郁，食欲下降，反刍减少等。患牛拱腰，举尾，有时努责，不时从阴道内流出大量污红色或棕黄色黏液脓性分泌物，有腥臭味，内含絮状物或胎衣碎片，常附着尾根，形成干痂。直肠检查子宫角变粗，宫壁增厚，敏感，收缩反应弱。严重时子宫内蓄积有渗出物，用手触摸会有波动感。

（二）疾病原因

产房卫生条件差，临产母牛的外阴、尾根部污染类便而未彻底洗净消毒；助产或剥离胎衣时，术者的手臂、器械消毒不严，胎衣不下腐败分解，恶露停滞等，均可引起产后子宫内膜感染。

产后早期能引起子宫内膜炎的细菌有化脓性放线菌、坏死梭杆菌、拟杆菌、大肠埃希菌、溶血性链球菌、变形杆菌、假单胞菌、梭状芽孢杆菌。产后治疗不及时或久治不愈常转为慢性子宫炎，子宫内由多种混合菌变成单一的化脓性放线菌感染。此外，子宫积水、双胎子宫严重扩张、产道损伤、低血钙、分娩环境脏等都能引起子宫感染。在极冷极热时，身体抵抗力降低和饲养管理不当都会使子宫炎的发病率升高。另外，一些传染病如滴虫病、钩端螺旋体、牛传染性鼻气管炎、病毒性腹泻等都能引起子宫发炎。慢性子宫炎多由急性炎症转化而来，有的因配种消毒不严而引起的，没有明显的全身症状。

（三）疾病诊断

轻度的子宫内膜炎较难确诊，尤其在患隐性子宫内膜炎时更是如此。但是一般DHI报告中体细胞数的增加，会提示有炎症的发生，若伴有不受胎的症状，提示可能子宫有炎症发生，需考虑对子宫做相应的检查，同时兼顾对发情时分泌物的性状的检查、阴道检查、直肠检查和实验室检查一起进行诊断。

（1）发情分泌物形状的检查。正常发情时分泌物的量较多，清亮透明，可拉成丝状。而子宫内膜炎的病畜的分泌物量多且较稀薄，不能拉成丝状或量少且黏稠，浑浊，呈灰白色或灰黄色。

（2）阴道检查阴道内可见子宫颈口不同程度的肿胀和充血。在子宫颈封闭不全时，会有不同形状的炎性分泌物经子宫颈排出。

（3）直肠检查母牛患慢性卡他性子宫内膜炎时直肠检查子宫角变粗，子宫壁增厚，弹性减弱，收缩反应减弱，但也有的病畜查不出明显的变化。

（4）实验室诊断

①子宫分泌物的镜检检查：将分泌物涂片可检查脱落的子宫内膜上皮细胞、白细胞

或脓球。

②发情时的分泌物的化学检查：用4%氢氧化钠2mL加等量分泌物煮沸后冷却，残留物若呈无色则为正常，若呈微黄或柠檬黄说明子宫内膜炎检查呈阳性。

③慢性子宫颈炎类似处是有些脓性分泌物流出。不同处是患慢性子宫颈炎，可引起结缔组织增生，子宫颈黏膜皱襞肥大，呈菜花样。直肠检查子宫颈变粗，而且坚实。此外，可借助每月DHI的报告对奶牛的炎症症状进行监督，若发现有体细胞急剧或连续几个月缓慢升高的现象，应警惕此病的发生。

（四）疾病防治

（1）产房要彻底打扫消毒，对于临产母牛的后躯要清洗消毒，助产或剥离胎衣时要无菌操作。

（2）控制感染、消除炎症和促进子宫腔内病理分泌物的排出，对有全身症状的进行对症治疗。如果子宫颈未开张，可肌内注射雌激素制剂促进开张，开张后肌内注射催产素或静脉注射10%氯化钙溶液100~200mL，促进子宫收缩而排出炎性产物，然后用0.1%高锰酸钾液或0.02%新洁尔液每天冲洗子宫，20~30min后向子宫腔内灌注青霉素、链霉素合剂，每天或隔天1次，连续3~4次。

（3）对于纤维蛋白性子宫内膜炎，禁止冲洗，以防炎症扩散。应向子宫腔内注入抗生素，同时进行全身性治疗。

（4）对于慢性化脓性子宫内膜炎的治疗可选用中药当归活血止痛排脓散，组方：当归60g、川芎45g、桃仁30g、红花20g、元胡30g、香附45g、丹参60g、益母90g、三菱30g、甘草20g、黄酒250mL为引，隔日1剂，连服3剂。

第六节 消化系统疾病

一、创伤性网胃炎

牛创伤性网胃炎是由于饲料中混入金属异物（如铁钉、铁丝、铁片等）及其他尖锐异物，吃进后所引起的网胃创伤性疾病。若异物刺伤网胃，又穿透膈肌伤及心包使心包发生炎症者，称创伤性心包炎。

（一）诊断技术

1.临床症状

食欲和反刍减少，表现弓背、呻吟、消化不良、胸壁疼痛、间隔性膨胀。用手捏压鬐甲部或用拳头顶压剑状软骨左后方，患畜表现疼痛、躲避。站立时外展，下坡、转弯、走路、卧地时表现缓慢和谨慎，起立时多先起前肢（正常情况下先起后肢）如刺伤心包，则脉搏、呼吸加快，体温升高。

2. 检查血液

患病牛白细胞总数每立方毫米可增高到10000～14000个，其中嗜中性白细胞由正常的36%增至50%～70%，而淋巴细胞则可由正常的56%降至30%～45%。淋巴细胞与嗜中性白细胞的比例呈现倒置。此外，有条件的可用金属探测器检查或用取铁器进行治疗性诊断。

（二）防治方法

本病治疗一般是用对症疗法和手术疗法，前者效果不明显，后者手术较麻烦。近年来，山东省农业科学院畜牧兽医研究所研制的强力取铁器配合磁笼，对防治牛创伤性网胃炎有明显效果。取铁器的特点是磁性强度大，吸出率高、可将网胃中含铁异物取出。当网胃铁物取不尽或暂时取不出时，可向网胃投送磁笼。磁笼在网胃内持久地起作用，在胃蠕动配合下，可使含铁异物慢慢被吸入笼内而起治疗作用。同时磁笼又能随时将吃进去的含铁异物吸入。因此，投放磁笼可用于大群的预防。取铁器的使用方法，取铁器是由钢丝导绳、塑料管和磁头组成。磁头借助于导绳和塑料管、在牛空腹和增加饮水的情况下投入网胃。

磁笼投送方法：磁笼是由磁棒和塑料间隔笼组成。在早上空腹时让牛多饮水，助手持鼻钳固定牛头，术者把食塑料管插到咽部，投入磁笼后抬高牛头，同时迅速拔出塑料管，留在咽部的磁笼即被牛吞下。

二、食道梗塞

（一）病因

牛食道梗塞多由于饲料管理不当，饲料储存保管散乱或放牧于未收尽的块根、块茎地等，有的是由于盗食未经粉碎或饲喂粉碎不全的块根及块茎饲料所造成。

（二）治疗

在治疗上，可根据梗塞部位、梗塞物大小及梗塞物在食道上能否移动等具体情况，采取相应的治疗措施。梗塞物能从外部推送到咽部时，可慢慢向咽部推送，直至由口腔取出；食道深部梗塞时，由于无法推送到咽部，可采取向胃内推送法、打气法、打水法或扩张法送入胃内；当梗塞物在食道上部固定得紧密，无法移动时，可采取砸碎法、针刺划碎法或食道切开法取出。现将各种方法简述如下。

1. 口取法

梗塞物如果在食道上1/3处时，可采取用本法。操作时必须装着开口器，将牛头和开口器一并固定牢靠，以防开口器滑落造成意外。先用胃管向食道内投送3%～5%普鲁卡因20～30mL，经15min后再投送液体石蜡或植物油50～100mL，将梗塞物从外部推到咽部，另一人伸手入口到咽部将梗塞物取出。

2. 推送法

梗塞物在颈部食道下方或胸部食道时，先将牛头吊起并固定好，用胃管入石蜡油或植物油100～200mL，经20～30min后，将牛口装着开口器，选1根拇指粗的新缰绳，插入的一端要平滑，并涂上石蜡油或植物油，将涂油的新缰绳从口腔插入食道，徐徐推送梗塞物，使梗塞物进入胃中。

3. 打气法

将胃管送入食道，顶住梗塞物，外端接上打气筒，术者固定胃管，另一人有节奏地打气，在食道扩张之时，顺势将梗塞物推入胃内。

4. 打水法

将胃管送入食道，顶住梗塞物，外端接在气筒式灌肠器的接头上，将灌肠器插入水中，连续往食道内打水，如梗塞物移动时，顺势推动胃管，将梗塞物送入胃内。

5. 扩张法

本法多应用于深部食道梗塞，如胸部及贲门附近食道梗塞时，利用酸碱中和过程中爆发出的酸气，来冲击梗塞物进入胃内。方法是先将饱和碳酸氢钠（小苏打）200～300mL，用胃管送入梗塞物处，然后再将稀释盐酸100～200mL送入食道。

6. 砸碎法

多应用于颈部食道梗塞，梗塞物多为脆性易碎物（如马铃薯）时，可在梗塞部位垫上棉花、布片等，用大钳子或蹄钳夹碎，或将牛放倒，捆绑保定好，固定食道梗塞物，在梗塞物之下放一平坦木块，然后用平顶锤准确而有力地猛击梗塞物，将其砸碎，一般无后遗症。

7. 针刺划碎法

本法应用于颈部食道梗塞，梗塞物为脆性易碎时，可用小宽针或采血针刺入梗塞物内，将梗塞物划碎。

8. 直接食道推送法

本法是采用手术的方法将颈部食道暴露出来，然后直接从食道将梗塞物推送到咽部，再由口腔取出梗塞物。

手术方法：行站立保定，将牛头高吊，使其颈部弯向右侧，固定好牛头，梗塞部位则充分暴露出来，手术部位即梗塞物所在部位剪毛或剃毛，进行常规消毒后，用2%～3%普鲁卡因进行局部麻醉，切口与颈沟平行，在梗塞部位切开皮肤及颈皮下肌后，要注意避开颈静脉，用扩创钩扩大切口，用刀柄钝性分离食道周围组织（在气管附近能触到强烈搏动的颈动脉，注意切勿损伤。食道在正常状态下较难找，但在食道梗塞物时。因有梗塞物而食道膨大易找），使食道暴露，术者用手握住食道，在梗塞部食道稍下方，边压边向上推送，使梗塞物返回口腔。当梗塞物进入口腔时，另一人伸手入口腔取出梗塞物。对术部进行清除创腔积血，生理盐水冲洗伤口，撒布青霉素粉，结节缝合肌肉及皮肤，在切口下角留一排液孔，伤口涂碘酊并施以保护绷带。

9. 食道切开法

手术与直接食道推送法相同。如梗塞物不能推入咽部时，只好切开食道将梗塞物取出。具体方法是：将梗塞部食道拉于切口外，用两把镊子分别垫于梗塞物两端的食道下面，使梗塞部位食道暴露和固定于皮肤切口之外。在梗塞物下端纵切食道（与食道平行切开）取出梗塞物，以灭菌生理盐水冲洗伤口，食道黏膜层以连续缝合法缝合，食道浆膜层以肠胃缝合法缝合，其他处理同直接食道推送法。

牛食道梗塞后不久，因嗳气不能排出，瘤胃发生臌气，因此首先用套管针进行瘤胃穿刺放气，然后将套管针缝于皮肤上固定，至梗塞物排出为止。

三、前胃弛缓

牛前胃弛缓是由于前胃的神经和肌肉功能紊乱，收缩力量减弱，瘤胃内容物不能进行正常的消化、运转与排除，食物异常分解、发酵与腐败，产生有毒物质，微生物群遭到破坏，引起消化功能障碍，而出现食欲减退或废绝、反刍紊乱、产奶量下降的一种疾病。

（一）发病原因

牛前胃弛缓的发病原因是由于长期饲喂粗硬劣质难以消化的饲料，饲喂刺激小或缺乏刺激性的饲料，饲喂品质不良的草料或突然变换草料等，均能引起本病发生。瘤胃膨胀、瘤胃积食、创伤性胃炎及酮病等疾病的经过中也常继发前胃弛缓。

（二）临床症状

急性型多呈现急性消化不良，食欲减退或废绝，表现为只吃青贮饲料、干草而不吃精料或吃精料而不吃草。严重者，上槽后，呆立于槽前。反刍缓慢或停止，瘤胃蠕动次数减少，声音减弱。瘤胃内容物柔软或黏硬，有时出现轻度瘤胃臌胀。网胃和瓣胃蠕动音减弱或消失。粪便干硬或为褐色糊状；全身一般无异常，若伴发瘤胃酸中毒时，则脉搏、呼吸加快，精神沉郁，卧地不起，鼻镜干燥，流涎，排稀便，瘤胃液pH<6.5。碱性前胃弛缓，鼻镜有汗，虚嚼，口腔内有黏性泡沫。排粪减少，粪便干燥。瘤胃液的pH在8以上。慢性病例多为继发性因素引起，病情时好时坏，异嗜，毛焦欣吊，消瘦。便秘、腹泻交替发生，继发肠炎时，体温升高。病重者陷于脱水与自体中毒状态，最后衰竭而死亡。

（三）西医疗法

（1）用10%的氯化钠溶液300~600mL进行静脉注射。

（2）用酒石酸锑钾兴奋瘤胃，剂量为每次3~5g，连续3d灌服。

（3）用新斯的明30~70g一次注射到皮下。

（4）用硫酸镁600g，松节油40～50mL，酒精80～120mL，温水3000～5000mL，一次灌服，有缓泻和抑制发酵的作用。

（5）用苦味酊30～50mL，石蜡油2000mL，一次灌服，亦可缓泻和止酵。

（6）用酒石酸锑钾8～12g，番木鳖粉1.5g，干姜粉12g，龙胆粉12g，共研为末，一次灌服。每天1次，连服3～5d。

（7）用10%氯化钠注射液150～250mL、10%的氯化钙溶液150～250mL、20%的苯甲酸钠咖啡因溶液10mL，静脉注射。

（8）用盐酸毛果芸香碱50～70mg进行皮下注射。

（9）对于食欲废绝的病牛，可静脉注射25%的葡萄糖溶液700～1200mL，每日注射2次。

（10）对于并发胃肠炎的病牛，可灌服黄连素2g左右，每天服3次。

（11）用2%～4%的碳酸氢钠溶液洗胃，调节胃液的酸碱比例，然后以健康牛口中取出反刍食物3kg左右喂病牛。

（12）在颈静脉上方、颈上1/3与中1/3交界处的健胃穴垂直刺入3～4.5cm，注入25%的葡萄糖20mg，也可在注射时，加入0.2%的硝酸士的宁1～3mL。

（13）用氨甲酰胆碱4～6mg或毛果芸香碱30～60mg，进行皮下注射。

（14）用0.25～0.35g的苯海拉明溶入600mL的水中，一次灌服，8h服1次，连用2d左右。

（15）用600mg非那根或者90mg扑尔敏，一次肌内注射。再配上小苏打90g，人工盐250～400g灌服。

（四）牛前胃弛缓的中医疗法

（1）用生姜60g，大剌100g，食醋120mL共用水煎汁灌服。

（2）用韭菜1500g，一次喂服，每日1次，连服3d。

（3）用酒精150～220mL，加入适量温水灌服。

（4）用酵母粉100～300g，加适量温水一次内服。

（5）用神曲300g，食用醋700g，加适量温水一次内服。

（6）用黄芪64g、党参65g、生姜40g、陈皮40g、槟榔38g、白芍40g、麦芽35g、山楂35g、神曲35g、枳壳37g、甘草35g用水共煎汁灌服。

（7）用人工盐550g、马钱子280g、龙胆末280g混合后，每日灌服3次左右，每次灌服混合剂35g。

（8）用食用醋600～1200mL，炒草果120～180g。光把草果研成细末，再加入食用醋和温水1200mL，一次灌服。每日1次连服2～3d。

（9）用炒萝卜籽200g、炒食盐40g、大蒜150g，水煎汁加植物油280mL灌服。

（10）用无锈并且消毒的三棱针或注射针头，也可用小宽针刺破左右舌底穴。针刺的原则是：春刺边，夏刺尖，心经热毒刺中间。针刺要刺在舌头上的静脉上。

（11）用大蒜、葱头、生姜等捣烂，加入适量的食盐或者锅灰，反复揉搓舌面。

（12）春、夏季服龙胆末30~60g，秋、冬季服桂皮酊、姜酊或陈皮酊60~120mL。

（13）用大戟35g、大黄32g、滑石35g、千金子34g、甘草18g、官桂10g、二丑30g、甘遂15g、白芷10g，共研为末加植物油350g，加适量水一次灌服。

（14）茵陈120g、白术60g、甘草32g、木香60g、龙胆草120g、茯苓60g、木通60g、乌药58g、豆蔻56g，煎水取汁上下午各服1次，连服7~10d。

（五）鉴别要点

临床上与前胃弛缓在某些症状相似的疾病有瘤胃积食、创伤性网胃炎、皱胃阻塞、瓣胃阻塞、酮病等，其鉴别要点如下。

1. 瘤胃积食

类似处是食欲、反刍减少或废绝，瘤胃蠕动音减弱，叩诊呈浊音或半浊音（前胃弛缓其中下部呈浊音），体温一般不高。不同处是触诊瘤胃疼痛不安，瘤胃内容物黏硬或坚实，瘤胃臌大，回头观腹，口腔润滑。尿量少或无尿，流涎，空嚼，后肢踢腹。

2. 创伤性网胃炎

类似处是食欲、反刍减少或废绝，瘤胃蠕动音减弱，有时臌胀（前胃弛缓是间歇性臌胀，创伤性网胃炎是周期性臌胀）。不同处是病牛的行动和姿势异常，站立时，肘头外展，左肘后部肌肉颤抖，多取前高后低姿势；起立时，多先起前肢，卧地时，表现非常小心；体温中度升高，网胃区触诊有疼痛反应，颌下、腹腔下水肿，药物治疗无效。

3. 皱胃阻塞

类似处是食欲、反刍减少或废绝，腹围增大，瘤胃柔软，蠕动音减弱。不同处是病牛皮下干燥，皮肤弹力减弱，眼球深深陷入眼眶中，呈现严重的脱水状态。右侧下腹至肋弓之后有一宽条状突起物，触压时疼痛，排粪频繁，只能排出少量棕褐色、恶臭的粥状粪便，混有黏液、紫黑色血丝和凝血块。在肷部听诊，同时用手指轻叩左侧9~13肋骨弓，可听到如击钢管而发出清朗的铿锵音。

4. 瓣胃阻塞

类似处是食欲、反刍减少或废绝，瘤胃蠕动音减弱，间歇性臌胀。不同处是瓣胃区疼痛，蠕动音初减弱后消失，鼻镜干燥甚至龟裂。瓣胃穿刺可感到内容物硬固，一般不会由穿刺针孔自行留出瓣胃内的液体。

5. 酮病

类似处是食欲、反刍减少或废绝，或仅吃少量干草及其他粗饲料，厌食精料，排干硬粪便或腹泻。不同处是病牛呼出气和皮肤放出酮味（如同烂苹果味或氯仿、丙酮味）。血液、尿液及乳汁中酮体增多，血糖降低。通常在产后2~3周发生。

四、瘤胃膨胀

（一）发病原因

牛瘤胃膨胀又称为气胀，是因为过量食入易于发酵的饲草而引起的疾病，该病多因牛食入了臌气源性牧草所致。

（1）饲喂大量幼嫩多汁的青草。一般认为豆科植物，如新鲜的苜蓿、草木樨、紫云英、豌豆藤等。

（2）食入雨后或霜露的饲草。

（3）腐败发酵的青贮饲料以及霉败的干草等。

（4）继发于食道阻塞、前胃弛缓、创伤性网胃炎及腹膜炎等疾病。

（二）临床症状

牛采食了易发酵的饲草饲料后不久，左肷部急剧膨胀，膨胀的高度可超过脊背。病牛表现为痛苦不安，回头顾腹，两后肢不时提举踢腹。食欲、反刍和嗳气完全停止，呼吸困难。严重者张口、伸舌呼吸、呼吸心跳加快，眼结膜充血，口色暗，行走摇摆，站立不稳，一旦倒地，臌气更加严重，若不紧急抢救，病牛可因呼吸困难、缺氧而窒息死亡。

（三）治疗方法

防止贪食过多幼嫩多汁的丑料牧草，尤其由舍饲转入放牧时，应先喂干草或粗饲料，适当限制在牧草幼嫩而茂盛的地方和霜露浸湿的草地上的放牧时间。发病后迅速排除瘤胃内气体和制止发酵，可采取以下疗法：

（1）排除牛瘤胃内气体有两种方法：一是用胃导管插入瘤胃内，然后来回抽动导管，以诱导胃内气体排出；二是进行瘤胃穿刺术，即在左肷部膨胀部最高点，以碘酊消毒后用套管针迅速刺入，慢慢放气。

（2）制止瘤胃内容物继续发酵产气对轻度膨胀的牛，可给其服用制酵剂，如内服鱼石脂15～20g或松节油30mL。对泡沫性胃瘤胃膨气，可选川豆油、花生汕、棉籽油250mL给病牛灌服，具有很好的消泡作用，也可给牛服消泡剂，如聚合甲基硅油剂或消胀片30～60片。

（3）排除瘤胃发酵内容物，可给病牛灌服泻剂，如硫酸钠400～500g和蓖麻油800～1000mL。

（四）预防措施

（1）舍饲转为放牧时，要先喂些干草或粗饲料。

（2）适当控制在幼嫩牧草茂盛的地方和霜露浸湿草地上的放牧时间。

（3）严防牛过多采食或贪食幼嫩多汁的豆料牧草等。

五、瘤胃积食

牛瘤胃积食是由于瘤胃内积滞过多的粗饲料，引起胃体积增大，瘤胃壁扩张，瘤胃正常的消化和运动机能紊乱的疾病。触诊坚硬，瘤胃蠕动音减弱或消失。牛瘤胃积食也叫急性瘤胃扩张。

（一）临床症状

牛瘤胃积食发病初期，食欲、反刍、嗳气减少或停止，鼻镜干燥，表现为拱腰、回头顾腹、后肢踢腹、摇尾、卧立不安。触诊时瘤胃胀满而坚实呈现沙袋样，并有痛感。叩诊呈浊音。听诊瘤胃蠕动音初减弱，以后消失。严重时呼吸困难、呻吟、吐粪水，有时从鼻腔流出。若不及时治疗，多因脱水、中毒、衰竭或窒息而死亡。

（二）发病原因

（1）过多采食容易膨胀的饲料，如豆类、谷物等。

（2）采食大量未经铡断的半干不湿的甘薯秧、花生秧、豆秸等。

（3）突然更换饲料，特别是由粗饲料换为精饲料又不限量寸，易致发本病。

（4）因体弱、消化力不强，运动不足，采食大量饲料而又是饮水不足所致。

（5）瘤胃弛缓、瓣胃阻塞、创伤性网胃炎、真胃炎和热性能病等也可继发。

（三）治疗方法

治疗原则应及时清除瘤胃内容物，恢复瘤胃蠕动，解除酸中毒。

（1）按摩疗法。在牛的左肷部用手掌按摩瘤胃，每次5～10min，每隔30min按摩1次。结合灌服大量的温水，则效果更好。

（2）腹泻疗法。硫酸镁或硫酸钠500～800g，加水1000mL，液体石蜡油或植物油1000～1500mL，给牛灌服，加速排出瘤胃内容物。

（3）促蠕动疗法。可用兴奋瘤胃蠕动的药物，如10%高渗氯化钠300～500mL，静脉注射，同时用新斯的明20～60mL，肌注能收到好的治疗效果。

（4）洗胃疗法。用直径4～5cm、长250～300cm的胶管或塑料管1条，经牛口腔。导入瘤胃内，然后来回抽动，以刺激瘤胃收缩，使瘤胃内液状物经导管流出。若瘤胃内容物不能自动流出，可在导管另一端连接漏斗，向瘤胃内注温水3000～4000mL，待漏斗内液体全部流入导管内时，取下漏斗并放低牛头和导管，用虹吸法将瘤胃内容物引出体外。如此反复，即可将精料洗出。

（5）病牛饮食欲废绝，脱水明显时，应静脉补液，同时补碱，如25%的葡萄糖

500～1000mL，复方氯化钠液或5%糖盐水3～4L，5%碳酸氢钠液500～1000mL等，一次静脉注射。

（6）切开瘤胃疗法。重症而顽固的积食，应用药物不见效果时，可行瘤胃切开术，取出瘤胃内容物。

（四）预防

预防在于加强饲养管理，合理配合饲料，定时定量，防止过食，避免突然更换饲料，粗饲料要适当加工软化后再喂。注意充分饮水，适当运动，避免各种不良刺激。

六、瓣胃阻塞

瓣胃阻塞又称瓣胃秘结，中兽医又称百叶干是由于前胃迟缓，瓣胃收缩能力减弱，瓣胃内容物滞留，水分被吸收而干涸，致使瓣胃秘结、扩张的一种疾病。

（一）病因

多因长期饲喂大量富含粗纤维的干饲料、粉状饲料（如甘薯蔓、花生秧、豆荚、米糠、麸皮等），或混有泥沙的饲料且饮水、运动不足或过劳等引起，特别是铡短草喂牛，为本病的病因之一。也常继发于创伤性网胃炎、皱胃变位、生产瘫痪等。

（二）症状

发病初期，病牛精神迟钝，前胃弛缓，食欲不定或减退，便秘，瘤胃轻度膨胀，奶牛泌乳量下降。病情进一步发展，鼻镜干燥、龟裂，排粪减少，粪便干硬、色黑，呈算盘珠样或栗子状，呼吸脉搏增数，体温升高，精神高度沉郁。最后，可因身体中毒、心力衰竭而死亡。

（三）诊断

根据鼻镜干裂，粪便干硬、色黑，呈算盘珠样或栗子状，在右侧第7～9肋间肩关节水平线上触诊敏感等，即可确诊。

（四）瓣胃阻塞治疗

本病以排出胃内容物和增强前胃运动机能为治疗原则。

（1）瓣胃注射。在右侧第7～9肋间与肩关节水平线的交点，剪毛消毒，用瓣胃穿刺针略向前下方刺入10～12cm。如刺入正确，可见针头随呼吸动作而微微摆动。为确保针头刺入正确，可先注射生理盐水50mL，注完后立即回抽注射器，如果抽回的少量液体混有粪渣，证明已刺入瓣胃，然后将10%硫酸钠溶液3000mL、液体石蜡500mL、普鲁卡因2g、盐酸土霉素粉5g混合后一次注入瓣胃。

（2）投服液体石蜡1000～2000mL，或植物油500～1000mL，或硫酸镁（或钠）400～500g、兑水6000～10000mL，一次灌服。

（3）氨甲酰胆碱1～2mg，皮下注射。但注意，体弱、妊娠母牛、心肺功能不全的病牛，忌用。

第七节　中毒性疾病

一、亚硝酸中毒

牛亚硝酸盐中毒，指的是含有亚硝酸盐的饲料，在饲喂前贮存、调制不当或采食后在瘤胃内可被还原成剧毒的亚硝酸盐引起中毒。当饮水和饲料中含有多量硝酸盐时，应在饲料中加入碳水化合物。白菜、油菜、菠菜、芥菜、韭菜、甜菜、萝卜、南瓜、甘薯、燕麦秆、苜蓿等青绿植物，是喂牛的好饲料，但又都含有数量不等的亚硝酸盐。这些含有亚硝酸盐的饲料，在饲喂前贮存、调制不当或采食后在瘤胃内可被还原成剧毒的亚硝酸盐引起中毒。

（一）临床症状

通常在大量采食后5h左右突然发病。病牛流涎、呕吐、腹痛、腹泻等；可视黏膜发绀，呼吸高度困难；心跳急速，血液呈咖啡色或酱油色；耳、鼻、四肢以及全身发凉，体温低下，站立不稳，行走摇晃，肌肉震颤。严重者很快昏迷倒地，痉挛窒息死亡。

（二）治疗

立即应用特效解毒剂美蓝或甲苯胺蓝，同时应用维生素C和高渗葡萄糖。1%美蓝液（美蓝1g，纯酒精10mL，生理盐水90mL），每千克体重0.1～0.2mL，静脉注射；5%甲苯胺蓝，每千克体重0.1～0.2mL，静脉或肌内注射；5%维生素C溶液60～100mL，静脉注射；50%葡萄糖溶液300～500mL，静脉注射。此外，向瘤胃内投入抗生素和大量饮水，阻止细菌对亚硝酸盐的还原作用。

（三）预防

一是防止突然过食富含亚硝酸的青绿饲料；二是当饮水和饲料中含有多量硝酸盐时，应在饲料中加入碳水化合物。

二、黑斑病甘薯中毒

甘薯黑斑病真菌常寄生在甘薯表层，使病薯局部干硬，上有黄褐色或黑色斑块，味苦。牛吃黑斑病甘薯后，常发生中毒。本病多发生在10月至翌年5月，尤以2—3月发生较多。黑斑病甘薯现已发现的毒素有甘薯酮、甘薯醇、甘薯宁、4-薯醇等多种毒素，这些毒素耐高温，甘薯煮蒸烤和制酒发酵等处理，都不易破坏毒素。

（一）诊断

（1）有吃黑斑病甘薯的病史。

（2）多突然发作，气喘（呼吸每分钟可达60~100次，为胸腹式），精神不振，食欲反刍停止，流涎，体温多数正常，少数在后期升高，可达40℃。肌肉发抖，粪干硬而常带血，最后痉挛而死。慢性病例可拖延数天至1周或更长，死亡率约50%。

（3）肺区叩诊呈鼓音。听诊有湿啰音。重者肩前及背部皮下有气肿，按压有捻发音。病至后期呼吸高度困难，头颈伸直，张口伸舌喘气，结膜发绀。

（二）剖检

肺高度水肿，肺切面如蜂窝状，或有较大的空洞，支气管黏膜充血、出血，管腔内充满白色泡沫，肺表面有出血斑。瘤胃常臌气或积食，重瓣胃干燥。十二指肠弥漫性出血。肝充血肿大，胆囊肿大2~5倍，胆汁稀薄。心肌、心内膜出血，肾脏充血、出血或坏死。

（三）治疗

（1）立即停喂病薯，灌服0.1%高锰酸钾溶液2000~3000mL，轻者可自愈。

（2）硫酸钠300g~500g，人工盐70~100g加多量温水，1次投服。投服前先灌服1%硫酸铜溶液15~30mL，使食道沟收缩，促使投入的泻剂直接进入第三胃，可以提高疗效。

（3）中毒较深时，可先泻血1~2L（根据体格大小及肥瘦不同决定），使毒物随血液排出，再选用下列处方：

处方一：生理盐水2000~3000mL、20%安钠咖5~10mL，5%碳酸氢钠100~200mL，混合加温后，静脉滴注。

处方二：皮下或静脉注射5%~10%硫代硫酸钠，每千克体重1~2mL。

处方三：50%葡萄糖500mL、20%安钠咖10mL，混合静脉注射。在注射本溶液1.5~2h以后，再大量补液疗效将更好。

处方四：5%葡萄糖生理盐水2000~2500mL，0.5%抗坏血酸60~80mL，混合静脉滴注，在注射处方三后2h再用本方，效果更好。

处方五：3%双氧水40~100mL，加入10%葡萄糖溶液500~1000mL，缓慢静脉注射，每天1~2次，直至气喘及可视黏膜发绀消失或显著缓解后停药。

处方六：也可用下列中药治疗：白矾、川军各200g，黄连、黄芩、白芨、贝母、葶苈子、甘草、龙胆根各50g，兜铃、栀子、桔梗、石苇、白芷、郁金、知母各40g，花粉

30g，共为细末，开水冲调，待温加蜜200g为引，1次灌服。灌药后，每天可投服温盐水（每升加盐25g）3~4次，每次15~20L。

（四）预防

（1）禁用黑斑病甘薯喂牛，霉烂的甘薯应集中烧毁。

（2）应选用无感染的种用甘薯及采用其他消灭病菌的技术措施。收获和储存时，尽可能避免擦伤表皮，妥善地保管好甘薯。

（3）清理苗床旁和地头的甘薯废物，以防牛误食中毒。

三、尿素中毒

尿素是架子牛育肥中经常会需要少量添加来加快育肥效果的，但是尿素的使用应该把握一个"度"，否则就会造成养殖牛的中毒症状。利用尿素或氨水、加入日粮中以代替蛋白质来饲喂牛羊等反刍动物，尤其是氨化农作物秸秆在畜牧业生产上已广泛应用。尿素氮或按盐氮代替牛、羊日粮中非蛋白氮25%~30%，对动物的健康无不良影响。但是当日粮中配合过多的尿素，或虽然尿素水平适当，但其混合不均匀，都会引起尿素中毒。

（一）病因

尿素饲喂过多，或喂法不当，或被大量误食，即可中毒。

（1）尿素保管不当，被羊只过量偷食，或尿素施用于农田，被放牧的羊只误食。

（2）制作氨化饲料尿素使用量过大，或尿素与农作物秸秆未混合均匀，从而引起饲喂的羊只中毒。山羊饲喂尿素的致死量为2.5~3g/（kg·BW）。

（3）饲喂尿素（或氯化饲料），同时饲喂大豆饼、蚕豆、瘤胃中释放氨的速度可增加。这是由于大豆饼与蚕豆中的脉酶能促进尿素分解成氨，短时间形成大量的氨，经瘤胃壁吸收进入血液、肝脏，血液氨浓度增高，发生中毒。

此外，牛羊饮水不足，体温升高，肝机能障碍，瘤胃pH增高，以及处于应激状态等，也可增加其对尿素的敏感性而易中毒。

（二）主要症状

几乎常为急性，症状常在吃食过多尿素或采食氨含量过多的饲料后30~60min内发生。氨主要对神经系统的损害和对胃肠道的刺激。初期病畜呕吐、空嚼、磨牙、瘤胃臌气、停食、过度流涎，口角有多量白色泡沫，口腔黏膜发炎、脱落、糜烂。呻吟不安、腹痛、出汗，皮温不整，末梢部位冰凉。结膜发绀，喉头发鼾声，鼻孔开张流泡沫，呼吸困难。心跳亢进，脉搏快而弱，有的达140次/min。运动共济失调，鼻唇痉挛，肌肉震颤，卧地后眼球震颤，并发展为严重抽搐，而且程度不断地加深，呈强直性痉挛。严重的病羊，出现昏迷，体温下降，眼球凸出，瞳孔散大，全身痉挛，最后窒息死亡。死亡通常在中毒后几小时发生。牛过量采食后30～60min即可发病。病初表现不安，流涎，呻吟，肌肉震颤，体躯摇晃，步样不稳，继而反复痉挛，呼吸困难，从鼻腔和口腔流出泡沫样液体。后期全身痉挛、出汗，眼球震颤，肛门松弛，很快死亡。

（三）病理变化

血凝固不全，口黏膜充血，胃肠道黏膜充血、出血、水肿、糜烂，胃内容物黄褐色有刺鼻的氨味，呈急性卡他性胃肠炎病变。肺呈支气管炎病变，支气管周围及肺泡充血、出血、水肿。鼻、咽、喉、气管充满白色泡沫。肾肝瘀血，肿大，呈紫黑色。胆囊壁水肿，黏膜痕血，胆汁稀薄。心外膜、心包膜有弥散性出血。中枢神经系统有出血和退行性病变。肠系膜、肝门淋巴结肿大，呈灰白色。

（四）诊断

（1）了解采食的饲料及饲喂方法。若采食了大量尿素或含氨饲料是诊断本病的重要依据。

（2）症状。发病迅速，流涎，呼吸困难，呼出气中有氨味，运动共济失调，全身痉挛。

（3）剖检。有急性卡他性胃肠炎、支气管炎和肾病变；胃内容物有氨味。

（4）必要时采取胃内容物进行实验室检验。取胃内容物或剩余的饲料加水使成稀糊状，取糊状液约3mL于试管内，加1%亚硝酸钠和浓硫酸各1mL，摇匀放置5min，待泡沫消失后，加格里斯试剂0.5g摇匀，如有尿素存在试管中呈黄色，无尿素时呈紫红色。

（五）治疗方法

发现牛中毒后，立即灌服食醋或稀醋酸等弱酸溶液。方法是：1%醋酸1L，糖250～500g，兑水1L，或食醋500mL，兑水1L，1次内服。同时应用强心剂、利尿剂、高渗葡萄糖等疗法。

（1）在中毒初期，为避免氨吸收产生碱血症及碱中毒的加重，可投服酸化剂。如稀盐酸（或盐酸乙烯二胺）2～5mL，乳酸2～4mL（加常水200～400mL）或食醋100～200mL，一次灌服。以降低瘤胃pH，限制尿素连续分解为氨，直至症状消失为止。

（2）静脉注射10%葡萄糖溶液500mL，10%葡萄糖酸钙50～100mL，20%的硫代硫酸钠溶液10～20mL，可收到较好效果。也可用25%硼酸葡萄糖酸钙溶液100mL作静脉注射，或氯化钙、氯化镁、葡萄糖等份混合液静脉注射。

（3）瘤胃膨气严重时，可行瘤胃穿刺术，以缓解呼吸困难。

（4）在中毒症状得到纠正后，应用抗生素，防止继发感染。

（5）平时应防止羊只误食尿素及其含氮化肥。

（6）使用尿素补饲时，必须将尿素溶解与饲料充分调匀。饲喂量由少量逐渐增加，10～15d逐渐达到标准定量。

（7）尿素在羊只精料或氨化饲料中的含量应控制在3%以内。

（六）抢救

（1）大量温水反复洗胃和导胃，每头牛灌入食醋，大牛1000～1500mL、小牛500～1000mL。

（2）腹围增大灌服人用胃复安片20片、硫酸钠500g、鱼石脂15g、医用酒精50～100mL，兑水250mL。

（3）静脉注射25%葡萄糖溶液500～1000mL，加复方氯化钠溶液1000～2500mL，10%安钠咖溶液20mL，10%维生素C溶液10～50mL。

（4）25%葡萄糖酸钙溶液500～1000mL静脉注射。

特别提醒：尿素的确可以作为反刍动物蛋白质饲料应用，但使用时应严格控制使用剂量。开始应用时剂量应小，逐渐增加，但每月最多不能超过200g。饲喂方法应以0.5%～1%溶液喷洒在饲草之上，使其随采食缓慢进入瘤胃，便于机体吸收，达到预期增重、增奶的效果。

四、氟乙酰胺中毒

氟乙酰胺为有机氟内吸性杀虫剂，亦称敌蚜胺。为白色针状结晶，无味，无臭，易溶于水，有吸湿性，不易挥发。其水溶液无色透明。本药作为农药被广泛使用，常污染饲草被牛误食。

（一）病因

氟乙酰胺是用于防治农作物蚜虫及草原鼠害的剧毒农药，残效期长。牛误食（饮）被氟乙酰胺处理的或污染的植物、种子或饮水时，即会发生中毒。

（二）症状

牛发生氟乙酰胺中毒有以下两种类型：

（1）突然发病死亡型：病牛死前无明显的前驱症状，中毒后9～18h，牛突然倒地并剧烈抽搐、惊厥或角弓反张，而后迅速死亡。此类型又称牛暴死症。

（2）潜伏发病型：牛中毒5～7d后，仅表现食欲减退，不反刍，不合群，靠墙站立或卧地不起，有的可逐渐康复，有的则在卧地后不久即死亡；有的病牛在中毒后第二天，表现为精神沉郁，食欲减退，反刍减少，3～5d后，稍受外界刺激即尖叫、狂奔、全身颤抖、呼吸迫促，持续3～5min后症状消退，但可反复发作。经多次发作后，牛在抽搐中因呼吸抑制和心力衰竭而死亡。

（三）防治

（1）预防。对本病应以预防为主，禁用氟乙酰胺污染饲草和饮水喂牛；被该药喷洒过的农作物饲草，必须在收割后贮存60d以上，使其残毒消失后才可用来喂牛。

（2）治疗。已喂（饮）氟乙酰胺污染的饲料和饮水后。应立即采取解毒措施，用解氟灵每天0.1g/（kg·BW），肌内注射，首次用量为每天用药量的一半。注射3~4次，至牛的抽搐现象消退为止。也可用白酒250~400mL，一次灌服，或用96%无水酒精100mL，10%葡萄糖注射液500mL，混合后静脉注射。同时进行对症治疗。对有惊症状者，可给予镇静药，如氯丙嗪300~500mg，肌内注射。对有呼吸困难症状者，可给予25%尼可刹米8~10mL，肌内注射。

五、有机氯中毒

有机氯农药为应用较广的农药之一，常用来防治农作物害虫、杀灭蚊蝇和治疗家畜体外寄生虫等。由于其残毒性强，故可因蓄积作用而危害人畜健康。目前国内外都控制或停止生产和使用有机氯制剂。有机氯农药品种较多，其中有滴滴涕、六六六、氯丹、艾氏剂和七氯等。

（一）病因病原

（1）有机氯农药保管和使用不当，污染草、料和饮水，牛误食、误饮而中毒。

（2）牲畜采食了喷洒有机氯农药不久的作物、蔬菜和麦草。

（3）防治体外寄生虫时、药物浓度配制过高，涂布面积过大，经皮肤吸收或畜体相互舔食而中毒。被吸收的有机氯主要集于病牛的脂肪组织，除了从肾排出外，也可从乳中排出，故对哺乳犊牛也有毒害作用。

（二）病理学

急性者病变不明显；慢性者，体表淋巴结肿大、水肿；瘤胃黏膜脱落，网胃黏膜出血、溃疡；真胃黏膜充血与出血，肠黏膜出血；肝肿大、变硬，肝小叶中心坏死，胆囊肿大；肾肿大、出血；脾肿大、质脆；肺气肿。

（三）临床症状

性中毒病例，流涎，腹泻，体温升高，肘部、股部肌肉震颤，眼睑闪动，可视黏膜发红，呼吸困难，惊慌不安，常做后退动作或转圈运动，行动不自主，失去平衡而倒地，四肢乱蹬，角弓反张，空嚼，磨牙，口吐白沫，这些症状反复发作，间隙由长变短，病情逐渐加剧，后因呼吸中枢衰竭而死亡。

轻度中毒者，食欲减少，逐渐消瘦；突然发病者，局部肌肉震颤，四肢行动不便，衰弱无力，甚至后躯麻痹。慢性胃肠炎，排出稀粪。

（四）诊断

根据病史、发病情况、症状和剖检变化，可做出诊断。确诊应对DDT、六六六做分析。DDT检查取样品50g（胃肠内容物、肝、肾），用95％酒精浸泡1～2h，过滤，加热蒸干，加乙醚将残渣溶解过滤，再次将滤液蒸干，蒸干的残渣置于大试管中，加硝酸钾0.1～0.2g，硫酸2mL，水浴锅加热10min，冷却，加水5mL，加苯2mL，摇动使之充分混合，静止，吸取苯液0.5～1.0mL于小试管中，加2％氢氧化钾酒精溶液4滴，振荡混合，呈现蓝紫色者即有DDT。六六六检查取样品10～12g（胃肠内容物、肝、肾），用95％酒精浸渍30～60min，过滤后将滤液蒸干，取其沉淀部分于试管中，加5％～10％氢氧化钾无水乙醇液2～3mL，加木塞塞紧管口，放在水浴上加热80℃ 10～15min，冷却，加10％硝酸，再加1％硝酸银溶液1～2滴，有六六六存在时，发生白色沉淀，加氨水则沉淀消失。

（五）治疗

（1）切断毒物继续进入体内的途径，防止毒物的继续吸收，了解毒物的性质，采取相应的措施。①经皮肤吸收中毒者，可用清水或1％～5％碳酸氢钠溶液彻底清洗畜体，尽早清除皮肤上的毒物。②经消化道吸收中毒者，可采用洗胃和灌服盐类泻剂。如为六六六、滴滴涕中毒，可用1％～5％碳酸氢钠溶液洗胃；若为艾氏剂中毒，可用0.1％高锰酸钾溶液或过氧化氢溶液洗胃。泻剂可用人工盐200～350g、硫酸镁500～1000g加水灌服，以清除消化道内的毒物。由于六六六、DDT为脂溶性的，能促进机体的吸收，故严禁使用油类泻剂。

（2）促进毒物排出，保护肝脏，解除酸中毒，增强机体抵抗力。①5％葡萄糖生理盐水、复方氯化钠、5％～10％葡萄糖溶液3000～6000mL，1次静脉注射。②5％碳酸氢钠溶液1000～1500mL，1次静脉注射。③10％葡萄糖酸钙溶液500～1000mL，1次静脉注射，以缓解血钙降低。

（3）对症疗法。为缓解痉挛，可用水合氯醛，剂量为15～25g，加水1次灌服；巴比妥钠，剂量为0.2～0.4g/100kg体重或盐酸氯丙嗪注射液，剂量为1～2mg/kg体重，内服或肌内注射。由于六六六、DDT对心脏的直接毒害，对肾上腺素非常过敏，导致心室颤动，故严禁使用肾上腺素制剂。

（六）防治措施

加强有机氯农药的保管、使用，防止对环境的污染和被牛误食；严禁在喷洒过有机氯农药的地区放牧；喷洒药物的农作物、蔬菜、牧草应于1～1.5个月以后再放牧；驱除体外寄生虫可应用其他药物，如应用有机氯农药时，应严格遵守用药的浓度、用量和方法，严禁随意滥用。已发生中毒的病牛的乳汁，其中含有毒物，故严禁饲喂犊牛和出售。

六、砷中毒

可引起牛中毒的砷剂有路易氏气毒剂和作为杀虫剂或灭鼠剂的含砷农药。后者常用的有10多种，按期毒性大小分为三类：剧毒的，有三氧化二砷（砒霜）、亚砷酸钠和砷酸钙；强毒的，有砷酸铅、退菌特；低毒的，有巴黎绿（乙酰亚砷酸铜）、甲基硫砷（苏化911，苏阿仁）、四基砷酸钙（稻定）、砷铁铵和甲砷钠等。此外，砷化物常作为药用，如九一四、雄黄等。引起牛砷中毒的原因，一是误食了含有这些农药、毒药的种子、青草、蔬菜、农作物或毒饵；二是应用砷制剂治疗方法不当或剂量过大等。

（一）牛砷中毒的症状

最急性中毒，一般看不到任何症状而突然死亡。

急性中毒表现剧烈的腹痛不安、呕吐、腹泻，粪便中混有黏液和血液。病牛呻吟、流涎、口渴喜饮、站立不稳、呼吸迫促、肌肉震颤，甚至后肢瘫痪，卧地不起，脉搏快而弱，体温正常或低于正常，可在1～2d内因全身抽搐和心力衰竭而死亡。

亚急性中毒可存活2～7d，病牛仍以胃肠炎为主。表现腹痛、厌食、口渴喜饮、腹泻，粪便带血或有黏碎片。初期尿多，后期无尿，脱水，病牛出现血尿或血红蛋白尿。心率加快，脉搏细弱，体温偏低，四肢末梢冰凉，后肢偏瘫。后期出现肌肉震颤、抽搐等神经症状，最后因昏迷而死。

（二）治疗

一旦发现牛砷中毒，及时用5%二巯基丙磺酸钠液按每千克体重5～8mg，肌内或静脉注射，第一天3～4次，第二天2～3次，第三至第七天1～2次，1周为1疗程。停药数日后，可再进行下一疗程。也可用5%～10%二巯基丁二酸钠液，每千克体重20mg，静脉缓慢注射，每天3～4次，连续3～5d为1疗程，停药几天后，再进行下一疗程。还可用10%二巯基丙醇液，首次每千克体重5mg，肌内注射，以后每隔4～6h注射1次，剂量减半，直到痊愈。为防止毒物吸收，用2%氧化镁反复洗胃，接着灌服牛奶或鸡蛋清水2～3kg，或硫代硫酸钠25～50g灌服，稍后再灌服缓泻剂。同时，进行补液、强心、保肝、利尿等对症治疗。

（三）预防

严格毒物保管，防止含砷农药污染饲料或饮水，并避免牛误食。应用砷剂进行治疗时，要严格控制剂量，外用时防止牛舔吮。喷洒含砷农药的农作物或牧草，至少30d内禁止饲用。

第五章　青黄贮调制与饲喂技术

第一节　概述

一、青贮的定义

传统青贮是指将含有一定水分的青绿饲料装入一个密封的容器内，在厌氧条件下，利用乳酸菌发酵抑制各种杂菌的繁殖，制作成能长期保存饲料的一种方式。

青贮制作规范是指将含有一定水分的青绿饲料（或各种黄秸秆）装入一个密封的容器内，在厌氧条件下，接种维尔塔宁®多菌属青贮发酵剂，达到快速消耗氧气缩短植物的有氧呼吸时间、增加青贮的营养价值、增强青贮有氧稳定性的目的，使制作成的饲料能长期保存的生物技术工艺和操作规范。

二、335560概述

335560的含全株玉米青贮应达到"干物质大于30%，淀粉大于30%，ADF小于25%，NDFD大于50%，乳酸大于6%，丁酸0"的国际品质标准。335560全株玉米青贮标准体系是我国第一套完善的全株玉米青贮标准体系，包括335560全株玉米青贮理论体系、335560全株玉米青贮种植与田间管理体系、335560全株玉米青贮制作与评定体系和335560全株玉米青贮饲喂体系。

三、主要质量指标解析

1. 干物质

鲜样60℃烘干处理48h，再于103℃烘至恒重，称得质量占试样原质量的百分比。玉米青贮干物质含量主要取决于玉米采收的时机，即玉米植株以及籽实的成熟度。同时，适宜的干物质含量也往往与适宜的淀粉含量、NDF含量及其消化率密切相关，因此在很大程度上决定了青贮的能值、营养价值和发酵效果。控制好收获期的干物质含量是制作玉米青贮的关键之一。青贮干物质含量影响细菌总数和发酵速率。作物干物质过低易造成梭菌发酵、损失青贮养分，还会使青贮料渗出液增加、损失增大，也会使糖分含量降低、不利于乳酸菌繁殖。干物质含量过高青贮料液体浓度较小、不利于压实、青贮发酵过程受到抑制。

2. 淀粉解析

适宜的淀粉含量能为机体提供葡萄糖能量，提高瘤胃微生物对氮源的利用。一般情况下，玉米青贮中淀粉的含量随着植株和籽粒成熟度的提高及干物质含量的提高而提高。相对高的淀粉含量有利于提高青贮的能值，进而提高奶产量及乳指标。一般优质青贮的能量约有50%来自籽实中的淀粉，1/3来自纤维成分的消化分解。但过高的淀粉含量往往意味着破碎难度的增加和淀粉消化率的下降，所以应把握在适宜的范围内。同时，配制日粮时应充分了解和考虑青贮的淀粉含量，以便合理补充，避免日粮淀粉过低造成能量不足或因淀粉含量过高而造成瘤胃酸中毒。

3. 酸性洗涤纤维（ADF）

植物中纤维素含量与木质素含量之和，ADF与动物的消化率负相关。

4. 中性洗涤纤维（NDF）

植物中半纤维素含量、纤维素含量与木质素含量之和，是青贮饲料的主要成分，可以为动物提供能量，是目前反映纤维质量好坏的最有效的指标。NDF含量与玉米青贮采收时玉米植株的成熟度有关，但需要注意的是，虽然NDF在茎叶中的含量随着植株成熟度提高而提高，因为玉米籽实以及其中的淀粉在整个植株中所占的比例越来越高，NDF在整个植株DM中所占的比例则呈下降的趋势。

5. 中性洗涤纤维消化率（NDFD）

通过实验室的大量工作，积累了较多的各种牧草和粗饲料的NDFD数据，同时近红外光谱分析技术的应用和进步，使得NDFD的快速检测和应用得以实现。国际上主要的检测实验室把30h NDF离体培养消化率作为衡量NDFD的标准，把240h离体培养不能消化的NDF视为潜在不可消化NDF。一般随着日粮中NDFD的提高，单位时间内动物获得的营养和能量得以提高，同时因为消化率的提高，使得瘤胃通过速度也得到提高，采食量进一步提高，进而起到提高奶量的作用。有实验数据表明，日粮NDFD每上升1个百分点，可使产奶量提高约0.2kg。基于这个原因，原则上牧草和青贮的NDFD值越高越好。

6. pH

青贮饲料试样浸提液所含氢离子浓度的常用对数的负值，用于表示试样浸提液酸碱程度，是衡量青贮中有机酸总量的指标，优质全株玉米青贮pH应该为3.3～4.2。

7. 氨态氮

青贮饲料中以游离铵离子形态存在的氮，以其占青贮饲料总氮的百分比表示，是衡量青贮过程中蛋白质降解程度的指标，反映青贮饲料中蛋白质及氨基酸分解的程度，比值越大，说明蛋白质分解越多，青贮质量不佳。试验表明，青贮原料含水率越高，贮存期间饲料中蛋白质损失（分解为氨）也越多，氨态氮占总氮的比值也越高。

8. 乳酸

乳酸菌为青贮发酵的主要有益菌，乳酸为乳酸菌产生的发酵产物。可有效降低青贮pH，抑制有害菌的生长。在青贮有机酸中，乳酸值越高，意味着青贮发酵越充分，青贮发酵品质越好，有机酸总量及其构成可以反映青贮发酵过程的好坏。

9. 丁酸

丁酸具有强烈刺鼻的气味，是青贮过程中有害菌群的发酵产物之一，是青贮饲料发酵不佳的典型特征，饲喂含丁酸青贮，会降低饲料采食量，导致较低的奶产量和较差的饲料效率。

10. 黄曲霉毒素

黄曲霉毒素（AFT）是由黄曲霉菌，寄生曲霉菌等真菌产生的次生代谢产物，是霉菌毒素中毒性最大、对机体危害极为突出的一类霉菌毒素。黄曲霉毒素导致肝功能受损，免疫抑制，造成奶牛的奶量、奶品质、繁殖性能和免疫力的下降。

11. 呕吐毒素

呕吐毒素（DON）由禾谷镰刀菌，镰刀霉和镰孢霉等产生。是青贮中最常见的真菌毒素之一，浓度非常高。与呕吐、拒食、腹泻以及生殖问题和死亡有关。反刍动物对呕吐毒素具有一定的抗性，一些瘤胃微生物能将DON转化为无毒的形式。

12. 玉米赤霉烯酮

玉米赤霉烯酮（ZEA）是由几种镰刀菌产生的雌激素类代谢产物。主要影响动物健康和引发繁殖性疾病。

13. 有氧稳定性

青贮有氧稳定性指青贮暴露在空气中青贮温度超过环境温度2℃的时间，与青贮发酵类型、青贮发酵品质和青贮开窖截面管理密切相关。

14. 颗粒度

青贮颗粒度由切割长度、整齐度和变异度3项指标构成；使用宾州筛进行测定；与奶牛日粮类型密切相关。

四、全（高）青贮日粮概述

根据奶牛不同阶段和健康水平，采用专业的青贮制作工艺，玉米青贮为主包括苜蓿青贮、小麦青贮、燕麦青贮等各类青贮的颗粒度、营养指标、发酵指标、生物安全指标和有氧稳定性指标达到质量要求，从而实现充分利用青贮中的淀粉、粗蛋白、有效纤维，奶牛日粮中的淀粉主要由青贮提供，各类青贮替代全部干草，奶牛日采食各类青贮总量达到30kg以上为全青贮日粮；奶牛日TMR干物质采食中干草的比例低于5%为高青贮日粮。合称为全（高）青贮日粮。

第二节 青贮窖的建造与青贮方式

一、青贮窖的类型

青贮窖分为地上、地下、半地下，地上青贮窖主要有全封闭青贮库、单侧开口青贮窖、两侧开口青贮窖。

二、青贮窖的建造

1. 青贮窖结构

青贮窖是以砌体结构或钢筋混凝土结构建成的青贮设施。窖址选在地势高燥、地下水位低、远离水源和污染源、取料方便的地方。青贮窖要坚固耐用、不透气、不漏水。采用砌体结构或钢筋混凝土结构建造。

2. 青贮窖规格

青贮窖高度在2.5~3.0m，不宜超过4.0m，宽度不少于6.0m为宜，满足机械作业要求，长度根据青贮实际需求量和地形确定。

青贮窖的容积计算方式：

青贮饲料年需量按式（1）计算：

$$G=A \times B \times C \tag{1}$$

式中：G——青贮饲料年需要量，kg；

A——成年家畜日需要量，kg/（头·d）；

B——家畜数量，头；

C——饲喂天数，d。

青贮窖容积按式（2）计算：

$$V=G/D \tag{2}$$

式中：V——青贮窖容积，m^3；

G——青贮饲料年需要量，kg；

D——青贮饲料密度，kg/m^3；

注：成年泌乳奶牛年需求青贮按8~10t计算。

3. 青贮窖的施工

（1）青贮窖墙体成梯形，高度每增加1m，上口向外倾斜5~7cm，窖的纵剖面成倒梯形。青贮窖底部有一定坡度，坡比为1：0.02~1：0.05，在坡底设计渗出液收集池。

（2）青贮窖的墙体应采用钢筋混凝土结构，墙体顶端厚度60~100cm；如果采用砖混结构，墙体顶端厚度80~120cm，每隔3m添加与墙体厚度一致的构造柱，墙体上下部分别建圈梁加固。窖底用混凝土结构，厚度不低于30cm。如用石头作为材质，窖内侧需要用水泥抹面，防止酸性青贮液腐蚀窖壁（图5-2-1、图5-2-2）。

4. 青贮窖建设注意事项

青贮窖地面推荐混凝土结构，并且做抛光处理，减少渗透液的腐蚀；窖头要设计渗出液引流沟，集中引流到渗出液收集池；窖底不可有沟或池，否则靠近沟或池附近的青贮全部霉变；开启青贮窖时，开北不开南，开西不开东；青贮窖建设时，要靠近饲料进出门和饲料搅拌站。

图5-2-1　混凝土两侧地上开口青贮窖

图5-2-2　石头砌体单侧开口青贮窖

三、地面堆积青贮

地面堆积青贮也称为堆贮。地面堆积青贮分为水泥地坪堆积、泥土地坪堆积，地面堆积青贮选址一般要在地势较高、地下水位较低、排水方便、无积水、土质坚实、制作和取用青贮料方便的地方。

1. 水泥地坪

修建水泥地坪，地坪高出地面不低于15~20cm，混凝土制作，混凝土厚度不低于30cm，地面坡度2°~3°，以便于排水。面上抹平，并做防水处理。四周挖排水沟，保证排水良好（图5-2-3）。

2. 泥土地坪

将泥土地面平整压紧，最好用水洒湿，用四轮车或者平轮机器压实，四周挖排水沟，防鼠打洞，其规格同水泥地坪。使用时底部铺厚度12丝以上的塑料膜（图5-2-4）。

图5-2-3　水泥地坪地面堆贮图

图5-2-4　泥土地坪地面堆贮图

3. 地面堆积青贮的规格

大型牧场需求青贮在3000t以上的，需堆积高度2~3m，长度在30~40m，宽度2~10m（宽度视饲养牲畜数量确定，牲畜越多，宽度越大）。

第三节 全株玉米青贮制作规程

一、青贮前的准备

1. 人员分工

青贮前15d成立青贮工作领导小组，由单位第一负责人牵头，统一协调部署青贮工作，并对人员进行明确分工。

2. 人员培训

青贮制作前半个月内至少有两次针对本书内容尤其本章的培训。

3. 电力与照明

在制作青贮前一周检修场内的电路，并在现场有充足照明。

4. 设备准备

压实设备有专用压窖机、轮式装载机、链轨式推土机、挖掘机等，根据设备自重与青贮原料每日到场量提前准备压实设备。

根据收割期、收割量和质量标准准备青贮收割设备。准备微波炉或恒温烘干箱用以检测干物质。

5. 青贮发酵剂

根据青贮计划收购量，提前半个月定购维尔塔宁®青贮玉米专用发酵剂，每吨青贮玉米需喷洒维尔塔宁®原液100mL或干粉5g。

维尔塔宁®原液采购量（L）=计划青贮量（t）×0.1；

维尔塔宁®干粉采购量（kg）=计划青贮量（t）×0.005。

6. 喷菌设备

青贮前5d，需准备洗车机、消毒机或专用发酵剂喷洒机等；50～200L全新塑料水桶若干。

二、原料

1. 原料来源

全株青贮玉米的来源主要有3种途径，分别是自种、定购和代购。

（1）自种

根据年度青贮计划量，流转土地自行种植青贮玉米。

（2）定购

年初与种植大户或农户签订定购合同。

（3）代购

与青贮经纪人签订合同，由经纪人组织货源。

2. 品种的选择

青贮玉米的选种要选干物质产量高、单位干物质内的能量高，粗纤维含量低、奶牛适口性好、适合当地播种的品种。

3. 收割期

青贮玉米最佳收割期应在腊熟中期，即乳线1/3～2/3时，此时干物质含量在26%～35%。青贮玉米收获过早，籽粒发育不好、水分含量多、淀粉含量低、饲料能量低，在制作青贮时营养损失严重，易造成青贮丁酸发酵，发臭发黏，失去利用价值。青贮玉米收获过晚，粗纤维含量过高，青贮消化率降低；同时装窖时不易压实，保留大量空气，霉菌、腐败菌大量繁殖，霉烂变质。

观察玉米籽实乳线判断是否可收割。玉米籽实乳线是从上向下看，乳线达到1/3时干物质含量为26%～27%；乳线达到1/2时干物质含量为28%～30%，是最佳收割期；乳线超过3/4特别是到黑线期时，青贮玉米纤维化过高，不适合制作青贮，停止收割。

4. 水分检测

（1）手工检测

抓一把青贮，用力握紧1min左右，如水从手缝间滴出，干物质小于20%；如指缝有渗液，手松开后，青饲料仍成球状，干物质在20%～26%；当手松开后球慢慢膨胀散开，手上无湿印，干物质在27%～35%；当手松开后草球快速膨胀散开，干物质约在35%以上。

（2）微波炉检测（图5-3-1）

首先称量容器重量，记录重量（WC），称100～200g样品（WW），放置在容器内，样品越多，测定越准确；在微波炉内，用玻璃杯另放置200mL水，用于吸收额外的能量以避免样品着火；微波炉调到最大档的80%～90%，设置5min，再次称重，记录重量；重复第四步，直到两次之间的重量相差在5g以内；把微波炉调到最大档的30%～40%，设置1min，再次称重记录重量；重复第六步，直到两次之间的重量相差0.1g以内，是干物质重量（WD）；

计算干物质：

$$DM（\%）=[（WD-WC）/（WW-WC）]×100\%$$

（3）烘干箱检测（图5-3-2）

取样品100g，记录重量；设定温度103℃，置于烘干箱中烘6h，取出称重；再放到烘干箱中烘60min，取出称重；第三次放到烘干箱中烘30min后称重，一直烘到恒重，取出放置在干燥器中冷却至室温。两次称重相差不超过0.1g。

$$干物质=烘干后的重量/原样重×100\%$$

（4）留茬高度

留茬高度应大于15cm，最佳留茬高度应在30cm以上。留茬过低会增加青贮木质素与灰分含量，造成青贮饲料消化率降低，且青贮玉米根部的泥土易带入青贮中，梭菌较

图5-3-1　检测青贮用微波炉

图5-3-2　恒温烘干箱

多。梭菌发酵产生丁酸，且会增加青贮中硝酸盐的含量，通过硝酸盐指压技术，鉴别硝酸盐是否超标。

（5）青贮玉米切割长度与籽粒破碎

青贮切割和玉米籽实破碎的目的有两个，一是正确的切割长度能达到压实的目的，获得最好的发酵效果；二是降低剩料率，提高反刍动物的淀粉消化利用率。

① 切割长度。青贮玉米最佳切割长度0.95～1.9cm，根据青贮玉米的干物质含量来确定切割长度，干物质含量低时，应适当增加切割长度，干物质高，可缩短切割长度。

青贮玉米的切割长度小于0.4cm，会引起奶牛无法反刍，造成瘤胃内pH下降，引起瘤胃酸中毒。

② 籽粒破碎。破碎的玉米籽实更易发酵，利于吸收利用，未破碎玉米籽实消化率低。经过籽粒破碎的青贮玉米淀粉消化率最高可达到95%以上。

目前，进口大型青贮玉米收割机均具有籽粒破碎功能。

三、青贮制作

全株玉米青贮制作有3种方式，分别是窖贮、堆贮、裹包青贮。

（一）窖贮

青贮窖分为地上、地下、半地上，本章介绍地上青贮窖的青贮技术。

（1）青贮窖的管理

制作青贮前一天对青贮窖进行清扫，使用碘伏消毒技术进行消毒。

使用青贮膜计算公式、分膜铺窖技术与卷捆覆膜技术进行铺膜。将窖壁覆盖不透气的厚度8～10丝的聚乙烯隔氧膜。要求两边窖壁铺设墙体膜，两张墙体膜在对接处相互重叠覆盖达到1m以上来隔绝外部氧气进入，并在地面留出至少50cm用来包裹青贮底部，墙体膜铺到窖底可以保护窖壁，延长青贮窖使用时间。每侧墙体膜长度（m）=窖高+3.5m+（窖宽/2）。在封窖时，再用一层12丝黑白膜覆盖整个青贮窖，黑色面向青贮，用来增加密闭性和避光性。（图5-3-3，图5-3-4）

图5-3-3　覆盖塑料膜青贮窖远景

图5-3-4　卷捆覆膜技术

（2）卸料方法

第一车卸料采用定点正切技术，定距正切技术，定点弧切技术。

定点正切技术，卸料地点为距离窖头1.5~2倍窖高处，直接向窖头推料，可一次形成30°坡面（图5-3-5）。

定距正切技术，卸料地点距离窖头2m距离卸料，侧坡横压，形成30°坡面，然后以2m为指定卸料作业面正面推压。

定点弧切技术，卸料地点为距离窖头1.5~2倍窖高处，向两侧窖墙推料，使坡面形成U形，又叫U形压窖，形成窖墙处青贮厚度大于青贮窖底部中间青贮厚度，便于窖壁处的青贮料压实（图5-3-6）。

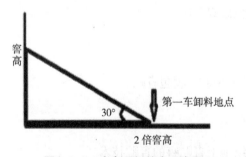

图5-3-5　定点正切技术示意图

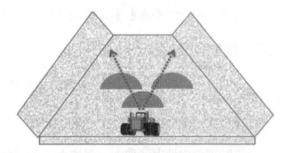

图5-3-6　定点弧切技术示意图

（3）装窖方式

① 分段装窖。原料切碎后直接送入青贮设施内，尽量避免暴晒。装入青贮窖时，装填的速度要快，从切碎到进窖小于4h。最合理的装窖方式是分段装窖，分段封窖的装窖方式（图5-3-7，图5-3-8）。牧场根据每日青贮装窖量，计算每日装料所需青贮窖的长度，每天分段封窖。分段装窖可以最大限度减少青贮原料与空气接触时间。

② 平铺装窖。48h内能完成封窖的，可采用平铺装窖方式。如48h不能完成封窖，绝对不能使用平铺装窖。

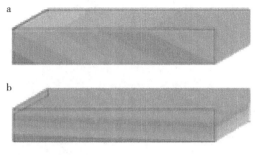

图5-3-7 a为分段装窖b为平铺装窖

图5-3-8 分段装窖实拍图

（4）压窖

①压窖设备。压窖设备要与装窖青贮数量匹配，计算公式：

$$需要压实设备数量=\frac{当日青贮到货量}{设备自重×当日工作时间×1.75}$$

牧场需根据每日青贮装窖数量准备足够压实设备，以免出现堆料的情况或延迟装窖时间，造成原料发热或品质下降。同时压实设备要与原料水分匹配，当原料水分高于80%时，使用链轨式压实设备效果更好，尤其是湿地链轨压窖设备（图5-3-9）。在高水分的情况下轮式设备会出现打滑、翻浆等情况无法压实。轮式压实设备出现打滑，反复碾压破坏原料细胞壁，这样会加快青贮腐烂，需要停止压实工作推新料后重新压实。

图5-3-9 湿地链轨车自重25t压实高水分青贮

当青贮原料水分低于80%时，使用重型轮式设备或链轨车（图5-3-10）；同时需要准备小型的链轨式挖掘机或小型四轮拖拉机，用来压实窖壁两边的青贮。

②卸料速度。卸料速度需要与压实设备的能力匹配，卸料速度与压窖设备数量和重量、青贮窖大小、青贮干物质含量相关。

③压窖方式。青贮压实应采用坡面压实方式。坡面的最佳角度为30°仰角（图5-3-11），目的是保证压实设备有效爬坡工作、快速推料，减少青贮接触空气横截面，提高青贮品质。

每层铺料厚度以15cm为最佳，采用15cm压实技术。在推料时，压窖设备的推铲设定高度为15cm，保证每层推料厚度在15cm（图5-3-12）。

图5-3-10　国外青贮设备后置铁轮增加压窖机重量

图5-3-11　青贮坡面30°仰角压实　　　　图5-3-12　15cm压实技术

④ 压实密度与压实温度。压实密度不低于750kg/m³。压实密度直接影响青贮发酵品质、干物质损失率；密度越大残留空气越少，干物质损失越少（表5-3-1）。

表5-3-1　压实密度与干物质损失的关系

压实密度（kg/m³）	干物质损失（%）
566	20
840	16
1000	10

正确压实的青贮，内部温度不应超过30℃。如超过30℃，说明不完全是乳酸发酵，此时应加喷维尔塔宁®，并加快卸料与压窖速度，提高压窖密度。否则青贮品质会下降，甚至造成青贮失败。

⑤ 窖壁压实管理。大型设备很难压实距离窖壁20cm内的青贮。一是使用小型的压实设备，如四轮拖拉机压实；二是用人工踩踏压实；窖壁边的青贮要加倍喷洒青贮发酵

剂；三是采用定点弧切技术的U形压窖法（图5-3-13）。

图5-3-13 U形压窖法示意图

⑥ 窖顶压实管理。窖顶采用弧线压实技术。过度碾压破坏原料细胞壁，造成青贮腐烂。禁止用挖掘机以挖洞的方式找平青贮窖顶部，可以用人工找平窖顶，便于机器压实。窖顶加倍喷洒维尔塔宁（图5-3-14）。青贮窖中的原料装满压实以后，采用封窖高度公式，计算出窖顶高度。窖顶成鱼脊形，即中间高于两边（图5-3-15）。

图5-3-14 窖顶喷洒维尔塔宁

图5-3-15 窖顶弧线压实

（5）青贮发酵剂喷洒管理

根据三阶段喷菌法，在卸料后喷洒、推压后喷洒和封窖前喷洒（图5-3-16、图5-3-17）。

（6）封窖

采用坡面封口技术处理窖尾。再将覆盖两侧窖壁的塑料布向内折回，用塑膜复合胶黏合，形成密闭环境，上层覆盖黑白膜（图5-3-18）。

（7）青贮结冰预防

在第一层塑料膜上，覆盖草帘或毛毡，其上再加层塑料膜，可有效地防冰冻防鼠害，此技术叫作夹层封窖技术（图5-3-19）。

图5-3-16 维尔塔宁青贮发酵剂

图5-3-17 三阶段喷菌法

图5-3-18 坡面封口技术

图5-3-19 夹层封窖技术

（8）封窖后的管理

青贮封窖后的一周内会有10%左右的下沉，如果下沉幅度过大，说明压实密度不够。应该派专人管理青贮窖，发现透气等情况需要及时处理。要做好青贮窖的排水管理，特别是地下青贮窖防止雨水灌入青贮窖。

（二）堆贮

堆贮因地制宜、节约建造成本，是近年来国外以及国内大型牧场较提倡的方式。消毒方式与青贮窖相同。

1. 堆贮压窖

四周用压窖设备坡面压实，呈弧形，坡面角度不超过30°，两边及上下来回压，高：底边1∶6～1∶5。

从侧面看，前面链轨车来回碾压，后面装载机不停往上送料；从平面看，两边设备来回碾压（图5-3-20）。

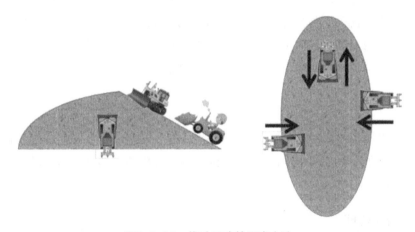

图5-3-20 堆贮正确的压窖方法

2. 堆贮封窖

封窖时，下边铺一层透明膜，两边各延伸50cm，上面覆上黑白膜，两边各延伸1m，最后再压上轮胎，黑白膜长度要大于塑料膜（图5-3-21）。

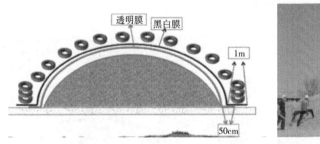

图5-3-21 堆贮的封窖

（三）裹包青贮玉米

裹包青贮是一种利用机械设备完成饲料青贮的方法。是在传统青贮的基础上开发的一种新型青贮技术。裹包青贮技术是指将青饲料收割后，用打捆机进行高密度压实打捆，然后通过裹包机用拉伸膜裹包起来，从而创造一个厌氧的发酵环境，最终完成乳酸发酵过程。

1. 裹包青贮玉米的制作

裹包青贮常见的有圆形裹包和方形裹包两种。通常情况下，圆形裹包青贮需要使用麻绳或网兜加强青贮的裹包密度，所以裹包青贮的粉碎的长度一般不低于3cm，这样的粉碎长度不利于提高消化吸收利用率。方形裹包青贮主要使用液压达到压实的要求，压实密要达到600kg/m³。

2. 裹包青贮的保存与利用

裹包青贮应在避光的条件下保存。裹包青贮暴露在阳光下，包内的温度会升高，形成二次发酵和水分流失，特别是圆形裹包青贮会塌陷透气。通常情况下裹包青贮由专业饲草公司制作销售给牧场或者农户。如果牧场确实没有条件自己制作青贮或者黄贮，应与专业化饲草公司签订委托加工合同，确定品质要求。

四、青贮的取用

开窖后要及时清理霉变或者不合格的青贮饲料，不能留存在青贮窖中。每次青贮截面的取用深度不低于30cm。使用青贮取料机取料，青贮截面整齐，可以减少空气进入青贮内，减少二次发酵。

（一）青贮截面管理

从上向下取料，杜绝从下向上和挖洞取料，这样非常容易造成青贮料松动，空气进入青贮内部。在窖宽20m以上时，可以采用铲车横切取料技术（点式取料速度快，截面齐整如图5-3-22、图5-3-23），当环境温度超过10℃时，青贮取料面不能覆盖塑料膜。青贮取料面覆盖塑料膜容易形成热导效应，导致取料面温度升高，造成二次发酵。在下雨时，将取料面用塑料布覆盖，雨后需立刻取下。

图5-3-22 用青贮取料机的青贮截面

图5-3-23 横切取料实拍

（二）品质检测

1. 检测时间

首次检测应在开窖1周后进行，然后根据季节的情况进行检测，炎热的季节建议每周检测1次。如果采用的是分段装窖、分段封窖的方式进行的青贮制作，可以按封窖节点检测。

2. 取样办法

以青贮料开窖截面中心点为基准点，向上下左右直线延伸，再取延伸线上的中间点，总计为9点，每个点取样深度大于15cm，小于25cm。

3. 检测项目

（1）压实密度

专用取样器测定压实密度（图5-3-24）。用电动取样器打洞取样（图5-3-25），测量洞的深度。

$$压实密度=取料重量/（取样器横截面积×洞的深度）$$

图5-3-24 九点取样法示意图

图5-3-25 电动青贮取样器

（2）有氧稳定性

通过红外线照相机或30cm探针式温度计检测青贮温度。超过35℃有氧稳定性差，低于此温度说明青贮有氧稳定性较好（图5-3-26、图5-3-27）。

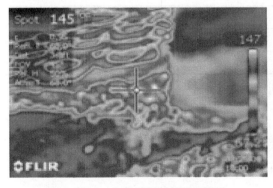

图5-3-26 红外线照相机检测温度

图5-3-27 探针式温度计

（3）感官指标

①颜色接近原料本色或呈黄绿色，无黑褐色，无霉斑。

②气味为轻微醇香酸味，无刺激、腐臭等异味。

③茎叶结构清晰，质地疏松，无黏性不结块，无干硬。

（4）物理指标

①青贮切割整齐，无拉丝。

②玉米籽实破碎率≥90%。

③宾州筛检测上层筛占10%～15%、中层筛65%～75%、下层筛15%～30%。

（5）生物安全指标检测

生物安全指标检测霉菌总数、黄曲霉毒素和玉米赤霉烯酮指标，从源头保证食品安全。

（6）营养指标分级（表5-3-2）。

表5-3-2　营养指标分级表

分级	等级				
	特优级	优级	标准级	常规级	普通级
干物质，%	≥32，<38	≥32	≥30	≥28	≥28
淀粉，%	≥35	≥32	≥30	≥28	≥26
酸性洗涤纤维，ADF%	<25	≥25，<27	≥27，<30	≥30，<32	≥32，<35
中性洗涤纤维，NDF%	≤40	>40，≤45	>45，≤50	>50，<55	≥55
NDF30h消化率，%NDF	≥60	≥55，<60	≥50，<55	≥45，<50	<45

注：1.中性洗涤纤维、酸性洗涤纤维、淀粉以占干物质的量表示。2.按单项指标最低值所在等级定级。

（7）发酵指标分级（表5-3-3）

表5-3-3　发酵指标分级表

分级	等级				
	特优级	优级	标准级	常规级	普通级
氨态氮/总氮，N%	<5	≥5，<8	≥8，<10	≥10，<12	≥12，<15
乳酸，%	≥6	≥5，<6	≥4.5，<5	≥4.0，<4.5	≥4.0，<4.5
丁酸，%	0	0	0	<0.1	≥0.1，<0.2

注：1.乳酸、丁酸占干物质的量表示。2.按单项指标最低值所在等级定级。

（8）综合质量分级

全株玉米青贮综合质量分级以达到技术指标、物理指标和生物安全指标要求为基准，然后同时评定营养指标与发酵指标，其中某一项指标所在的最低等级即为综合质量分级的等级。

第四节 小麦、大麦、燕麦及甜高粱青贮制作规程

一、营养价值

1. 小麦

乳熟—蜡熟期全株小麦干物质含量为25%~35%。乳熟期因为含有较高的可溶性碳水化合物（WSC），发酵品质高于蜡熟期收获的青贮小麦，但乳熟期的淀粉含量略低于蜡熟期小麦（表5-4-1）。

表5-4-1 小麦不同生长期的营养成分

营养指标	乳熟期	蜡熟期
干物质DM（%）	28~33	32~40
粗蛋白CP（%DM）	8~11	6~8
淀粉（%DM）	5~12	13~15
粗灰分Ash（%DM）	6	5
中性洗涤纤维NDF（%DM）	50~55	45~50
酸性洗涤纤维ADF（%DM）	30~32	25~30
总消化率（%DM）	48~51	50~55

优质青贮小麦营养价值高，完全可替代青贮玉米饲喂奶牛。使用维尔塔宁®（小麦专用型）能全面提升品质，具有芳香味，提高奶牛适口性和生产性能。

2. 大麦

大麦是一种优质的青贮原料（表5-4-2），皮大麦和裸大麦都可进行青贮，通常选用饲用大麦进行青贮，其适口性好、制作方便。目前青贮大麦作为粗饲料在肉牛、奶牛业应用广泛。

表5-4-2 青贮大麦的营养指标

项目名称	青贮大麦
干物质DM（%）	35.3
粗蛋白（%DM）	12
中性洗涤纤维NDF（%DM）	56
酸性洗涤纤维ADF（%DM）	34
总可消化养分TDN（%DM）	59
产奶净能 NE（%DM）	1.2

3. 燕麦

燕麦的营养成分全面、价值高是任何一种谷类作物不可比拟的。主要营养成分蛋白质、脂肪（主要是不饱和脂肪酸，3.9%～4.5%，是小麦、大麦2倍以上）、热能、粗纤维、矿物质高于小麦、水稻、玉米、谷子、黍子等种谷类作物，燕麦籽实蛋白在12%～15%，水溶性碳水化合物WSC≥15%，制作干草、青贮都是优质的饲草原料，拥有"甜干草"的美誉。燕麦的营养成分随生长过程而发生变化（表5-4-3）。

表5-4-3　燕麦不同生育期营养成分变化（杨桂英，2009）

生长阶段	抽穗期（50d）	灌浆期（70d）	蜡熟期（90d）
干物质DM%	14	24.6	30.8
粗蛋白CP（%DM）	15.7	12.2	7.1
中性洗涤纤维NDF（%DM）	44.5	62.9	65.5
酸性洗涤纤维ADF（%DM）	28.6	36.4	41.6

青刈燕麦秸秆柔软，叶多宽大，适口性好，蛋白消化率高，营养丰富，是一种较好的青刈饲草；青贮燕麦质地柔软、气味芳香，奶牛适口性好采食量增加。甜高粱茎秆富含糖分，营养价值高，植株高大，是玉米产量的2～3倍，被誉为"高能作物"，不同品种高粱的营养成分存在差异（表5-4-4）。

表5-4-4　高粱原料的营养成分（郭艳萍等，2010）

高粱品种	样品1	样品2	样品3	样品4
干物质DM%	30.3	32.3	21.1	24.5
粗蛋白CP（%DM）	6.3	5.1	7.5	4.9
中性洗涤纤维NDF（%DM）	54.7	51.7	47.1	45.3
酸性洗涤纤维ADF（%DM）	30.4	30	22.1	24.2
可溶性碳水化合物WSC（%DM）	11.24	11.22	10.79	7.6

在高粱成熟前的新鲜茎叶含有羟氰配糖体，在酶的作用下产生氢氰酸（HCN），家畜采食过多会引起中毒，因此高粱一般在抽穗期进行收割制作青贮或与其他饲料混合饲喂，使用维尔塔宁®达到茎皮软化、适口性好，消化率提高；青贮甜高粱与青贮玉米干物质、粗脂肪、可溶性碳水化合物、酸性洗涤纤维存在显著差异（表5-4-5）。

表5-4-5　甜高粱和青贮玉米的营养成分分析（王永慧等，2015）

青贮品种	甜高粱	玉米
干物质DM%	26.6	31.6
粗蛋白CP（%DM）	6.95	7.07
粗脂肪EE（%DM）	2.83	3.26

青贮品种	甜高粱	玉米
中性洗涤纤维NDF（%DM）	53.6	52.5
酸性洗涤纤维ADF（%DM）	36.8	26.4
可溶性碳水化合物WSC（%DM）	4.77	3.82
pH	4.29	4.48

二、合理收割期

收割期判断

根据禾本科作物生长发育过程（表5-4-6）及青贮营养价值分析，制订小麦、大麦、燕麦和甜高粱最佳收割期（表5-4-7）。

表5-4-6　小麦、大麦、燕麦生长阶段

营养生长阶段									
			营养生长与生殖生长并进阶段						
						生殖生长阶段			
萌发	出苗	三叶	分蘖期	拔节期	孕穗期	抽穗期	开花	灌浆期	成熟期
决定穗数为主			决定穗粒数为主					决定粒重为主	

表5-4-7　几种作物的最佳青贮刈割期

作物	干物质DM%	生长期	时间	籽实
小麦	30～35	灌浆期	扬花后2～3周	最上端籽粒呈黏稠乳白色
大麦	28～35	灌浆期	扬花后1～2周	最上端籽粒呈黏稠乳白色
燕麦	28～35	灌浆期	扬花后2～3周	燕麦最下端小穗，最下部位籽
甜高粱	28～35	乳熟期	抽穗后2～3周	粒呈黏稠乳白色，最上端呈黏稠状

（1）小麦

最佳收割期，灌浆期收割；扬花后2～3周收割（图5-4-1）。感官指标，小麦穗的最上端小麦籽粒呈黏稠乳白色（图5-4-1）。理化指标，干物质为30%～35%最佳，不要超过35%，麦芒硬化造成适口性差，消化率降低；不要低于28%（小麦淀粉含量较玉米低，小麦水分较大不易发酵）；青贮小麦的理想pH为3.8～4.2。

小麦全株的收割过程中，干物质一般是麦穗干高于麦秆（表5-4-8）。

小麦干物质后期变化较大，气温高时每天增长0.5%～1%，如收割设备不足时在干物质25%左右可开始收割，在10d之内完成收割，否则干物质容易超出40%，如干物质超40%，不利于压实且青贮后消化率降低。

图5-4-1　白色絮状为扬花期判断标志上端小麦籽粒呈黏稠乳白色

表5-4-8　小麦麦穗和麦秆干物质检测数据，数据检测蚌埠某大型牧场，2015

样品	全株干物质（%）	穗—干物质（%）	秆—干物质（%）
样品1	29.99	33.90	26.07
样品2	30.76	33.56	27.96

（2）大麦

最佳收割期，灌浆期收割；扬花（较小麦花絮易脱落）后1～2周收割（图5-4-2）。感官指标，大麦穗的最上端大麦籽粒呈黏稠乳白色，植株除根部其他全部为绿色，此时干物质28%～35%（图5-4-2）。

图5-4-2　小麦籽粒呈黏稠乳白色；同一时期同地块种植的小麦和大麦乳熟程度高于小麦，大麦生长期较小麦短

理化指标，干物质为28%～35%最佳，大麦因品种不同，一些品种大麦的麦芒，如果收割较晚，干物质超35%，大麦的麦芒长，发硬造成青贮适口性、消化率差。青贮大麦的理想pH为3.8～4.2。

（3）燕麦

最佳收割期，青贮燕麦可以在灌浆期至蜡熟期进行收割（图5-4-3）。

图5-4-3　灌浆期青贮燕麦收割

感官指标，燕麦最下端小穗最下部位籽粒呈黏稠乳白色，因为燕麦籽粒成熟度不一致，穗上部的籽实已经成熟，而穗下部的籽实仍在灌浆；在同一个小穗上也是基部籽实达到完熟，而下部籽粒进入蜡熟期。

理化指标，干物质为28%～35%最佳。

燕麦与豆科牧草混播的最佳刈割期为燕麦蜡熟期和箭豌豆结荚期，这时单位面积粗蛋白含量最高，而中性和酸性洗涤纤维含量较低。生长季内刈割2次会降低燕麦干草产量，但却显著提高了品质；青贮燕麦适时收获不仅可以获得较高的干物质产量，而且消化率和蛋白质含量也较高，达到了高产优质的目的。

（4）甜高粱

最佳收割期，乳熟期收割（图5-4-4）。感官指标，甜高粱抽穗后2～3周开始收割，顶端籽实呈黏稠状。理化指标，干物质为28%～35%最佳。

图5-4-4　青贮甜高粱收割

南方地区甜高粱收割两茬时，抽穗期进行收割，干物质为25%，此时水分较高，用维尔塔宁®（高粱青贮专用发酵剂）能全面提升青贮发酵品质。

三、收割方式

麦类、高粱类青贮有3种收割方式，直收青贮法、分步青贮法、粉碎机法。

1. 直收青贮法

干物质到达28%～30%开始收割。大型设备直接收割模式，自走式收割机进入地头收割粉碎装车。

小麦、大麦及燕麦粉碎长度2～3cm（图5-4-5）；甜高粱1～2cm；留茬高度≥10cm。

图5-4-5　国产备粉碎3cm；进口设备粉碎2cm

小麦、大麦、燕麦收割时间控制在10d内，干物质后期上升快速，每天增长0.5%～1%，如收割设备不足时在干物质25%左右可开始收割，在10d之内完成收割，否则干物质容易超出40%，如干物质超40%，可加入清水调制干物质35%；甜高粱在10～15d。

国产设备2d磨刀1次，防止切割过长；由于是直接收割，小麦、大麦、燕麦在凌晨4点至早上7点露水较大，这段时间停止收割，露水增加小麦韧性，粉碎长度增长，这段时间干物质低于正常收割的2%。

2. 分步青贮法

干物质到达20%～28%开始收割。步骤为割草—晾晒萎蔫—捡拾粉碎。晾晒萎蔫，割草后进行晾晒萎蔫至干物质到28%～35%进行粉碎装车。小麦、大麦及燕麦粉碎长度2～3cm；甜高粱1～2cm；留茬高度≥15cm（在搂草过程，防止尘土导致灰分过高）。

小麦、大麦、燕麦收割时间控制在10d内；甜高粱在10～15d。

（1）割草机割草

查看天气预报，3~5d天气晴朗进行割草。小麦、大麦及燕麦灌浆初期收货时，滚轮压扁对小麦籽粒损伤较小；如在后期收割需调节滚轮间隙，防止滚轮脱掉籽粒（图5-4-6、图5-4-7）。

图5-4-6 割草机割草

图5-4-7 滚轮脱掉的籽粒

（2）晾晒和搂草

割草后进行翻晒，缩短自然晾晒的时间，收割时干物质在20%~28%，晾晒达到28%~35%进行捡拾粉碎（图5-4-8）。

图5-4-8 翻晒及搂草过程

搂草的主要作用，帮助快速晒干水分达到粉碎标准；合并草行方便捡拾粉碎，提高收获效率。搂草不可过低或切近地面，容易把土地的杂物及泥土带入青贮中，导致灰分偏高。

（3）捡拾粉碎

晾晒后的作物达到要求后及时收割（图5-4-9）。收割过程中注意观察粉碎长度，过长需要调节刀距，并磨刀。捡拾粉碎过程控制在白天进行，夜晚地面返潮、露水影响青贮质量。

图5-4-9　CLAAS捡拾小麦粉碎装车

3. 粉碎机收割

干物质到达28%～35%开始收割。人工或割草机割草，运至粉碎加工点或青贮窖旁使用粉碎机进行粉碎加工。

小麦、大麦及燕麦粉碎长度为2～3cm，（图5-4-10）；甜高粱1～2cm。粉碎机粉碎效果差（图5-4-10），不利于压实，影响青贮发酵质量。留茬高度≥10cm（不可接地收割，下层木质素高无营养价值）。

图5-4-10　粉碎机加工青贮小麦长度不符合标准

人工不足或粉碎设备较少时，需要在干物质25%开始进行收割，以确保收割时间，满足牧场需求；当天到货的原料全部粉碎完毕，并对粉碎点进行清理，防止污染青贮窖，减少隔夜粉碎，避免原料发热和植物代谢活动消耗大量营养物质。

涉及人工操作，需要对工人进行安全培训，并对危险区域进行隔离或挂警示牌。

四、青贮剂使用

小麦、大麦、燕麦及青贮甜高粱时可加入乳酸菌发酵剂，选择维尔塔宁®进行均匀喷洒。

按照要求兑水稀释，专人负责用高压水枪雾状喷洒在青贮上；特别是在青贮窖壁和窖顶部的青贮要加倍喷洒；卸车过程进行第一次均匀喷洒；推料后一层一层进行均匀喷洒。发酵剂24h内使用完毕。

五、压窖、封窖管理

1. 压窖与封窖

压窖与封窖见全株青贮玉米制作规程。

2. 压窖密度

小麦、大麦、燕麦、甜高粱由于籽实成熟度、数量不如玉米籽实高，且小麦、大麦及燕麦属于空秆作物，压窖密度较玉米低，根据干物质基础对照压窖密度标准进行压窖（表5-4-9）。

表5-4-9 青贮小麦压实密度速查表

干物质（%）	鲜重密度（kg/m³）	干物质密度（kg/m³）
25	680	170
26	673	175
27	667	180
28	661	185
29	655	190
30	650	195
31	645	200
32	641	205
33	636	210
34	632	215
35	629	220
36	625	225

六、开窖后管理

开窖后管理见全株玉米青贮制作规程。

第五节　苜蓿青贮制作规程

一、苜蓿概述

我们说的苜蓿，目前在国内和国外主要指的是紫花苜蓿（图5-5-1、图5-5-2）。蔷薇目、豆科、苜蓿属多年生草本，根粗壮，深入土层，根茎发达。花期5—7月，果期6—8月。欧亚大陆和世界各国广泛种植为饲料与牧草，被人们称之为"牧草之王"。

图5-5-1　盛花期的紫花苜蓿

图5-5-2　紫花苜蓿的开花效果

二、苜蓿青贮的制作技术

1. 收割期的选择

制作苜蓿青贮最好选择现蕾期至初花期收割。当苜蓿80%以上的枝条出现花蕾时，这个时期称为现蕾期（图5-5-3）；当约有20%的小花开花时，这个时期就是苜蓿的初花期（图5-5-4）。

图5-5-3　现蕾期的紫花苜蓿

图5-5-4　初花期的紫花苜蓿

2. 留茬高度

留茬最佳高度控制在8~15cm，留茬太低容易伤及苜蓿根部新萌发的枝桠，影响苜蓿的再生，且在搂草过程中容易带入泥土，影响青贮苜蓿的品质，也会造成苜蓿青贮的灰分太高。

制作苜蓿青贮时，适量的提高留茬高度，可以有效减少苜蓿中灰分，降低梭菌含量，提高发酵的品质。

3. 选择收割设备

收割苜蓿最好选择具有压扁功能的收割机（图5-5-5、图5-5-6），此机械可以一边收割一边压扁茎枝，使叶片和茎枝同步干燥、快速干燥、植株完整，营养全面，因而提高了苜蓿的价值且苜蓿茎秆中空，在压窖过程中不宜压实，经过压扁功能的收割机后可以有效提高青贮苜蓿的压窖密度。

图5-5-5　作业中的苜蓿收割机

图5-5-6　苜蓿收割机的压扁滚轴装置

4. 晾晒萎蔫

将压扁收割后的整株苜蓿进行晾晒（图5-5-7、图5-5-8），晾晒时草幅尽量要宽，至少占割幅的70%左右，以便于快速脱水，根据日照、风速、气温等，一般田间晾晒2~6h即可，如遇阴天可适当延长晾晒时间，遇到雨天要停止收割。

图5-5-7　收割后开始晾晒的苜蓿

图5-5-8　晾晒后适宜青贮的颜色感观

5. 水分控制

现蕾期至初花期的苜蓿含水量在70%～80%，不宜制作青贮（表5-5-1），需将水分晾晒萎蔫后控制在55%～65%，即折断茎秆时感觉无水但不宜折断时最好。

表5-5-1 苜蓿不同生长时期的营养成分变化及净能

生育期成分	开花前（现蕾期）	初花期（20%开花）	开花期（50%开花）	盛花期（80%开花）
粗蛋白（%）	21	19	16	14
ADF（%）	30	33	38	46
NDF（%）	41	42	53	60
消化率（%）	63	62	55	53
TDN（%）	63	59	55	51
维持净能Mcal/kg DM	1.37	1.34	1.21	1.17
增重净能Mcal/kg DM	0.73	0.62	0.55	0.46
产奶净能Mcal/kg DM	1.54	1.41	1.25	1.15

6. 捡拾切碎

当苜蓿青贮原料含水量达到55%～65%时，采用捡拾切碎机进行原料的捡拾切碎，切割长度控制在1～3cm。将粉碎后的苜蓿拉运到青贮制作点，准备制作青贮。

三、苜蓿青贮的形式与制作

1. 青贮窖苜蓿青贮

（1）青贮窖的消毒

在制作苜蓿青贮前要先对青贮窖进行消毒，消毒可使用5%的碘伏溶液或2%的漂白粉溶液消毒。

（2）装窖

制作苜蓿青贮尽量选择地上青贮窖，第一车卸车在距离窖头位置在X处（图5-5-9）。X的具体计算公式如下：

$$X=（窖高×窖宽×0.02+窖高）×1.6（链轨式推土机）$$

$$X=（窖高×窖宽×0.02+窖高）×1.8（轮式装载机）$$

图5-5-9 青贮卸车位置及逐层压实图

制作一个窖最好在5d内完成，最长不要超过1周。

（3）压窖

苜蓿青贮的压窖方法基本与制作玉米青贮相同（图5-5-10、图5-5-11），使用U形压窖法。粉碎后的青贮苜蓿连挂性较高，在推料时注意摊平再进行压实，避免压窖后的青贮苜蓿内部留有空洞。

图5-5-10 青贮苜蓿压窖示意图

图5-5-11 压窖中的青贮苜蓿

饲料制作青贮的最低含糖量是根据饲料的缓冲度决定的。

原料需最低含糖量（%）=饲料缓冲度×1.7，苜蓿的缓冲度是5.58%，最低含糖量需要5.58%×1.7=9.5%，而苜蓿的含糖量为3.72%，所以制作苜蓿青贮相对比较困难。原料缓冲度（也称缓冲能）是指中和每100g原料中的碱性元素，并使pH降低到4.2时所需的乳酸量，又因青贮发酵消耗的葡萄糖只有60%转化为乳酸，所以100÷60≈1.7的系数，即形成1g乳酸需要1.7g葡萄糖。

苜蓿的含糖量低，缓冲度高，需要更好的压实效果，减少青贮中残留的氧气，得到高品质的青贮饲料，建议压实后苜蓿青贮每立方米中氧气含量不超过1L，推荐压窖密度见表5-5-2。

表5-5-2 青贮苜蓿压窖密度速查表

干物质（%）	鲜重密度（kg/m³）	干物质密度（kg/m³）
37	770	285
38	763	290
39	756	295
40	750	300
41	744	305
42	738	310
43	733	315
44	727	320

续表

干物质（%）	鲜重密度（kg/m³）	干物质密度（kg/m³）
45	722	325
46	717	330
47	723	340
48	719	345
49	714	350
50	710	355

（4）封窖

推荐使用双层膜封窖的方法，即下层使用8丝的透明膜，上层使用12～15丝的青贮黑白膜封窖，封窖后在顶层压轮胎。

图5-5-12中A值数据计算采用封窖高度公式。

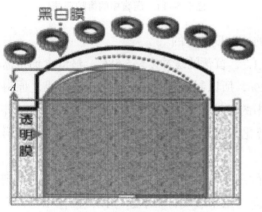

图5-5-12 青贮苜蓿封窖示意图

图5-5-13 青贮苜蓿封窖后

2. 平地堆贮

短时间制作较大规模苜蓿青贮时，如1周5000t或更大的量，平地堆贮具有装填快，且更方便于压实的优势。

（1）堆贮台消毒

消毒方法与青贮窖相同，使用2%的漂白粉溶液或5%的碘伏溶液，如在夏季炎热天气，日光充足，可提前清扫后利用太阳暴晒3d消毒也可达到效果。参照碘伏消毒技术。

（2）青贮装填

堆贮台装填青贮可从一端先开始，第一车卸车位置，在计划青贮堆高度的2倍距离台边处。参照定点正切技术和定点弧切技术。

第一车卸车后逐层填料压实即可，压实密度与青贮窖相同。

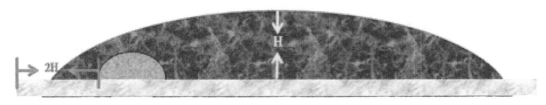

图5-5-14 青贮堆第一车卸车位置示意图

（3）青贮压窖

青贮堆没有两边窖墙，压窖要注意两边的压实情况，需要在两侧增加压窖设备，具体压窖方式见图5-5-15。

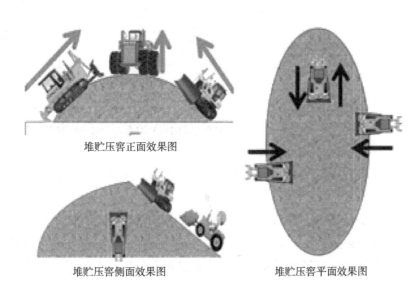

堆贮压窖正面效果图

堆贮压窖侧面效果图　　　　　　堆贮压窖平面效果图

图5-5-15 堆贮压窖示意图

图5-5-16 使用克拉斯专用青贮机制作苜蓿青贮堆贮

（4）压窖密度

制作堆贮压窖密度与青贮窖相同，具体数据见表5-5-2。

（5）青贮封窖

制作苜蓿青贮的堆贮，推荐使用双层膜封窖，下层使用10丝的透明膜，上层使用15丝的青贮黑白膜，堆贮使用的膜较窖贮略厚一点，具体封窖方法（图5-5-17，图5-5-18）。

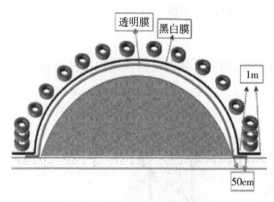

图5-5-17　堆贮封窖示意图

图5-5-18　轮胎封窖效果

3. 裹包青贮

裹包青贮是一种利用机械设备完成饲料青贮的方法，是在传统青贮的基础上研究开发的一种新型青贮技术。

裹包青贮技术是指将牧草收割后，用打捆机进行高密度压实打捆，然后通过裹包机用拉伸膜裹包，从而创造一个厌氧的发酵环境，最终完成乳酸发酵过程。这种青贮方式已被欧洲各国、美国和日本等世界发达国家广泛认可和使用，在我国很多地区开始使用这种青贮方式。

（1）裹包青贮的特点

拉伸膜裹包青贮与窖贮、堆贮等传统的青贮相比具有以下优缺点。

①浪费极少。霉变损失、汁液损失和饲喂损失均大大减少，仅有5%左右，而传统的青贮损失可达8%～25%。裹包青贮密封性好，没有汁液外流现象，不会污染环境。

②保存期长。压实密封性好，不受季节、日晒、降雨和地下水位影响，可在露天堆放1～2年；包装适当，体积小，易于运输和商品化，保证了奶牛场、肉牛场、羊场、养殖小区等现代化畜牧场青贮饲料的均衡供应和常年使用。

③制作成本高。裹包青贮需要人工投料压成捆，再将捆缠膜裹包，人工投资和物料投入大，制作成本是传统青贮制作的3～5倍。

④容易破损。裹包青贮的膜会在搬运、制作、码放、保存等过程中受到破损，破损又很难及时发现，长时间地从破损处进入空气会整包变质。

（2）裹包青贮制作流程

①原料装填。将晾晒捡拾后的苜蓿拉运到裹包制作点，随用随拉，切记不可在制作

点堆放过多，造成霉变。建议拉运到裹包地点的苜蓿4h内裹包完毕（图5-5-19）。也可使用捡拾裹包一体机进行裹包（图5-5-20），裹包后的青贮拉运到集中存放点。

图5-5-19　裹包青贮机的填料

图5-5-20　裹包青贮机的填料

② 缠膜裹包。将压成圆捆的苜蓿青贮缠绕裹包膜（图5-5-21）。

图5-5-21　固定式裹包缠膜机工作示意图

③ 码放与保存。将裹包好的青贮码放在存放地点（图5-5-22至图5-5-24）。

图5-5-22　裹包青贮单层码放

图5-5-23　裹包青贮双层码放

图5-5-24　裹包青贮多层码放

四、青贮发酵剂

由于苜蓿的饲料缓冲度较高，而最低需含糖量不足，所以必须要使用青贮发酵剂，否则很难制作成功。

1. 青贮发酵剂对苜蓿青贮的作用

快速生成乳酸，降低pH；抑制腐败菌生长，防止苜蓿青贮发霉、腐烂；抑制青贮料温度升高，减少营养物质损失；缩短发酵时间，提高发酵效率，提升青贮品质；减少蛋白，降低青贮料中氨态氮的含量；抑制二次发酵的产生，利于长久贮存；改善饲草风味，增强适口性，提高牲畜采食量；调整牲畜肠道内菌系平衡，提高免疫力，增强抗应激能力；提高苜蓿青贮的饲料转化率。减少干物质损失3%～7%。

2. 目前市面上主流青贮发酵剂的类型与特点见表5-5-3

表5-5-3　青贮发酵剂的类型与特点

青贮剂	成分	优点	缺点
多菌属	维尔塔宁	快速降低pH，减少损耗，抑制有害菌，避免开窖后的二次发酵	活菌原液，体积较粉状略大
同型乳酸菌	植物乳杆菌	快速产生乳酸，降低pH，抑制有害菌	开窖后有氧稳定性差
	乳酸片球菌		
异型乳酸菌	布氏乳杆菌	开窖后有氧稳定性好，减少二次发酵	发酵初期发热高、发酵损耗大
	山梨酸钾		
有机酸盐	苯甲酸钠	良好的防霉效果，抑制霉菌、腐败菌，提高有氧稳定性	本身不增加乳酸产量，需与乳酸菌合用
	丙酸钠甲酸		
有机酸	乙酸	利用酸本身的低pH降低贮pH，提高有氧稳定性，抑制杂菌	青本身不增加乳酸产量，需与乳酸菌合用，且成本昂贵
	丙酸		
	山梨酸		

3. 维尔塔宁®对青贮苜蓿的作用（表5-5-4）

表5-5-4　维尔塔宁对青贮苜蓿的作用

菌种芽	目的	代谢产物	作用
孢杆菌	快速消耗青贮中残留的氧气	蛋白酶	与霉菌、腐败菌等好氧菌竞争氧气，并生成益生物，提高饲料转化率
		a-淀粉酶	
		脂肪酶	
		纤维素酶	
特种酵母菌	提高有氧稳定性	乙酸	产生乙酸和丙酸，提高青贮有氧稳定性
		丙酸	
植物乳杆菌	降低pH	乳酸	降低pH抑制霉菌、腐败菌等

4. 青贮发酵剂的选择

如何选择合适的青贮发酵剂是苜蓿青贮制作成功与否的关键，目前市场上主流的青贮发酵剂使用方案和成本见表5-5-5。

表5-5-5　使用方案和成本

方案	成本（元/吨）
维尔塔宁®+丙酸	30~50
异型+丙酸+糖蜜	55~75
异型+同型+有机酸盐	50~70
异型+同型+丙酸	50~70
同型+甲酸+丙酸	50~70

（1）同型发酵剂+甲酸+丙酸

丙酸具有良好抑制杂菌滋生的效果，且不会对乳酸菌造成损害；甲酸具有抑制植物呼吸的效果减少发热，且具有一定的杀菌作用，而同型乳酸菌可以快速产生乳酸达到降低pH的效果。一般来说，市场上销售的有机酸均是将甲酸、乙酸、丙酸按照一定比例混合稀释后的溶液。

（2）异型发酵剂+丙酸+糖蜜

糖蜜可以有效补充苜蓿本身糖分的不足，而丙酸可以抑制杂菌对糖蜜的代谢，异型乳酸菌产生丙酸和乙酸，达到降低pH和提高开窖有氧稳定性。

（3）异型发酵剂+同型发酵剂+有机酸盐

有机酸盐主要是为了减少青贮中的霉菌腐败菌，由于苜蓿本身糖分低，而异型前期产酸能力低，为了快速产酸需要添加同型发酵剂。

（4）异型发酵剂+同型发酵剂+丙酸

原理与C方案相同，丙酸用来抑制霉菌、腐败菌。

（5）维尔塔宁®+丙酸

丙酸用来控制青贮中的杂菌，维尔塔宁®的芽孢杆菌快速消耗青贮残留的氧气，达到厌氧环境，维尔塔宁®中特种酵母菌分解青贮中的多糖成乙酸和丙酸提高开窖后的有氧稳定性，并达到一定降低pH的效果，维尔塔宁®中的植物乳杆菌快速将苜蓿本身的糖分转化为乳酸，快速降低pH，提高青贮品质。

五、保存与开窖

对封窖或裹包后苜蓿青贮要经常检查有无漏气、漏水等现象。使用青贮发酵剂的苜蓿青贮封窖40～50d后基本可以开窖，但推荐60d后再开窖取用；取料最好采用专用取料机，沿横断面垂直方向逐层取用，保证切面整齐。

第六节 高湿玉米青贮制作规程

一、高湿玉米的定义及类型

1. 定义

玉米在含有26%～32%的水分时收获，通过添加生物接种剂发酵和贮存，饲喂给动物的一种高淀粉饲料原料（表5-6-1）。

表5-6-1 玉米发酵指标

发酵指标	籽粒湿贮指标范围	带芯湿贮指标范围
乳酸（%）	0.5～2	0.5～3.5
乙酸（%）	<0.5	<0.5
丙酸（%）	<0.1	<0.1
丁酸（%）	0	0
氨态氮（%）	<10	<10
pH	4.5～5.4	4.5～5.4

2. 类型

高湿玉米包括高水分玉米粒青贮（玉米粒）、高水分玉米棒青贮（玉米粒+玉米轴）和果穗青贮（玉米粒+玉米轴+玉米包叶）3种类型。

二、制作高湿玉米青贮的意义

（1）收获时间较早，玉米已经完熟，收获时间比籽粒直收早两三周；

（2）不需专门的籽粒直收机械，可采用当前应用普遍的穗收机械，并降低后期烘干等成本，仅籽粒收获和牧场粉碎玉米两项降低成本25%～30%；

（3）奶牛的瘤胃淀粉消化率提高；

（4）收获产量比籽粒直收提高10%～15%；

（5）可采用生育期更长的玉米品种；

（6）玉米芯和苞叶提供额外的可消化纤维。

（7）果穗青贮有玉米轴、苞叶，糖分高，更易发酵。

（8）高湿玉米青贮可以替代压片玉米。

（9）果穗青贮黄曲霉毒素和呕吐毒素等含量低。

（10）果穗青贮可替代奶牛日粮配方中的短纤维部分，如甜菜粕。

三、原料来源

高湿玉米青贮原料主要分布在黄河与长江流域之间，以及黑龙江和吉林等省份的玉米主产区。

四、原料处理

1. 收获时间

玉米完熟期收获，此时玉米特征：①苞片枯黄变白、松散。②籽粒变硬发亮，"乳线"消失。③玉米籽粒出现黑色线。④果穗青贮原料水分含量36%～42%。

2. 收获

玉米果穗收割机收获玉米全棒。

3. 粉碎粒度

粉碎机采用钢辊碾压模式或者锤式粉碎。玉米碎成1/4大小即可，粉碎后整粒玉米不超过5%。粉碎过细易引起发酵过度，从而导致奶牛的瘤胃酸中毒；粉碎过粗易造成发酵不充分。

五、调节水分

根据青贮果穗的含水量，在青贮时必须将水分调整到36%～42%。

1. 水质要求

自来水井水均可，如无泥沙、漂浮物等杂质，可以直接使用，有泥沙需要沉淀，有漂浮物的，需要将漂浮物捞出后再使用。避免堵塞喷水设备和影响青贮的适口性。

2. 水分检测

可以采用手握检测法，微波炉检测法等，具体检测方法参照全株玉米青贮制作规程。

3. 加水量计算

使用黄贮水分调整公式计算出加水量。

4. 水分调节方法

首先，粉碎机可以在入料口或出料口设置喷水设备，随着粉碎过程补充一部分水分。

在装窖过程中按照原料水分的含量，计算出需要加水量，然后使用喷洒设备加水。

5. 喷水设备

参照黄贮制作规程。

六、发酵剂的使用

维尔塔宁®生物接种剂的使用剂量是以干物质含量为30%的青贮原料为基准的添加量，每吨标准果穗青贮原料（干物质60%左右）添加40mL维尔塔宁®特优级生物接种剂。

维尔塔宁®特优级生物接种剂为植物乳酸杆菌和布氏乳杆菌复合菌剂，其中植物乳酸杆菌产生乳酸，布氏乳杆菌产生乳酸和乙酸，可以提高发酵速度、减少干物质损失、改善淀粉利用率、增加有氧活动稳定性、提高动物生产性能。

1. 稀释方法

见全株玉米青贮制作规程。

2. 使用方法

使用三阶段喷菌法，见全株玉米青贮制作规程。

七、装窖管理

1. 压实密度

压实密度要求800kg/m³以上。

2. 装窖方式

具体技术详情，见全株玉米青贮制作规程。

八、果穗青贮检测

首先可以检测氨水平，干玉米很少产生氨。如果氨气产生证明氨基酸被微生物分解，高湿玉米中氨含量可能超过总蛋白的7%。如果高湿玉米只有不到2%蛋白被氨化，说明发酵效果不好，淀粉复合蛋白降解率较低。

九、果穗青贮取用

具体技术详情，见全株玉米青贮制作规程。

十、使用注意事项

高湿玉米贮存不合理会导致过度发霉变质以及贮存损失。因此我们饲喂时要有足够的饲喂利用量来避免湿贮玉米在窖里发霉变质，有时可能需要额外的贮存和加工设备。此外，在瘤胃里要获得更快速地发酵速率就要求更准确的日粮配方。同时，高湿玉米由于运输过程中会发霉变质，因此只能就地在牧场使用。

第七节　黄贮制作规程

一、黄贮的定义

1. 狭义的黄贮

仅指利用干（黄）秸秆做原料，通过添加适量水和维尔塔宁®（黄贮专用型）青贮剂，进行乳酸发酵的一种粗饲料。

2. 广义的黄贮

是指籽实收获之后，剩余的青绿秸秆、半干秸秆、干（黄）秸秆通过添加适量的水和维尔塔宁®（黄贮专用型）青贮剂进行乳酸发酵的一种粗饲料。

二、制作黄贮的意义

通过微生物转化，提高秸秆饲料适口性，可消化营养含量显著增大。通过功能微生物的发酵、降解和转化等作用，秸秆中的粗纤维、半纤维素、木质素中的植物蛋白转化并分解成单糖，同时也使氨基酸含量增加，因而容易被吸收利用（表5-7-1）。

表5-7-1　玉米秸黄贮与风干营养比较（陈自胜和陈世良，1999）

	粗蛋白CP（%DM）	粗纤维CF（%DM）	粗脂肪EE（%DM）	无氮浸出物NFE（%DM）	粗灰分Ash（%DM）
风干玉米秸	3.9	37.6	0.9	48.1	9.5
黄贮玉米秸	8.2	30.1	4.6	47.3	9.7

三、原料来源

黄贮原料主要有水稻秸秆、小麦秸秆、玉米秸秆。粮食作物秸秆占总量的90.5%。50%以上的秸秆资源集中在四川、河南、山东、河北、江苏、湖南、湖北、浙江等省，西北地区和其他省份秸秆资源分布量较少。稻草主要在长江以南的诸多省份，而小麦和玉米秸秆分布在黄河与长江流域之间，以及黑龙江和吉林等省份。

现阶段主要用于黄贮的秸秆资源有玉米秸秆、甜玉米秸秆、高粱秸秆、小麦秸秆、水稻秸秆等，但实际可以用于黄贮的秸秆资源远远不止于此，如花生秧、薯类秧、辣椒秧等，只要调整好合适的水分，使用维尔塔宁®（黄贮专用型）完全可以发酵制作成优质黄贮饲料。

四、原料处理

1. 收割及留茬高度

一般要求玉米籽实成熟后，尽早收获，并立即将秸秆进行黄贮。对收割下来的原料，应边收边贮，避免暴晒和堆积发热，以保证原料新鲜。对于立杆收获的秸秆，建议使用收割机进行收割。玉米秸秆、高粱秸秆留茬高度应不低于15cm，其他秸秆留茬高度不低于5cm，如果木质化程度高，要适当提高留茬高度，以提高原料可消化物质含量。

2. 切割长度

在黄贮前，必须对秸秆进行切碎，切碎的长度因原料种类和饲用动物种类不同要做出相应调整。比较粗硬的秸秆，如玉米秸秆、高粱秸秆等应切得较短些，比较柔软的秸秆如小麦秸秆、燕麦秸秆、水稻秸秆等可以切得稍长点。不同种类的动物对黄贮原料长度的要求也有区别。饲喂牛、羊等反刍动物，适量加大切割长度。如小麦秸秆等细而柔软的秸秆3～4cm，粗硬的玉米秸秆、高粱秸等秸秆1～3cm。饲喂猪、禽等单胃动物，原料切得越短越好。

五、调节水分

黄贮秸秆水分含量较低，在黄贮时必须将水分补加到65%～75%。

1. 水质要求

自来水井水均可，如无泥沙、漂浮物等杂质，可以直接使用，有泥沙需要沉淀，有漂浮物的，需要将漂浮物捞出后再使用。避免堵塞喷水设备和影响黄贮的适口性。

2. 水分检测

可以采用手握检测法，微波炉检测法等，具体检测方法参照全株玉米青贮制作规程。

3. 黄贮加水量计算

使用黄贮水分调整公式计算出加水量。

4. 水分调节方法

首先，铡草机可以在入料口或出料口设置喷水设备，国内的联合收割机可以加挂喷水设备，进口联合收割机利用自带的喷水设备，随着秸秆的切割过程补充一部分水分。

在装窖过程中按照原料水分的含量，计算出需要加水量，然后使用喷洒设备加水。

5. 喷水设备

（1）加水设备

可以选择水泵等流量大的设备，喷洒维尔塔宁®的设备可选择高压洗车泵（图5-7-1，图5-7-2）。

图5-7-1 水泵

图5-7-2 高压洗车泵

（2）储水容器

大型储水罐、储水桶或储水塔。

六、发酵剂的使用

维尔塔宁®的使用剂量是以干物质含量为25%~35%的青贮原料为基准的添加量，每吨标准黄贮原料（水分65%）添加100mL维尔塔宁®，需要先将黄贮原料换算成标准黄贮原料（水分65%），再计算维尔塔宁®使用剂量。

1. 标准换算

以玉米秸秆为例，当水分为50%时，每吨玉米秸秆换算成标准水分的计算方法：

$1000 \times （1-50\%） \div 0.35 \approx 1428.6 （kg）$

以玉米秸秆为例，当水分为50%时，每吨玉米秸秆使用维尔塔宁®的剂量：

$1000 \times （1-50\%） \div 0.35 \div 1000 \times 100 \approx 142.86 （mL）$

2. 稀释方法

黄贮原料水分高于35%时，维尔塔宁®可以直接兑水喷洒。以玉米秸秆为例，当水分为50%时，每吨水中加入维尔塔宁®原液的计算公式：

$100000 \div [1000 \times （1-50\%） \div 0.35-1000] \approx 233.3 （mL）$

黄贮原料水分低于35%时，补充水分和喷洒维尔塔宁®可以分开进行。用水泵补充水分的同时，计算出每吨玉米秸秆使用维尔塔宁®的剂量，将维尔塔宁®按1∶10剂量进行稀释，用高压洗车泵进行喷洒。

3. 使用方法

使用三阶段喷菌法，见全株玉米青贮制作规程。

七、装窖管理

1. 压实密度

压实密度要求600kg/m³以上。

2.装窖方式

具体技术详情，见全株玉米青贮制作规程。

八、黄贮检测

黄贮由于原料和制作工艺的不同，现阶段尚未有权威的检测营养指标。通常采用方法为感官检测，通过色、味、质感判断黄贮品质优劣（表5-7-2）。

表5-7-2　黄贮品质感官鉴定

	色	味	质感
优质	黄色或带有绿色叶子	苹果味	质地柔软，湿度适中
劣质	颜色暗，发灰色或颜色较深	有丁酸味或其他异味	较硬或发黏

九、黄贮取用

具体技术详情，见全株玉米青贮制作规程。

十、适用对象

黄贮玉米秸秆饲料主要适用于后备牛和泌乳牛干奶期的饲养，可以节约饲养成本，提高牧场经济效益。

各种黄贮饲料经过充分发酵之后，完全可饲喂牛、马、鹿、驴、骡、骆驼、羊驼、猪、兔、鸵鸟、鹅、鸭等。

第八节　黑麦草制作规程

一、概述

黑麦草（学名：LoliumperenneL.）多年生植物，株高30cm～90cm，叶舌长约0.2cm；叶片柔软，具微毛，有时具叶耳。穗形穗状花序直立或稍弯。

黑麦草喜温凉湿润气候，宜生长在夏季凉爽、冬季不太寒冷地区。10℃左右能较好生长，27℃以下为生长适宜温度，35℃生长不良。光照强、日照短、温度较低对分蘖有利。温度过高分蘖停止或中途死亡。黑麦草耐寒耐热性均差，不耐阴。在风土适宜条件下可生长2年以上（图5-8-1、图5-8-2）。

种植在中亚热带地区，年降水量1000～1500mL，日照1000～1200h/a，平均温度16～18℃。降水以1000mm左右为适宜。较能耐湿，但排水不良或地下水位过高不利黑麦草生长。不耐旱，尤其夏季高热、干旱更为不利。对土壤要求比较严格，略能耐酸，适宜的土壤pH 为6～7。

图5-8-1　黑麦草拔节期

图5-8-2　黑麦草花果期

二、种植及青贮特点

1.播种的前期准备工作

（1）土地准备工作

对土地进行浅耕，翻出前茬地内根、茎等杂物，以利于黑麦草的生长，对土地进行平整，对大的土块进行旋耕破碎，四周开排水沟。

（2）种子准备

有条件的地方可用钙镁磷肥10kg/亩，细土20kg/亩与种子一起搅拌后播种。这样可使种子不受风力的影响，避免细小的黑麦草种子不易落地，确保播种均匀。

（3）肥料准备

黑麦草系禾本科作物无固氮作用。因此氮肥是充分发挥黑麦草生产潜力的关键，一般尿素5kg/亩，日产草量有所提升，要求每亩黑麦草田施25～30kg 过磷酸钙作基肥。还可施沼液、沼渣等厩肥，每次收割后均匀喷撒。可以提高土地的肥力，增加黑麦草产量。

2.播种及田间管理

（1）播种时间

秋播在9月中旬至11月上旬。黑麦草喜温暖湿润的气候，种子发芽期温度13℃以上，幼苗在10℃以上可生长。黑麦草的播种期较长，南方地区既可秋播又能春播。

（2）播种量及方式

亩播种量1～1.5kg均匀撒播，用旋耕机浅层旋耕。合理密植能够充分发挥黑麦草的个体、群体生产潜力才能提高单位面积产量。

（3）除草

翻耕之前用草甘膦喷洒，3d后用百草枯二次喷洒，5d后翻耕。出苗后用禾本科除草剂除掉杂草，后期黑麦草分蘖旺盛，根系发达不用进行除草。

（4）追肥

三叶期、分蘖期，要进行追肥，每亩追肥尿素或复合肥20kg，刈割后，也要进行施肥，利于黑麦草的快速生长。

（5）刈割

黑麦草再生能力强，可以反复刈割，因此黑麦草应适时刈割。黑麦草刈割次数的多少主要受播种期、生育期间气温、施肥水平而影响。秋播的黑麦草生长良好的情况下，可以收割2~3次（图5-8-3、图5-8-4）。另外，施肥水平高，也可以加快黑麦草生长，提前收割，同时增加收割次数。

图5-8-3　越冬黑麦草　　　　　　　　　　图5-8-4　3月初黑麦草

3. 黑麦草青贮特点

（1）青贮饲料的优点

青贮可以保持原料青绿多汁，营养成分损失率8%~10%。青绿草饲料晾干后营养成分损失率20%~30%。

（2）青贮饲料与干草的对比

黑麦草青贮提高了消化率，保持了饲料原有的多汁特点。制成干草后，适口性差，采食量降低。我国黑麦草主要集中在南方，青贮比干草受气候影响小，有很大优势。

三、制作黑麦草青贮的关键步骤

1. 原料的控制

（1）收割期的选择

黑麦草青贮最好选择3月底至5月初，属于秋播黑麦草，株高70~80cm，在抽穗前青贮（表5-8-1）。

表5-8-1　黑麦草理化检测指标（四川洪雅县东岳镇，20110321）

干物质DM（%）	11.18
粗蛋白CP（%DM）	5.3
粗脂肪EE（%DM）	4.93
中性洗涤纤维NDF（%DM）	36.9
酸性洗涤纤维ADF（%DM）	23
灰分Ash（%DM）	14.87
可溶性碳水化合物WSC（%DM）	5.2

（2）留茬高度

最好控制在5~8cm，留茬高容易影响产量，留茬低影响再次生长，且带入泥土增加灰分含量和有害菌数量。

（3）收割方式

黑麦草种植受地块面积和地形条件限制，现阶段以人工收割方式为主，机械收割为辅，先用割草机将黑麦草割倒，人工装车（图5-8-5、图5-8-6）。

图5-8-5　收割黑麦草机器　　　　图5-8-6　人工收割黑麦草

2. 晾晒萎蔫青贮法

刈割后晾晒处理，田间晾晒6~8h，水分控制在60%~65%，阴天可适当延长晾晒时间。秋播黑麦草在3—5月期间产量占总产量的80%，同时水分在85%~90%，制作青贮过程中排汁造成营养成分流失，干物质损失10%~32%。水分高的黑麦草刈割后直接青贮不易成功。添加维尔塔宁®（牧草青贮专用型）能有效抑制梭菌等有害菌的活动，只要含水量降到70%以下，可成功发酵。

3. 混合青贮法

根据天气情况，如不具备晾晒萎蔫条件，水分无法达到要求，在青贮时需要添加干草进行混贮，干草用丙酸进行表面消毒处理，稀释比例0.1%~0.2%，用塑料膜对干草包围，密封1~2d。计算公式：

$$稀释比（\%）=\frac{黑麦草干物质\times 重量+添加物干物质\times 重量}{黑麦草干重量+添加物重量}\times 100\%$$

黑麦草原料与青干草混合，混合后再粉碎。

4. 切割长度

在黑麦草青贮原料含水量60%~65%时，采用粉碎机进行原料的切碎，切割长度3~5cm。黑麦草干物质低于20%，需添加青干草，粉碎长度2~3cm（图5-8-7）。

图5-8-7　混合青贮法

四、青贮制作形式

青贮制作形式有窖贮和裹包青贮。

1. 窖贮

青贮窖的消毒、装窖、压窖、封窖方式见全株玉米青贮制作技术。

压窖密度按照30%干物质600kg/m³的数值计算。如黑麦草的到场量在30~50t/d，而青贮天数大于2d，应当采取分段封窖法（图5-8-8）。

图5-8-8　分段封窖法

2. 裹包青贮

裹包青贮方法见苜蓿青贮制作规程。

混合青贮，黑麦草和干草粉碎后，要用机器搅匀，如TMR或者小型水泥搅拌机，搅拌1min后裹包。裹包好的青贮存放阴凉避光处，最高码放2层，单层码放最好。

五、黑麦草青贮的利用

黑麦草青贮青绿多汁，奶牛适口性好，利用黑麦草青贮饲喂奶牛可降低日粮成本。

第九节　全（高）青贮日粮专用青贮生物接种剂

一、青贮发酵生化反应阶段

1. 封窖后有氧反应阶段

青贮封窖后，一是植物细胞呼吸产生CO_2、H_2O和热量的生化反应，另一种是霉菌、腐败菌利用残留的空气进行生化反应，产生大量毒素。在本阶段因乳酸菌是厌氧菌，因此无法生长扩繁，如何快速消耗空气为乳酸菌的生长创造厌氧环境和适宜温度是本阶段添加青贮接种剂关键目的。

2. 封窖后无氧反应阶段

在本阶段主要是乳酸菌和梭菌进行生化反应，如乳酸菌成为优势菌群青贮发酵成功，如梭菌成为优势菌群青贮发酵失败，因此本阶段添加生物青贮接种剂，目的之一是保证乳酸菌的活性和数量，促使乳酸菌成为优势菌群；另一目的是通过生化反应产生乙酸和丙酸以增强青贮有氧稳定性。

3. 开窖后有氧反应阶段

本阶段主要生化反应是青贮中残留和侵入青贮中的霉菌、腐败菌进行繁殖，造成青贮二次发酵，因此本阶段生物青贮接种剂起到的作用为遏制二次发酵。

二、生物接种剂的类型与优缺点

本章主要讲述维尔塔宁®新型多菌属复合型生物接种剂与传统型青贮生物接种剂（同型发酵型和异型发酵型），在发酵过程中的作用与产品差异，便于正确理解、选择和使用青贮生物接种剂。

1. 同型生物接种剂

指应用优势菌群竞争理论，以一种植物乳杆菌或复配其他乳酸菌而制成的青贮接种剂，此类产品又称"前端接种型发酵剂"，该类青贮接种剂目的是在青贮发酵前几天形成优势菌群，产生大量的乳酸，降低pH，抑制霉菌等有害菌的生长，减少青贮有氧呼吸阶段的营养损耗。因乳酸菌需要在厌氧条件下生存，所以该类生物青贮剂需要依靠植物呼吸和青贮本身所附着的腐败菌消耗青贮内的残留氧气，为乳酸菌创造适合生长的条件，如果压窖密度不够，植物呼吸时间长、霉菌多，就会造成青贮温度快速升高，会对乳酸菌的生长产生不利影响，无法达到添加生物青贮剂的目的。

2. 异型生物接种剂

指布氏乳杆菌进行异型发酵，将前期乳酸菌产生的乳酸代谢为乙酸和丙酸，达到增强青贮开窖后的有氧稳定性，减少二次发酵的目的，但对于取用青贮间隔较短的牧场，该类产品不能体现产品价值。同时该类产品对青贮干物质消耗量大，前期要求产生足够量的乳酸，否则不能产生足够的丙酸、乙酸，无法发挥异型发酵的功效。该类产品需要与同型发酵剂联合使用，才能达到目的，成本昂贵。

3. 同菌属复合型生物接种剂

同菌属复合型生物接种剂通常由植物乳杆菌和布氏乳杆菌复合而成，植物乳杆菌产生乳酸，布氏乳杆菌产生乙酸和丙酸。植物乳杆菌与布氏乳杆菌的复合比例、菌数、菌种特性和工艺特点是四项关键指标。

4. 多菌属复合型生物接种剂

特指应用定向梯次发酵理论和生物基因工程技术，将好氧的芽孢杆菌、兼性厌氧的酵母菌和厌氧的乳酸菌中两类或三类有益菌复合成新型青贮生物发酵剂—维尔塔宁®青贮剂。该产品在青贮发酵前期利用芽孢杆菌和（或）酵母菌快速消耗青贮窖内残留氧气，为乳酸菌创造厌氧环境和适宜温度；中期乳酸菌产生大量乳酸，应用酶解技术产生丙酸、乙酸。该产品可以促进青贮快速发酵，降低pH，增加青贮中有益菌代谢产物和增强有氧稳定性的作用。

三、维尔塔宁®全（高）青贮日粮专用生物接种剂

1.5项核心科技

（1）植物乳杆菌+布氏乳杆菌复合技术

（2）高密度培养技术

提供每吨青贮中接种同型接种剂（植物乳杆菌等）10000亿的接种量，是现在国际通用标准的10倍，进而保障青贮乳酸发酵值并或获得更高的能量。

（3）高稳定性技术

基于高植物乳杆菌的活性，复配科学比例的异性菌，保障青贮的稳定性。

（4）生物抑菌素技术

青贮的生物安全是基于奶牛对毒素的耐受程度而设定。生物抑菌素的目的在于抑制和杀灭田间和发酵初期有害菌，保障青贮霉菌毒素的安全性。

（5）自带培养基技术

青贮发酵剂不再依赖青贮原料本身可溶性糖，通过自带的培养基扩繁，进而减少干物质损耗。

2. 产品类型

（1）全（高）青贮日粮专用青贮生物接种剂（表5-9-1）

表5-9-1 全（高）青贮日粮专用青贮生物接种剂

常规级	植物乳杆菌最低保证值cfu/（mL）	布氏乳杆菌最低保证值cfu/（mL）	生物抑菌素最低保证值mg/（mL）	培养基最低保证值mg/（mL）	适用范围	吨青贮用量（mL）	规格
特优级（液态）	500亿	50亿	40	30	全（高）青贮日粮青贮	20	5L/（桶）
优级（液态）	500亿	40亿	20	20		20	4桶/（箱）
常规级（液态）	50亿	—	2	2	各类青贮	100	25L/（桶）

（2）苜蓿青贮专用生物接种剂（表5-9-2）

表5-9-2 苜蓿青贮专用生物接种剂

产品名称	等级	植物乳杆菌最低保证值cfu/mL（g）	布氏乳杆菌最低保证值cfu/mL	吨苜蓿青贮用量mL（g）	包装规格
0123456苜蓿青贮专用生物接种剂（粉剂）	特优级	1000亿	500亿	3	750g/袋×10袋/（箱）
0123456苜蓿青贮专用培养基（液态）		—	—	100	25L/（桶）
苜蓿青贮（粉剂）	优级	800亿	200亿	3	750g/袋×10袋/（箱）
苜蓿青贮培养基（液态）		—	—	100	25L/（桶）

四、维尔塔宁®生物接种剂使用方法

1. 稀释办法

维尔塔宁生物接种剂无须激活，使用清水稀释后可直接使用。液体产品按1∶50加水稀释，干粉产品每3g加100mL培养基后兑1000mL水稀释。

2. 用量

参照产品标签说明使用。

3. 喷洒办法

（1）收割喷洒

青贮收割机带有发酵剂喷洒装置，可以在收割青贮时直接喷洒。需要不定时检查菌液的温度，防止温度过高造成菌液活性下降。国产收割机可以加装菌液喷洒设备。

（2）压窖喷洒（图5-9-2）

见三阶段喷菌法。

图5-9-2 压窖喷洒

附　录

附录1　奶牛场牛粪发酵基质加工技术操作规程

说明：标准的编写参照GB/T 1.1《标准化工作导则第1部分：标准的结构和编写》的规定执行。

本标准起草单位：辽宁省奶业协会、辽宁奉牧联合奶业有限公司、辽宁省畜牧业发展中心辽宁省农产品及兽药饲料检验检测院、辽宁省畜牧业生态建设中心、辽宁仁洽道沣环境检测有限公司。

本标准主要起草人：徐环宇、朱国兴、郑林、刘全、张鹏、林广宇、张娜、李欣南、张秀芹、雷骁勇、尤佳、杜德来、陈贺亮、金艳华、周成利、王宝东、李博平、周国权、王应男、贾卿、郑广宇、江尯语、庄洪庭、王玲玲、孟英环、刘崭、佟艳、高林、白子金。

一、范围

本标准规定了辽宁省奶牛场牛粪（不含污水的或经过干湿分离后）粪便的收集、经过厌氧、需氧发酵、堆肥或发酵槽发酵的方式进行无害化处理，制作牛粪发酵基质的加工操作方法、技术要求、试验方法、检验规则。本标准适用于奶牛场牛粪发酵基质的加工技术操作。

二、规范性引用文件

下列文件对于本文件的应用是必不可少的。凡是注日期的引用文件，仅所注日期的版本适用于本文件。凡是不注日期的引用文件，其最新版本（包括所有的修改单）适用于本文件。

GB 7959粪便无害化卫生要求

GB/T 19524.1肥料中大肠埃希菌群的测定

GB/T 19524.2肥料中蛔虫卵死亡率的测定

GB/T 23349肥料中砷、镉、铅、铬、汞测定

GB/T 36195畜禽粪便无害化处理技术规范

三、术语和定义

下列术语和定义适用于本文件。

（一）牛粪

奶牛产生的粪尿排泄物，根据其固形物含量不同分为固体粪便、半固体粪便、粪浆、液体粪便。

本标准中所指牛粪为经过干湿分离的固体粪便及未经干湿分离的半固体粪便。

（二）牛粪发酵基质

以牛粪为主要原料，配以适当量的秸秆粉、腐植酸、石粉、沸石粉等辅料，并添加微生物接种菌剂，通过堆肥处理等无害化处理手段使之达到卫生学标准，以此加工得到的。

（三）无害化处理

利用有益厌氧、需氧发酵、堆肥等产生的高温等技术杀灭牛粪中的病原菌、寄生虫、杂草种子的过程。

（四）堆肥处理

在人工添加辅料控制水分、碳氮比和通风等条件下，将粪便集中堆放，通过生物降解作用将其中的有机固体转化成相对稳定的腐殖质状堆肥物质的过程。

（五）有益厌氧发酵

利用有益厌氧菌或兼性厌氧菌在无氧状态下，将有机物分解的处理方法。有益厌氧菌或兼性厌氧菌包括植物乳杆菌、嗜酸乳杆菌、嗜热链球菌、粪肠球菌等有益微生物。

（六）有益需氧菌发酵

利用有益需氧菌将有机物分解的处理方法。有益需氧菌包括酿酒酵母菌、产朊假丝酵母菌、枯草芽孢杆菌、地衣芽孢杆菌、蜡样芽孢杆菌等有益微生物。

（七）鲜样

现场采集的牛粪发酵基质或制成的有机肥料、生物有机肥、有机无机掺混肥的样品。

四、加工技术规程

（一）粪便的收集

养殖场使用专用清粪车、专用运输车辆，将奶牛粪便统一存放在指定粪场内，在运输过程中采取防扬散、防流失、防渗漏等环境污染防治措施。

（二）粪便的有益厌氧、需氧堆肥发酵

收集到粪场内的粪便，在距离牛舍50m外的棚内，立即与适量的秸秆粉、沸石粉、腐植酸等辅料进行混合，调制成水分含量45%～55%的混合物，加入有益菌菌粉，按照每立方米混合物添加5～25kg的有益菌进行混合，混合3～4次后，覆盖塑料膜进行条垛堆肥或发酵槽发酵。条垛堆肥的高度为1.8～2.0m，堆底宽度为2～2.5m，堆顶高度为1.5～2m。将堆垛压实、覆盖，堆体内温度达到55℃以上时，堆肥7～10d，进行翻抛；翻抛后再进行条垛堆肥，覆盖，温度达到55℃以上时2d再进行翻抛；如此3～4次反复，达到无粪臭味道为止。

五、技术要求

（一）感官要求

外观颜色为灰白色、灰褐色、褐色，粒状或粉状，均匀，无恶臭，无机械杂质。气味为轻微醇香酸味，无刺激、腐臭等异味。

（二）技术指标

牛粪发酵基质的技术指标应符合表1的要求。

表1

项目	指标
有机质的质量分数（以烘干基计）（%）	≥8
总养分（氮+五氧化二磷+氧化钾）的质量分数（以烘干基计）（%）	≥1.0
水分（鲜样）的质量分数（%）	≤45
酸碱度（pH）	5.5～8.5

（三）重金属的限量指标

牛粪发酵基质中重金属的限量指标应符合表2的要求。

表2　　　　　　　　　　　　　　　　　　　　　　　　　mg/kg

项目	指标
总砷（As）（以烘干基计）	≥8
总汞（Hg）（以烘干基计）	≤2
总铅（Pb）（以烘干基计）	≤50
总镉（Cd）（以烘干基计）	≤3
总铬（Cr）（以烘干基计）	≤150

（四）牛粪发酵基质无害化处理指标应符合GB/T 36195要求。

（五）牛粪发酵基质中重金属的限量指标应符合GB/T 23349要求。

（六）蛔虫卵死亡率和粪大肠埃希菌群数指标应符合GB/T 19524.1肥料中大肠埃希菌群的测定和GB/T 19524.2肥料中蛔虫卵死亡率的测定。

（七）粪便无害化卫生应符合GB 7959要求。

附录2 奶牛场牛粪发酵基质农田资源化利用评定标准

说明：本标准的编写参照GB/T 1.1《标准化工作导则第1部分：标准的结构和编写》的规定执行。

本标准起草单位：辽宁省奶业协会、辽宁奉牧联合奶业有限公司、辽宁省畜牧业发展中心辽宁省农产品及兽药饲料检验检测院、辽宁省畜牧业生态建设中心、辽宁仁洽道沣环境检测有限公司。

本标准主要起草人：本标准主要起草人：徐环宇、朱国兴、郑林、刘全、张鹏、林广宇、张娜、李欣南、张秀芹、雷骁勇、尤佳、杜德来、陈贺亮、金艳华、周成利、王宝东、李博平、周国权、王应男、贾卿、郑广宇、江馗语、庄洪庭、王玲玲、孟英环、刘嵛、佟艳、高林、白子金。

一、范围

本标准规定辽宁省奶牛场，产生的牛粪经过微生物接种菌剂，进行厌氧、好氧发酵的堆肥方式经翻堆

后腐无害化处理后，用于农田资源化利用的感官指标、质量指标及质量指标测定方法及检验规则。按本标准评定的牛粪发酵基质。

本标准适用于辽宁省奶牛场牛粪发酵基质用于农田资源化利用的质量评定。不能用作有机肥使用。

二、规范性引用文件

下列文件对于本文件的应用是必不可少的。凡是注日期的引用文件，仅所注日期的版本适用于本文件。凡是不注日期的引用文件，其最新版本（包括所有的修改单）适用于本文件。

GB 7959粪便无害化卫生要求

GB 18382肥料标识内容和要求

GB/T 19524.1肥料中大肠埃希菌群的测定

GB/T 19524.2肥料中蛔虫卵死亡率的测定

GB/T 23349肥料中砷、镉、铅、铬、汞生态指标

GB/T 36195畜禽粪便无害化处理技术规范

NY525有机肥料

三、术语和定义

下列术语和定义适用于本文件。

（一）牛粪

奶牛产生的粪尿排泄物，根据其固形物含量不同分为固体粪便、半固体粪便、粪浆、液体粪便。

本标准中所指牛粪为经过干湿分离的固体粪便及未经干湿分离的半固体粪便。

（二）牛粪发酵基质

以牛粪为主要原料，配以适当量的秸秆粉、腐植酸、石粉、沸石粉等辅料，并添加微生物接种菌剂，通过堆肥处理等无害化处理手段使之达到卫生学标准，以此加工得到的物质。

（三）接种菌剂

加入活体生物或含有一定量活体生物的物质以启动或加快生物处理过程。如生物接种。

1. 利用厌氧接种菌剂的无害化处理

利用厌氧菌或兼性厌氧菌接种菌剂在厌氧状态下，依靠专性和兼性厌氧微生物的作用，使牛粪中有机物降解的无害化处理方法。本标准厌氧菌或兼性厌氧菌接种菌剂包括植物乳杆菌、嗜酸乳杆菌、嗜热链球菌、粪肠球菌等有益菌。

2. 利用好氧接种菌剂的无害化处理

利用好氧菌或兼性好氧菌接种菌剂在有氧条件下，依靠专性和兼性好氧微生物的作用，使牛粪中有机物分解的无害化处理方法。好氧菌接种菌剂包括酿酒酵母菌、产朊假丝酵母菌、枯草芽孢杆菌、地衣芽孢杆菌、蜡样芽孢杆菌等有益菌。

（四）堆肥处理

在人工添加辅料控制水分、碳氮比和通风等条件下，将粪便集中堆放，通过生物降解作用将其中的有机固体转化成相对稳定的腐殖质状堆肥物质的过程。堆肥处理方式有条垛式、仓式、强制通风静态垛。

辅料：添加的用于调节堆肥原料的含水率、碳氮比和堆体结构的有机固体废弃物。

条垛堆肥：将物料堆制成长条形堆垛的好氧发酵过程。

仓式堆肥：原料混合物在简单的仓式结构中进行发酵的堆肥方法。仓可分为密闭式或不完全密闭式，仓式堆肥通常使用强制通风。

强制通风静态垛：利用由正压风机、多空管道和堆料中的空隙所组成的通风系统对物料堆进行供氧的堆肥方法。

（五）无害化处理

利用高温、好氧、厌氧发酵或消毒等技术使奶牛粪便达到卫生学要求的过程。

（六）翻堆

条垛或仓式堆肥过程中对堆肥物料进行搅动混合的过程。

（七）后腐

堆肥处理最后阶段，此时堆肥继续稳定化但其降解率减慢，不需进行翻堆、搅拌或强制通风。

（八）鲜样

现场采集的牛粪或经过堆肥处理后的样品。

四、技术要求

（一）感官要求

外观颜色为灰白色、灰褐色、褐色，粒状或粉状，均匀，无机械杂质。气味无刺激、无腐臭等异味。

（二）无害化指标

牛粪发酵基质无害化指标应符合表1的要求。

表1

项目	指标		
	Ⅰ级	Ⅱ级	Ⅲ级
有机质的质量分数（以烘干基计）（%）	8 ~ 12	13 ~ 20	≥21
总养分（氮+五氧化二磷+氧化钾）的质量分数（以烘干基计）（%）	1.0 ~ 1.5	1.6 ~ 2.0	≥2.1
水分（鲜样）的质量分数（%）	≤45	≤45	≤45
酸碱度（pH）	5.5 ~ 8.5		

（三）重金属的限量指标

应符合表2的要求。

表2　牛粪发酵基质中重金属的限量指标　　　　　　　　　　　mg/kg

项目	指标
总砷（As）（以烘干基计）	≤15
总汞（Hg）（以烘干基计）	≤2
总铅（Pb）（以烘干基计）	≤50
总镉（Cd）（以烘干基计）	≤3
总铬（Cr）（以烘干基计）	≤150

（四）蛔虫卵死亡率和粪大肠埃希菌群数指标应符合GB/T 36195的要求。

（五）便处理场选址及布局应符合GB/T 36195的要求。

五、试验方法

（1）外观。目视、鼻嗅测定。

（2）有机质含量测定，按照NY 525规定执行。

（3）总养分（氮+五氧化二磷+氧化钾）的质量分数测定，按NY 525规定执行。

（4）水分（鲜样）的质量分数测定按照NY 525规定执行。

（5）酸碱度（pH）测定按照NY 525规定执行。

（6）重金属含量测定按照GB/T 23349规定执行。

（7）蛔虫卵、大肠埃希菌数按照GB/T 19524.1和GB/T 19524.2规定执行，钩虫卵的测定按照GB 7959规定执行。

六、抽样方法

（一）抽样工具

抽样前预先备好无菌塑料袋（瓶）、金属勺、剪刀、抽样器、封样袋、封条等工具。对每批产品进行抽样检验，抽样过程应避免杂菌污染。

（二）抽样方法和数量

按照NY 525规定执行。

七、检验规则

（一）检验分类

1. 出厂检验（交收检验）

产品出厂时，应由生产厂的质量检验部门检测感官指标、pH、水分含量进行检验，检验合格并签发质量合格证的产品方可出厂。出厂检验时不检有效期。

2. 型式检验（例行检验）

型式检验（例行检验）包过感官要求和粪尿水处理液无害化指标。一般情况下，每年进行1次。有下列情况之一者，应进行型式检验。

（1）新产品鉴定。

（2）产品的工艺、材料等有较大更改与变化。

（3）出厂检验结果与上次型式检验有较大差异时。

（4）国家质量监督机构进行抽查。

（二）判定规则

如检验过程中有不合格项，应重新加倍取样，对不合格项进行复检，复检结果仍不合格，则判定该产品不合格。

八、包装、标识、运输、贮存

（1）根据需要选择是否需要包装，或直接覆盖运输至承接土地中。

（2）需要包装则用覆膜编织袋或塑料编织袋衬聚乙烯内袋包装。每袋净含量50kg。

（3）在包装袋上注明：产品名称、商标、有机质含量、总养分含量、净含量、企业名称、场址。其余按GB 18382的规定执行。

（4）应贮存于干燥、通风处。

（5）在运输过程中应防潮、防晒、防破裂、防裸露、防散落于途中。

附录3　奶牛场牛粪发酵基质农田资源化使用规范

说明：标准的编写参照GB/T 1.1《标准化工作导则第1部分：标准的结构和编写》的规定执行。本标准起草单位：辽宁省奶业协会、辽宁奉牧联合奶业有限公司、辽宁省畜牧业发展中心辽宁省农产品及兽药饲料检验检测院、辽宁省畜牧业生态建设中心、辽宁仁洽道沣环境检测有限公司。

本标准主要起草人：徐环宇、朱国兴、郑林、刘全、张鹏、林广宇、张娜、李欣南、张秀芹、雷骁勇、尤佳、杜德来、陈贺亮、金艳华、周成利、王宝东、李博平、周

国权、王应男、贾卿、郑广宇、江馗语、庄洪庭、王玲玲、孟英环、刘嵘、佟艳、高林、白子金。

一、范围

本标准规定了辽宁省奶牛场牛粪经过厌氧、好氧发酵堆肥方式无害化处理后的牛粪发酵基质，用于农田资源化利用的使用方法。本标准适用于辽宁省奶牛场牛粪发酵基质农田资源化利用的使用技术和方法。

二、规范性引用文件

下列文件对于本文件的应用是必不可少的。凡是注日期的引用文件，仅所注日期的版本适用于本文件。凡是不注日期的引用文件，其最新版本（包括所有的修改单）适用于本文件。

GB 18382　肥料标识　内容和要求GB/T 19524.1肥料中大肠杆菌群的测定

GB/T 19524.2肥料中蛔虫卵死亡率的测定

GB/T 25246畜禽粪便还田技术规范

GB/T 36195畜禽粪便无害化处理技术规范

三、术语和定义

下列术语和定义适用于本文件。

（一）牛粪

奶牛产生的粪尿排泄物，根据其固形物含量不同分为固体粪便、半固体粪便、粪浆、液体粪便，期间不一定有明显的分界线。

本标准中所指牛粪为经过干湿分离的固体粪便及未经干湿分离的半固体粪便。

（二）牛粪发酵基质

以牛粪为主要原料，配以适当量的秸秆粉、腐植酸、石粉、沸石粉等辅料，并添加微生物接种菌剂，通过堆肥处理等无害化处理手段使之达到卫生学标准，以此加工得到的。

（三）无害化处理

利用有益厌氧、需氧发酵、堆肥等产生的高温等技术杀灭牛粪中的病原菌、寄生虫、杂草种子的过程。

（四）安全使用

牛粪利用微生物发酵的方式生产的牛粪发酵基质，直接施用农田或以此为原料生产有机肥、生物有机肥、有机—无机复混肥料使用，应使农产品产量、质量和周边环境没有危险，不受威胁。施用农田后，其卫生指标、重金属含量、施肥用量及注意要点应达到本标准提出的要求。

（五）资源化利用

本文资源化利用是指牛粪利用微生物发酵生产的牛粪发酵基质，达到安全使用标准后，直接施于农田，或以此为原料生产有机肥、生物有机肥、有机—无机复混肥料，施于农田的使用方式。

四、技术要求

（1）牛粪发酵基质无害化处理指标应符合GB/T 36195要求。

（2）牛粪发酵基质中重金属的限量指标应符合GB/T 25246要求。

（3）蛔虫卵死亡率和粪大肠埃希菌群数指标应符合GB/T 19524.1和GB/T 24.2的要求。

（4）成分指标牛粪发酵基质成分指标应符合表1的要求。

（5）蛔虫卵死亡率和粪大肠杆菌群数指标应符合GB/T36195的要求。

表1

项目	指标		
	Ⅰ级	Ⅱ级	Ⅲ级
有机质的质量分数（以烘干基计）（%）	8～12	13～20	≥21
总养分（氮+五氧化二磷+氧化钾）的质量分数（以烘干基计）（%）	1.0～1.5	1.6～2.0	≥2.1
水分（鲜样）的质量分数（%）	≤45	≤45	≤45
酸碱度（pH）	5.5～8.5		

（6）粪便处理场选址及布局应符合GB/T 36195的要求。

五、安全使用

（一）使用原则

牛粪发酵基质直接施用于农田，或作为原料生产有机肥、生物有机肥、有机—无机复混肥料后施用于农田，或与其他肥料配施时，应满足作物对营养元素的需要，适量施肥，以保持或提高土壤肥力及土壤活性、土壤透气性。肥料的使用应不对环境和作物产生不良后果。

（二）施用方法

撒施：耕地前均匀撒施地面，结合耕地翻入土中，肥土相容，此法适用于大田、保护地、果园等。条施（沟施）：结合犁地开沟，将肥料集中施于作物播种行内，适于大田、蔬菜、中草药等作物。穴施：在作物播种或种植穴内施肥，适用于大田、蔬菜、中草药等作物。

环状施肥（轮状施肥）：以作物主茎为圆心，延株冠垂直投影边缘外侧开沟，将肥料施于沟中并覆土，适用于多年生果树施肥。

在饮水水源保护区不能施用。在农业区施用时避开雨季，施入裸露农田后应在24h内覆土。

（三）使用量

（四）以土壤肥力，确定作物预期产量（能达到的目标产量），计算作物单位产量的养分吸收量。

（五）据土壤肥力，确定作物目标产量，结合牛粪发酵基质中养分含量，计算基施牛粪发酵基质的量。

牛粪发酵基质基施的使用限量

（1）小麦、玉米、水稻每茬牛粪发酵基质成分水平Ⅰ级使用限量

表2　　　　　　　　　　　　　　　　　　　　　　　　　t/hm^2

农田本底肥力水平	Ⅰ	Ⅱ	Ⅲ
牛粪发酵基质Ⅰ养分（%）	1.0~1.5	1.0~1.5	1.0~1.5
小麦和玉米田施用限量	45	40	35
稻田施用限量	55	45	40

（2）小麦、玉米、水稻每茬牛粪发酵基质成分水平Ⅱ级使用限量

表3　　　　　　　　　　　　　　　　　　　　　　　　　t/hm^2

农田本底肥力水平	Ⅰ	Ⅱ	Ⅲ
牛粪发酵基质Ⅱ养分（%）	1.6~2.0	1.6~2.0	1.6~2.0
小麦和玉米田施用限量	36	30	26
稻田施用限量	42	34	30

（3）小麦、玉米、水稻每茬牛粪发酵基质成分水平Ⅲ级使用限量

表4　　　　　　　　　　　　　　　　　　　t/hm²

农田本底肥力水平	Ⅰ	Ⅱ	Ⅲ
牛粪发酵基质Ⅲ养分（%）	≥2.1	≥2.1	≥2.1
小麦和玉米田施用限量	24	20	18
稻田施用限量	28	23	20

（4）果园每年牛粪发酵基质Ⅰ级使用限量

表5　　　　　　　　　　　　　　　　　　　t/hm²

果树	苹果	梨、樱桃	葡萄、桃	草莓
牛粪发酵基质Ⅰ养分（%）	1.0～1.5	1.0～1.5	1.0～1.5	1.0～1.5
施用限量	50	58	65	70

（5）果园每年牛粪发酵基质Ⅱ级使用限量

表6　　　　　　　　　　　　　　　　　　　t/hm²

果树	苹果	梨、樱桃	葡萄、桃	草莓
牛粪发酵基质Ⅱ养分（%）	1.6～2.0	1.6～2.0	1.6～2.0	1.6～2.0
施用限量	38	43	49	53

（6）果园每年牛粪发酵基质Ⅲ级使用限量

表7　　　　　　　　　　　　　　　　　　　t/hm²

果树	苹果	梨、樱桃	葡萄、桃	草莓
牛粪发酵基质Ⅲ养分（%）	≥2.1	≥2.1	≥2.1	≥2.1
施用限量	20	23	26	28

（7）设施蔬菜每茬发酵基质Ⅰ级使用限量

表8　　　　　　　　　　　　　　　　　　　t/hm²

蔬菜种类	黄瓜	番茄	茄子	青椒	大白菜
牛粪发酵基质Ⅰ养分（%）	1.0～1.5	1.0～1.5	1.0～1.5	1.0～1.5	1.0～1.5
施用限量	58	88	75	75	40

（8）设施蔬菜每茬发酵基质Ⅱ级使用限量

表9

t/hm²

蔬菜种类	黄瓜	番茄	茄子	青椒	大白菜
牛粪发酵基质Ⅱ养分（%）	1.6～2.0	1.6～2.0	1.6～2.0	1.6～2.0	1.6～2.0
施用限量	43	66	56	56	30

（9）设施蔬菜每茬发酵基质Ⅲ级使用限量

表10

t/hm²

蔬菜种类	黄瓜	番茄	茄子	青椒	大白菜
牛粪发酵基质Ⅲ养分（%）	≥2.1	≥2.1	≥2.1	≥2.1	≥2.1
施用限量	29	44	38	38	20

（10）甜瓜、叶菜每茬发酵基质Ⅰ级使用限量

表11

t/hm²

蔬菜种类	香瓜	西瓜	甜瓜	哈密瓜	叶菜
牛粪发酵基质Ⅰ养分（%）	1.0～1.5	1.0～1.5	1.0～1.5	1.0～1.5	1.0～1.5
施用限量	100	112	100	80	40

（11）甜瓜、叶菜每茬发酵基质Ⅱ级使用限量

表12

t/hm²

蔬菜种类	香瓜	西瓜	甜瓜	哈密瓜	叶菜
牛粪发酵基质Ⅱ养分（%）	1.6～2.0	1.6～2.0	1.6～2.0	1.6～2.0	1.6～2.0
施用限量	75	84	75	60	30

（12）甜瓜、叶菜每茬发酵基质Ⅲ级使用限量

表13

t/hm²

蔬菜种类	香瓜	西瓜	甜瓜	哈密瓜	叶菜
牛粪发酵基质Ⅲ养分（%）	≥2.1	≥2.1	≥2.1	≥2.1	≥2.1
施用限量	50	56	50	40	20

（13）马铃薯、中草药每茬发酵基质Ⅰ级使用限量

表14 t/hm²

蔬菜种类	马铃薯	红薯	人参	五味子	枸杞
牛粪发酵基质Ⅰ养分（%）	1.0～1.5	1.0～1.5	1.0～1.5	1.0～1.5	1.0～1.5
施用限量	40	50	10	70	60

（14）马铃薯、中草药每茬发酵基质Ⅱ级使用限量

表15 t/hm²

蔬菜种类	马铃薯	红薯	人参	五味子	枸杞
牛粪发酵基质Ⅱ养分（%）	1.6～2.0	1.6～2.0	1.6～2.0	1.6～2.0	1.6～2.0
施用限量	30	38	75	53	45

（15）马铃薯、中草药每茬发酵基质Ⅲ级使用限量

表16 t/hm²

蔬菜种类	马铃薯	红薯	人参	五味子	枸杞
牛粪发酵基质Ⅲ养分（%）	≥2.1	≥2.1	≥2.1	≥2.1	≥2.1
施用限量	20	25	50	35	30

六、包装、标识、运输、贮存

（1）用覆膜编织袋或塑料编织袋衬聚乙烯内袋包装。每袋净含量（40±0.4）kg。

（2）在包装袋上注明：产品名称、商标、有机质含量、总养分含量、净含量、企业名称、场址。其余按GB 18382的规定执行。

（3）应贮存于干燥、通风处，在运输过程中应防潮、防晒、防破裂。

附录4 奶牛场牛粪水处理液加工技术操作规程

说明：本标准的编写参照GB/T 1.1《标准化工作导则第1部分：标准的结构和编写》的规定执行。本标准起草单位：辽宁省奶业协会、辽宁奉牧联合奶业有限公司、辽宁省农产品及兽药饲料检验检测院、辽宁省畜牧业发展中心、辽宁省畜牧业生态建设中心、辽宁仁洽道沣环境检测有限公司。

本标准主要起草人：徐环宇、朱国兴、郑林、刘全、张鹏、林广宇、张娜、李欣南、张秀芹、雷骁勇、尤佳、杜德来、陈贺亮、金艳华、周成利、王宝东、李博平、周

国权、王应男、贾卿、郑广宇、江旭语、庄洪庭、王玲玲、孟英环、刘崭、佟艳、高林、白子金。

一、范围

本标准规定了辽宁省在存栏规模100头以上的奶牛场产生的粪便，干湿分离后的液体经过厌氧、好氧发酵无害化处理，制作的牛粪水处理液的加工操作方法和技术要求。本标准适用于奶牛场干湿分离后的牛粪水处理液的技术操作。

二、规范性引用文件

下列文件对于本文件的应用是必不可少的。凡是注日期的引用文件，仅所注日期的版本适用于本文件。凡是不注日期的引用文件，其最新版本（包括所有的修改单）适用于本文件。

GB/T 6682分析实验室用水规格和试验方法

GB/T 19524.1肥料中大肠杆菌群的测定

GB/T 19524.2肥料中蛔虫卵死亡率的测定

NY 1107大量元素水溶肥料

NY 1110水溶肥料汞、砷、镉、铅、铬的限量要求NY 1117水溶肥料钙、镁、硫、氯含量的测定NY 1428微量元素水溶肥料

NY 1973水溶肥料水不溶物含量和pH的测定

三、术语和定义

下列术语和定义适用于本文件。

（一）牛粪水

奶牛产生的粪便、尿液及少量冲洗污水，经过干湿分离后，固形物在5%以下的液体。

（二）粪水处理液

牛粪水无害化处理后的液体。

（三）无害化处理

利用高温、好氧、厌氧发酵或消毒等技术处理使畜禽粪便达到卫生学要求的过程。

（四）厌氧发酵

利用厌氧菌或兼性厌氧菌在无氧状态下，将有机物分解的过程。

本文中的厌氧菌或兼性厌氧菌指对动物体有益的益生菌，包括嗜酸乳杆菌、植物乳杆菌、嗜热链球菌、粪肠球菌及其发酵物。

（五）好氧菌发酵

利用好氧菌或兼性好氧菌在有氧状态下，将有机物分解的过程。

本文中的好氧菌或兼性好氧菌指对动物有益的益生菌，包括酿酒酵母菌、产朊假丝酵母菌、枯草芽孢杆菌、地衣芽孢杆菌、蜡样芽胞杆菌及其发酵物。

（六）鲜样

现场采集的牛场粪水处理液的样品。

四、加工技术规程

（一）牛粪水的收集

使用养殖场专用清粪车将粪便统一运至牧场指定位置，或经牛舍内专用污水管道直接排放在指定位置内。统一收集的牛粪经过干湿分离，分离后的固形物含量低于5%的液体，存放在指定的粪水池内。

（二）牛粪水发酵

1. 过滤

取收集存放在指定的粪水池内的牛粪水适量，经过过滤，清除粪水中的固体物质，使滤液中固形物含量低于5%以下。

2. 调整pH

将过滤后的牛粪水pH调整至6.5~8.0。调整pH时，不使用盐酸盐、钠盐等酸碱物质。

3. 发酵

将过滤后的滤液，加入0.1%~0.3%的玉米粉、0.05%~0.1%大豆粉，接种酿酒酵母菌或产朊假丝酵母菌菌液，接种量为0.3%，菌数≥10^8个/mL，搅拌均匀，25~28℃ 24h，经好氧发酵耗尽液体内氧气。再加入0.3%~0.5%的植物乳杆菌、粪肠球菌、嗜热链球菌的混合液，细菌总数≥10^8个/mL，发酵温度在28~35℃，每隔4~6h搅拌30min，进行厌氧发酵15d左右。再加入0.3%~0.5%的枯草芽孢杆菌、地衣芽孢杆菌混合液，细菌总数为≥10^8个/mL，发酵温度在28~35℃，连续搅拌，每隔6~8h充气20min，好氧发酵72~96h。

4. 复合菌发酵

过滤调整pH后滤液，加入发酵罐内加入适量的玉米粉、豆粕粉、氨基酸、必需的矿物质等营养物质进行搅拌、升温，待温度达到25~35℃时，按每立方米液体添加5~25L的啤酒酵母、产朊假丝酵母、嗜酸乳杆菌、植物乳杆菌、嗜热链球菌、枯草芽孢杆菌、地衣芽孢杆菌的混合液，连续搅拌，每隔6~8h通气1次，发酵20~25天。

五、技术要求

（一）感官要求

外观颜色为灰褐色、褐色、棕色，均匀溶液，无恶臭、无刺激等异味、无机械杂质。

（二）技术指标

牛粪水处理液的技术指标应符合表1的要求。

表1

项目	指标
大量元素含量ª（g/L）	≥1
微量元素含量ᵇ（g/L）	≤0
中量元素含量ᵇ（g/L）	≤0
水不溶物含量（g/L）	≤100
粪大肠杆菌群数（个/100mL）	≤1000
蛔虫卵（个/L）	≤2.0
pH（1：250倍稀释）	3.0~9.0

注：a. 大量元素含量指总N、P_2O_5、K_2O含量之和，产品应至少包含2种大量元素。
　　b. 微量元素含量指铜、铁、锰、锌、硼、钼元素含量之和。产品应至少包含1种微量元素。
　　c. 中量元素含量指钙、镁元素含量之和。产品应至少包含1种中量元素。

（三）限量指标

牛粪水处理液中重金属的限量指标应符合表2的要求。

表2

项目	指标
总砷（As）	≤10
总汞（Hg）	≤2
总铅（Pb）	≤50
总镉（Cd）	≤3
总铬（Cr）	≤150

六、试验方法

（1）本文件中所用水应符合GB/T 6682中三级水的规定。所列试剂，除注明外，均指分析纯试剂。

（2）外观目视、鼻嗅测定。

（3）粪大肠埃希菌群数的测定，按照GB/T 19524.1的规定执行。

（4）肥料中蛔虫卵死亡率的测定，按照GB/T 19524.2的规定执行。

（5）大量元素（氮、五氧化二磷、氧化钾）的含量测定。按照NY 1107水溶肥料的规定执行。

（6）中量元素（钙、镁）的含量测定，按照NY 1117水溶肥料钙、镁、硫、氯含量的规定执行。

（7）微量元素（铜、铁、锌、锰、硼、钼）的含量测定，按照NY 1428水溶肥料的规定执行。

（8）酸碱度（pH）测定，按照NY 1973的规定执行。

（9）水不溶物含量的测定，按NY 1973的规定执行。

（10）重金属的限量指标测定，按NY 1110的规定执行。

附录5　奶牛场粪水处理液农田资源化利用评定标准

说明：本标准的编写参照GB/T 1.1《标准化工作导则第1部分：标准的结构和编写》的规定执行。

本标准起草单位：辽宁省奶业协会、辽宁奉牧联合奶业有限公司、辽宁省农产品及兽药饲料检验检测院、辽宁省畜牧业发展中心、辽宁省畜牧业生态建设中心、辽宁仁洽道沣环境检测有限公司。

本标准主要起草人：徐环宇、朱国兴、郑林、刘全、张鹏、林广宇、张娜、李欣南、张秀芹、雷骁勇、尤佳、杜德来、陈贺亮、金艳华、周成利、王宝东、李博平、周国权、王应男、贾卿、郑广宇、江馗语、庄洪庭、王玲玲、孟英环、刘嵘、佟艳、高林、白子金。

一、范围

本标准规定了辽宁省奶牛场存栏规模100头以上的饲养场，产生的经过干湿分离后的牛粪水经过微生物菌剂厌氧、好氧发酵的方式无害化处理后，农田资源化利用的感官指标、粪尿水无害化处理指标及质量指标测定方法。

本标准适用于辽宁省奶牛场牛粪经过干湿分离后的牛粪水经无害化处理，农田资源化利用的质量评定，不能用作有机肥。

二、规范性引用文件

下列文件对于本文件的应用是必不可少的。凡是注日期的引用文件，仅所注日期的版本适用于本文件。凡是不注日期的引用文件，其最新版本（包括所有的修改单）适用于本文件。

GB/T 6682分析实验室用水规格和试验方法

NY 1107大量元素水溶肥料

NY 1110水溶肥料汞、砷、镉、铅、铬的限量要求NY 1117水溶肥料钙、镁、硫、氯含量的测定NY 1428微量元素水溶肥料

NY 1973水溶肥料水不溶物含量和pH的测定

三、术语和定义

下列术语和定义适用于本文件。

（一）牛粪水

奶牛产生的粪便、尿液及少量冲洗污水，经过干湿分离后，固形物在5%以下的液体。

（二）无害化处理

利用厌氧、好氧发酵等技术杀灭粪尿水中的病原菌、虫卵、除去臭气的过程。

（三）牛粪水处理液

牛粪水经过无害化处理后形成的液体。

四、技术要求

（一）感官要求

外观颜色为灰褐色、褐色或棕色液体，其沉淀物低于5%。气味为无刺激、无腐臭等异味。

（二）无害化指标

粪尿水处理液无害化指标应符合表1的要求。

（三）牛粪水中重金属的限量指标应符合NY 1110水溶肥料汞、砷、镉、铅、铬的限量要求。

表1

项目	指标		
	Ⅰ级	Ⅱ级	Ⅲ级
大量元素含量[a]（g/L）	1～3	3～7	≥7
微量元素含量[b]（g/L）	0	0	≥0.01
中量元素含量[b]（g/L）	0	0	≥0.1
水不溶物含量（g/L）	≤100	≤100	≤100
pH（1∶250倍稀释）	3.0～9.0		

注：a. 大量元素含量指总N、P_2O_5、K_2O含量之和，产品应至少包含2种大量元素。

b. 微量元素含量指铜、铁、锰、锌、硼、钼元素含量之和。产品应至少包含1种微量元素。

c. 中量元素含量指钙、镁元素含量之和。产品应至少包含1种中量元素。

五、试验方法

（一）本文件中所用水应符合GB/T 6682中三级水的规定

所列试剂，除注明外，均指分析纯试剂。

（二）外观

目视、鼻嗅测定。

（三）大量元素（氮、五氧化二磷、氧化钾）的含量测定

按照NY 1107水溶肥料的规定执行。

（四）中量元素（钙、镁）的含量测定

按照NY 1117水溶肥料钙、镁、硫、氯含量的规定执行。

（五）微量元素（铜、铁、锌、锰、硼、钼）

含量测定按照NY 1428水溶肥料的规定执行。

（六）酸碱度（pH）测定

按照NY 1973的规定执行。

（七）水不溶物含量的测定

按NY 1973的规定执行。

（八）重金属的限量指标测定

按NY 1110的规定执行。

六、抽样方法

（一）粪水处理液

每批进行抽样检验，以一次配料发酵为一批，抽样过程应避免杂菌污染。

（二）抽样工具

抽样前预先备好无菌塑料瓶或玻璃瓶等工具。对每批产品进行抽样检验，抽样过程应避免杂菌污染。

（三）抽样方法和数量

在发酵处中抽样，采用随机法抽取。每次取样量不低于600mL，抽样以瓶为单位，随机抽取5～10瓶。

从每瓶中取样100mL，混匀，置于洁净干燥的容器中，用于测定。

七、检验规则

（一）检验分类

1. 出厂检验（交收检验）

产品出厂时，应由生产厂的质量检验部门检测感官指标、pH进行检验，检验合格并签发质量合格证的产品方可出厂。出厂检验时不检有效期。

2. 型式检验（例行检验）

型式检验（例行检验）包过感官要求和粪尿水处理液无害化指标。一般情况下，一个季度进行1次。有下列情况之一者，应进行型式检验。

（1）新产品鉴定。

（2）产品的工艺、材料等有较大更改与变化。

（3）出厂检验结果与上次型式检验有较大差异时。

（4）国家质量监督机构进行抽查。

（二）判定规则

如检验过程中有不合格项，应重新加倍取样，对不合格项进行复检，复检结果仍不合格，则判定该产品不合格。

八、包装、标识、运输、贮存

（1）用塑料桶包装。包装规格200L/桶，净含量不低于200L/桶或50L/桶，净含量不低于50L。也可以不需要包装，直接装于运输车内。

（2）在塑料桶上注明：产品名称、总养分含量、净含量、企业名称、场址。

（3）应贮存于通风处，在运输过程中应防破裂、防渗漏。

附录6 奶牛场粪水处理液农田资源化使用规范

说明：本标准的编写参照GB/T 1.1《标准化工作导则第1部分：标准的结构和编写》的规定执行。

本标准起草单位：辽宁省奶业协会、辽宁奉牧联合奶业有限公司、辽宁省农产品及兽药饲料检验检测院、辽宁省畜牧业发展中心、辽宁省畜牧业生态建设中心、辽宁仁洽道沣环境检测有限公司。

本标准主要起草人：徐环宇、朱国兴、郑林、刘全、张鹏、林广宇、张娜、李欣南、张秀芹、雷骁勇、尤佳、杜德来、陈贺亮、金艳华、周成利、王宝东、李博平、周国权、王应男、贾卿、郑广宇、江馗语、庄洪庭、王玲玲、孟英环、刘崭、佟艳、高林、白子金。

一、范围

本标准规定了辽宁省在较小的场地内存栏规模在100头以上的奶牛场产生的粪便，干湿分离后的液体经过厌氧、好氧发酵无害化处理，可以安全使用。

本标准适用于粪水农田的资源化利用的使用。

二、规范性引用文件

下列文件对于本文件的应用是必不可少的。凡是注日期的引用文件，仅所注日期的版本适用于本文件。凡是不注日期的引用文件，其最新版本（包括所有的修改单）适用于本文件。

GB 18382肥料标识内容和要求

NY 1108液体肥料包装技术要求

NY 1110 水溶肥料汞、砷、镉、铅、铬限量的要求

三、术语和定义

下列术语和定义适用于本文件。

（一）牛粪水

奶牛产生的粪便、尿液及少量冲洗污水，经过干湿分离后，固形物在5%以下的液体。

（二）粪水处理液

牛粪水无害化处理后的液体。

（三）无害化处理

利用高温、好氧、厌氧发酵或消毒等技术处理使畜禽粪便达到卫生学要求的过程。

（四）安全使用

牛粪水利用微生物发酵的方式生产的牛粪水处理液，直接施用农田或以此为原料生产含氨基酸水溶肥料（液体）、腐植酸水溶肥料（液体）、微量元素水溶肥料（液体）、大量元素水溶肥料（液体）使用，应使农产品产量、质量和周边环境没有危险，不受威胁。施用农田后，其卫生指标、重金属含量、施肥用量及注意要点应达到本标准提出的要求。

（五）资源化利用

本文资源化利用是指牛粪水处理液，达到安全使用标准后，直接施于农田，或以此为含氨基酸水溶肥料（液体）、腐植酸水溶肥料（液体）、微量元素水溶肥料（液体）、大量元素水溶肥料（液体）原料形式施于农田的使用方式。

四、技术要求

（一）感官要求

外观颜色为灰褐色、褐色或棕色液体，其沉淀物低于5%以下。气味为无刺激、无腐臭等异味。

（二）指标要求

粪尿水处理液指标应符合表1的要求。

表1

项目	指标		
	Ⅰ级	Ⅱ级	Ⅲ级
大量元素含量[a]（g/L）	1~3	3~7	≥7
微量元素含量[b]（g/L）	0	0	≥0.01
中量元素含量[b]（g/L）	0	0	≥0.1
水不溶物含量（g/L）	≤100	≤100	≤100
pH（1∶250 倍稀释）	3.0~9.0		

注：a. 大量元素含量指总N、P_2O_5、K_2O含量之和，产品应至少包含2种大量元素。
　　b. 微量元素含量指铜、铁、锰、锌、硼、钼元素含量之和。产品应至少包含1种微量元素
　　c. 中量元素含量指钙、镁元素含量之和。产品应至少包含1种中量元素。

（三）牛粪水处理液中重金属的限量指标

应符合NY 1110水溶肥料汞、砷、镉、铅、铬的限量要求。

五、安全使用

（一）使用原则

牛粪水处理液直接作为农田使用，应满足作物对营养元素的需要，适量施肥，以保持或提高土壤肥力及作物生长需要。肥料的使用应不对环境和作物产生不良后果。

（二）施用方法

牛粪水处理液直接施用。作为冲施肥直接施用，在作物浇水时，以适当数量灌溉水稀释，随浇水渗入土壤内被作物吸收。

（三）使用量

（四）以土壤肥力，确定作物预期产量（能达到的目标产量），计算作物单位产量的养分吸收量。

（五）结合牛粪发酵液中营养元素的含量、作物当年或当季的利用率，计算施用量。

（六）牛粪发酵液直接施用量见表2。

表2

牛粪发酵液	Ⅰ级	Ⅱ级	Ⅲ级	备注
大量元素含量（g/L）	1～3	3～7	≥7	
蔬菜施用限量（t/亩）	0.02	0.01	0.005	7～10d1次
果树施用限量（kg/亩）	0.02	0.01	0.005	7～10d1次
水稻施用限量（kg/亩）	0.02	0.01	0.005	15～30d1次
大田施用限量（kg/亩）	0.01	0.005	0.002	15～30d1次

六、包装、标识、运输、贮存

（1）包装按照NY 1108液体肥料包装技术要求执行。

（2）肥料标识内容和要求按照GB 18382要求执行。

（3）用塑料桶包装。包装规格200L/桶，每桶净含量不低于200L/桶或50L/桶，每桶含量不低于50L。

（4）在塑料桶上袋上注明：产品名称、总养分含量、净含量、企业名称、场址。

（5）应贮存于通风处，在运输过程中防破裂。

参考文献

［1］全国畜牧总站. 奶牛标准化养殖技术图册[M]. 北京：中国农业出版社，2012.

［2］朱化彬，石有龙，王志刚. 牛繁殖技术手册[M]. 北京：中国农业出版社，2018.

［3］张元凯. 临床兽医学[M]. 北京：农业出版社，1997

［4］王洪斌. 家畜外科学[M]. 北京：中国农业出版社，2004

［5］赵德明主译. 奶牛疾病学[M]. 北京：中国农业大学出版社，1998

［6］王春璈主编. 奶牛临床疾病学. 北京：中国农业科学技术出版社，2007

［7］陈家璞，齐长明. 大家畜肢蹄病[M]. 北京：中国农业大学出版社，1999

［8］崔中林，张彦明. 现代实用动物疾病防治大全[M]. 北京：中国农业出版社，2001

［9］崔保安. 牛病防治[M]. 郑州：中原农民出版社，2008

［10］赵德明. 养牛与牛病防治[M]. 北京：中国农业大学出版社，2004

［11］魏彦明. 犊牛疾病防治[M]. 北京：金盾出版社，2005

［12］岳海宁，魏彦明. 奶牛肢蹄病防治[M]. 北京：金盾出版社，2007

［13］张才骏. 牛症状临床鉴别诊断学[M]. 北京：科学出版社，2007

［14］（美）威廉. C. 雷布汉（Rebhun，W. C）著. 赵德明，沈建中译. 奶牛疾病学[M]. 北京：中国农业大学出版社，2003

［15］姜国均. 家畜内科病（兽医及相关专业）[M]. 北京：中国农业科技出版社，2008

［16］刘宗平. 动物中毒病学[M]. 北京：农业出版社，2006

［17］赵兴绪. 兽医产科学[M]. 北京：农业农业出版社，2006

［18］朴范泽. 家畜传染病[M]. 北京：中国科学文化出版社，2004

［19］张幼成. 奶牛疾病[M]. 北京. 中国农业出版社，1983

［20］汪明. 兽医寄生虫学[M]. 北京. 中国农业出版社，2003

［21］冯建明. 美国、加拿大奶牛生产性能测定（DHI）考察报告[J]. 广东奶业，2012（3）：31-33.

［22］高红彬，张沅，张勤. 奶牛生产性能测定发展历程[J]. 中国奶牛，2005（3）：25-29.

［23］高鸿宾. 中国奶业年鉴2012[M]. 北京：中国农业出版社，2013.

［24］华实，齐新林，谭习新. DHI是提升奶牛管理水平的核心[J]. 中国奶牛，2011（5）：56-59.

［25］季勤龙，王仲士，吴火泉. DHI监测提高生鲜牛奶质量的推广应用[J]. 中国奶牛2005.，3:43-44.

［26］刘海良，孙飞舟，陈绍祐，等. 如何取得奶牛生产性能测定工作的实效[J]. 中国奶牛2011.(9):24-25.

［27］刘振君，黄毅，张胜利，等. DHI报告在高产奶牛群的应用[J]. 中国奶牛，2007(3):21-24.

［28］石璞，许尚忠. 奶牛DHI中的体细胞测定与牧场管理[J]. 中国奶牛，2007(6)22-24.

［29］王东辉，魏玉兵. DHI技术在奶牛场饲养管理中的应用[J]. 中国草动物，2009，29(6):25-27.

［30］周丽东，张永根. 国外奶牛群体改良计划的成就及给我们的启示[J]. 中国乳业2004. (10):49-51.

［31］朱小汗. Afifarm软件在牛场中的应用[J]. 中国奶牛2007. (S1).